EUL VERLAG

Gestaltungsansätze und Determinanten des Supply Chain Risk Managements

– Eine explorative Analyse am Beispiel von Deutschland und den USA

Vom Promotionsausschuss der
Technischen Universität Hamburg-Harburg

zur Erlangung des akademischen Grades
Doktorin der Wirtschafts- und Sozialwissenschaften (Dr. rer. pol.)

genehmigte Dissertation

von
Mareike Böger

aus
Stadthagen

2010

1. Gutachter: Prof. Dr. Dr. h. c. Wolfgang Kersten
Institut für Logistik und Unternehmensführung
Technische Universität Hamburg-Harburg

2. Gutachter: Prof. Dr. Cornelius Herstatt
Institut für Technologie- und Innovationsmanagement
Technische Universität Hamburg-Harburg

Tag der mündlichen Prüfung: 21. September 2010

Reihe: Supply Chain, Logistics and Operations Management · Band 1
Herausgegeben von Prof. Dr. Dr. h. c. Wolfgang Kersten, Hamburg

Mareike Böger

Gestaltungsansätze und Determinanten des Supply Chain Risk Managements

Eine explorative Analyse am Beispiel von Deutschland und den USA

Mit einem Geleitwort von Prof. Dr. Dr. h. c. Wolfgang Kersten,
Technische Universität Hamburg-Harburg

EUL VERLAG

Bibliografische Information der Deutschen Nationalbibliothek

Die Deutsche Nationalbibliothek verzeichnet diese Publikation in der Deutschen Nationalbibliografie; detaillierte bibliografische Daten sind im Internet über <http://dnb.d-nb.de> abrufbar.

Dissertation, Technische Universität Hamburg-Harburg, 2010

ISBN 978-3-89936-969-4
1. Auflage Oktober 2010

JOSEF EUL VERLAG GmbH
Brandsberg 6
53797 Lohmar
Tel.: 0 22 05 / 90 10 6-6
Fax: 0 22 05 / 90 10 6-88
E-Mail: info@eul-verlag.de
http://www.eul-verlag.de

Bei der Herstellung unserer Bücher möchten wir die Umwelt schonen. Dieses Buch ist daher auf säurefreiem, 100% chlorfrei gebleichtem, alterungsbeständigem Papier nach DIN 6738 gedruckt.

Geleitwort

Forschung auf den Gebieten Produktionswirtschaft und Logistik hat eine lange betriebswirtschaftliche Tradition. Seit Anfang der 80er Jahre wird sie um einen unternehmensübergreifenden Aspekt bereichert, da Unternehmen als Reaktion auf den sich intensivierenden Wettbewerb immer enger mit Zulieferern und Kunden zusammenarbeiten: das „Supply Chain Management". Heute kommen Manager und Wissenschaftler nicht mehr umhin, bei produktionswirtschaftlichen oder logistischen Themen auch die Auswirkungen ihrer Entscheidungen auf das gesamte Wertschöpfungsnetzwerk zu berücksichtigen.

Mit der Schriftenreihe „Supply Chain, Logistics and Operations Management" wird dieser Herausforderung Rechnung getragen. In der Reihe werden Arbeiten erscheinen, die verschiedene Aspekte des Produktions- und Logistikmanagements und der Kooperation zwischen Unternehmen in Supply Chains beleuchten.

In Band 1 der Reihe greift Mareike Böger mit dem Supply Chain Risk Management ein Thema auf, das in der Supply Chain Management Forschung in den letzten Jahren aus zwei wesentlichen Gründen an Bedeutung gewonnen hat. Zum einen ist die Erkenntnis in Unternehmen gewachsen, dass es zahlreiche Risiken gibt, denen gemeinschaftlich besser begegnet werden kann. Zum anderen impliziert aber auch das Supply Chain Management selbst neue Abhängigkeiten und Risiken, etwa durch die engere Verzahnung von Prozessen und verstärktes Outsourcing. Zahlreiche Beispiele von Unternehmen wie Toyota, Boeing oder Sony-Ericsson in der Presse belegen dies.

In Gesprächen mit Supply Chain Managern auf Tagungen oder in Projekten wird immer wieder deutlich, welche Fragen Unternehmen bewegen: Wie können Risiken in Zeiten der Finanzkrise bewältigt werden? Welche finanziellen und zeitlichen Ressourcen müssen in das Risikomanagement investiert werden? Wie kann ein Risikomanagement ohne zu großen administrativen Aufwand ausgestaltet sein, der dem Unternehmen keinen Mehrwert bringt? Die Wissenschaft hat sich mit Fragen dieser Art aus praktischer Sicht bisher eher begrenzt beschäftigt.

Frau Böger legt mit ihrer Dissertation eine Arbeit vor, die Supply Chain Risk Management (SCRM) aus Sicht der Praxis untersucht. Mit dem Grounded Theory Ansatz wählt sie eine im Supply Chain Management noch relativ junge Forschungsmethodik. Auf dieser Basis führte sie 25 Interviews mit Unternehmensvertretern, um herauszufinden, welche Schwerpunkte Unternehmen setzen und welche Gestaltungsansätze des SCRM in der Praxis vorzufinden sind. Dabei berücksichtigt sie insbesondere die unternehmensübergreifende Komponente des SCRM. Zudem nimmt sie eine internationale Perspektive ein, indem sie Unternehmen sowohl in Deutschland als auch in den USA betrachtet.

Frau Böger strukturiert und kategorisiert die verschiedenen Ansätze, gibt einen Überblick über den Status Quo des SCRM in Unternehmen und zeigt Verbesserungsmöglichkeiten auf. Des Weiteren analysiert sie situative Faktoren, welche die verschiedenen Ansätze beeinflussen, sowie Faktoren, die dazu führen, dass Entscheidungsträger in Supply Chains überhaupt beginnen, sich mit Supply Chain Risiken zu beschäftigen. Sie verdeutlicht außerdem, wie diese Ergebnisse für die Gestaltung eines effektiveren und effizienteren Supply Chain Risk Managements genutzt werden können.

Durch den großen empirischen Teil, verknüpft mit aktuellen wissenschaftlichen Erkenntnissen der Literatur, erlangt die Arbeit erhebliche wissenschaftliche und praktische Bedeutung. Ihr ist eine weite Verbreitung zu wünschen.

Hamburg, im September 2010
Prof. Dr. Dr. h. c. Wolfgang Kersten

Vorwort

Die vorliegende Dissertation entstand im Rahmen meiner Tätigkeit als wissenschaftliche Mitarbeiterin am Institut für Logistik und Unternehmensführung der Technischen Universität Hamburg-Harburg. Das Thema Supply Chain Risk Management hat mich in dieser Zeit in vielfältiger Form in Industrie- und Forschungsprojekten begleitet. Durch die dabei gesammelten Erfahrungen entstand die Idee zu der Dissertation, Supply Chain Risk Management in der Praxis zu untersuchen.

Ein solches Dissertationsprojekt ist nur durch die Unterstützung zahlreicher Personen zu bewältigen. An dieser Stelle möchte ich daher all denen danken, die zur Entstehung dieser Arbeit beigetragen und mich während der Promotionszeit unterstützt und motiviert haben.

Bei Herrn Prof. Dr. Dr. h. c. Wolfgang Kersten bedanke ich mich sowohl für die Betreuung und Unterstützung meines Promotionsvorhabens als auch für die Zeit am Institut für Logistik und Unternehmensführung, viele spannende Projekte und die persönlichen und fachlichen Entwicklungsmöglichkeiten während dieser Zeit. Des Weiteren danke ich Herrn Prof. Dr. Cornelius Herstatt und Herrn Prof. Dr. Matthias Meyer für die Übernahme des Zweitgutachtens bzw. des Vorsitzes des Prüfungsausschusses.

Ein großes „Thank you!" gilt Herrn Prof. Dr. A. Michael Knemeyer, der mir die Gelegenheit gab, zehn Wochen als Visiting Scholar am Fisher College of Business der Ohio State University in den USA zu verbringen. Er hat mich während der Erhebung und Auswertung der empirischen Daten in den USA, aber auch darüber hinaus sehr unterstützt. Da diese Arbeit auf empirischen Daten beruht, danke ich ferner allen Gesprächspartnern, die mir in den Interviews Rede und Antwort gestanden haben.

Besonders bedanken möchte ich mich auch bei allen Kolleginnen und Kollegen an der TUHH für die tolle Arbeitsatmosphäre; die Zusammenarbeit hat mir immer sehr viel Spaß gemacht. Auch bei den studentischen Hilfskräften des Instituts bedanke ich mich, insbesondere bei Moritz Petersen für seine ausdauernde Unterstützung vor allem in der Interviewphase der Dissertation.

Ein herzliches Dankeschön gilt Carolin Singer, Sebastian Brockhaus, Carmen Zelle, Johannes Vlach, Birgit Koeppen und vor allem Dr. Nizar Abdelkafi für die kritische Durchsicht meiner Arbeit und die Bereitschaft zu zahlreichen Diskussionen während der letzten vier Jahre.

Vor allem aber danke ich meiner Familie und meinem Freund: Mein Freund Malte Kollakowski stand mir stets zur Seite und zeigte trotz der vielen nicht miteinander verbrachten Zeit viel Geduld und Verständnis für mich. Meine Eltern Gudrun und Willi Böger sowie meine Schwester Sina Böger hatten immer ein offenes Ohr, standen mir mit Rat und Tat zur Seite und haben mich nicht nur in der Promotionszeit, sondern auf meinem gesamten Lebensweg unermüdlich unterstützt. Danke für alles!

Hamburg, im September 2010
Mareike Böger

Inhaltsverzeichnis

Abbildungsverzeichnis

Tabellenverzeichnis

Abkürzungsverzeichnis

AHP	Analytical Hierarchy Process
AiF	Arbeitsgemeinschaft industrieller Forschungsvereinigungen
AktG	Aktiengesetz
AS/NZS	Australian/New Zealand Standard
CAQDAS	Computer Assisted Qualitative Data Analysis Software
CEO	Chief Executive Officer
CFO	Chief Financial Officer
COSO	Committee of Sponsoring Organizations
CRO	Chief Risk Officer
CSCMP	Council of Supply Chain Management Professionals
C-TPAT	Customs Trade Partnership against Terrorism
DAX	Deutscher Aktienindex
DMAIC	Define – Measure – Analyze – Improve – Control
DRSC	Deutsches Rechnungslegungs Standards Committee e.V.
ERM	Enterprise Risk Management
ERP	Enterprise Resource Planning
ETA	Event Tree Analysis
FERMA	Federation of European Risk Management Associations
FMEA	Failure Mode and Effect Analysis
FTA	Fault Tree Analysis
HAZOP	Hazard and Operability Study
HGB	Handelsgesetzbuch
ISO	International Organization for Standardization
JIS	Japanese Industrial Standards
KMU	Kleine und mittlere Unternehmen
KonTraG	Gesetz zur Kontrolle und Transparenz im Unternehmensbereich
MIT	Massachusetts Institute of Technology
RACI	Responsible – Accountable – Consulted – Informed
SCM	Supply Chain Management
SCOR	Supply Chain Operations Reference Model
SCRLC	Supply Chain Risk Leadership Council
SCRM	Supply Chain Risk Management

SEC	Security Exchange Commission
SOA	Sarbanes-Oxley Act
TQM	Total Quality Management
WHU	Wissenschaftliche Hochschule für Unternehmensführung

1 Einleitung

1.1 Ausgangssituation

Supply Chain Risk Management ist in den letzten Jahren als neues Forschungsfeld entstanden und verbindet Konzepte des Supply Chain Managements mit dem Risikomanagement. Sowohl in der akademischen Welt als auch in der Unternehmenspraxis gewann und gewinnt das Konzept schnell an Bedeutung. Ein Faktor, der Supply Chain Risk Management (SCRM) in jüngerer Zeit auf die Agenda von Entscheidungsträgern in Supply Chains brachte, sind globale Entwicklungen und Ereignisse wie Naturkatastrophen, Terroranschläge oder die Finanzkrise, die in den Medien die Schlagzeilen bestimmten und die Aufmerksamkeit auf das Risikomanagement lenkten (World Economic Forum 2009; Hale & Moberg 2005; Sheffi 2001).

Entscheidungsträger erkennen jedoch auch zunehmend, dass neben diesen externen und den „traditionellen" Risiken, die den unternehmensinternen Prozessen inhärent sind, verstärkt Risiken auftreten, die ein Resultat der Integration von Prozessen und engen Zusammenarbeit zwischen Supply Chain Partnern sind. Durch das Eingehen dieser Supply Chain Beziehungen erhöht sich die Abhängigkeit der Partner untereinander, die Verwundbarkeit gegenüber Risiken im Netzwerk steigt (Christopher & Peck 2004, S. 3; Giunipero & Eltantawy 2004, S. 700 ff.). Diese Effekte werden durch die Internationalisierung von Wertschöpfungsnetzwerken, vermehrtes Outsourcing und den durch den Effizienzgedanken fortschreitenden Abbau von Redundanzen wie z. B. Sicherheitsbeständen verstärkt (Jüttner 2005, S. 134). Dies führt dazu, dass sich Risiken eines Unternehmens in einer Art „Dominoeffekt" durch die gesamte Supply Chain fortsetzen können (Jüttner 2003, S. 775; Jüttner u. a. 2003, S. 197). Risiken betreffen somit nicht mehr nur ein einzelnes Unternehmen, sondern können sich auf mehrere Mitglieder der Supply Chain auswirken. Während sich durch ein effektives und effizientes Supply Chain Management zahlreiche Wettbewerbsvorteile ergeben können, stehen diesen Chancen vor allem in globalen Supply Chains also auch hohe Risiken gegenüber (Manuj & Mentzer 2008a, S. 134).

Kajüter (2003a, S. 113) weist darauf hin, dass sich Supply Chain Risiken in ihrer Art von sonstigen Risiken unterscheiden und daher weiterentwickelte Methoden zur Analyse und Steuerung erforderlich sind. Zudem ergeben sich durch die veränderten Rahmenbedingungen einige Besonderheiten für Risikomanagement in Supply Chains. So sind z. B. unterschiedliche Risikoeinstellungen und in internationalen Supply

Chains unterschiedliche nationale Anforderungen an das Risikomanagement zu berücksichtigen. Vor allem für internationale Wertschöpfungsnetzwerke sind daher einige Besonderheiten zu beachten (Kajüter 2003a, S. 111).

Studien zeigen, dass ein großer Teil der Insolvenzen in Deutschland zumindest teilweise auf ein mangelhaftes Risikomanagement zurückgeführt werden kann (Bergener 2006, S. 1; Vogler & Gundert 1998, S. 2377). Mit Bezug auf die Supply Chain zeigen Studien von Hendricks & Singhal (2003; 2005) die negativen Effekte von Supply Chain Störungen auf den Shareholder Value sowie die operativen Ergebnisse eines Unternehmens auf. So führt die Veröffentlichung dieser Störungen („supply chain glitches") zu einem durchschnittlichen Abschlag von mehr als 10% auf den Aktienkurs des Unternehmens. Eine Delphi-Studie von Melnyk u. a. (2008, S. 4642ff.) zeigt, dass das Management von Supply Chain Störungen die wichtigste Herausforderung im Supply Chain Management ist, der sich Manager in den kommenden Jahren stellen müssen. Die ökonomische Bedeutung des Risikomanagements im Allgemeinen und des Supply Chain Risk Managements im Besonderen ist daher unbestritten.

Dies spiegelt sich jedoch häufig nicht im Risikomanagement eines Unternehmens wider. Zwar erkennen viele Unternehmen die Notwendigkeit eines Risikomanagements, die konkrete Umsetzung steht allerdings oft noch aus. Unternehmen sind häufig nicht auf Supply Chain Probleme vorbereitet und können dann nur reaktiv gegensteuern. Ein langfristig ausgelegtes Risikomanagement, das Risiken proaktiv identifiziert, bewertet und steuert, ist nur selten implementiert. So zeigen beispielsweise Studien, dass bis zu 30% der Unternehmen keine Methoden und Instrumente für die Risikoidentifikation und -bewertung eingeführt haben (Wildemann 2006, S. 72ff.). Bei kleinen und mittleren Unternehmen kommen Untersuchungen zu dem Schluss, dass über 40% keine Risikoidentifikation und über 60% keine Risikobewertung im engeren Sinne vornehmen, sondern eher eine grobe subjektive Einschätzung treffen (Hölscher u. a. 2006, S. 153). Häufig ist dieses auf Hindernisse wie mangelnde finanzielle und zeitliche Ressourcen oder auf ein fehlendes Know-how in Unternehmen zurückzuführen (Peck 2006a, S. 31).

Für das unternehmensübergreifende Risikomanagement gilt dieses umso mehr. Unternehmen erkennen zunehmend die Bedeutung des Supply Chain Risk Managements (Kersten u. a. 2006, S. 10f.; Muthukrishnan & Shulman 2006, S. 3). Dennoch ist der Verbreitungsgrad eines unternehmensübergreifenden Risikomanagements in der Praxis bislang eher gering. Zudem kann beobachtet werden, dass sich Supply Chain Manager zwar einig sind in der Bedeutung des SCRM, jedoch große Unterschiede in der Art und Weise bestehen, wie SCRM im Unternehmen umgesetzt ist (IBM 2009, S. 18).

Auch die Forschung auf dem Gebiet des Supply Chain Risk Management steht noch am Anfang. Bisher vorliegende Arbeiten beinhalten oft generische Konzepte zum SCRM, in jüngerer Zeit sind auch einige Beiträge mit konkreten Empfehlungen für Unternehmen entstanden, wie ein solches SCRM gestaltet werden kann (z. B. Kersten u. a. 2009b; Ziegenbein 2007). Auch zum Phänomen der Supply Chain Risiken selbst und ihrer Klassifizierung liegen bereits einige Beiträge vor (z. B. Rao & Goldsby 2009; Zsidisin 2003). Aus methodischer Sicht dominieren vor allem theoretisch-konzeptionelle Arbeiten (Vanany u. a. 2009, S. 20).

Zwei wesentliche **Forschungslücken** können identifiziert werden:

Erstens wurden **kooperative Aspekte des SCRM** bisher weitgehend vernachlässigt (Vanany u. a. 2009, S. 28), so dass die Erforschung möglicher Ansätze eines gemeinschaftlichen Risikomanagements vielversprechend ist. Insbesondere besteht Bedarf an explorativer empirischer Forschung auf diesem Gebiet (Vanany u. a. 2009, S. 26f.; Jüttner u. a. 2003, S. 209; Kajüter 2003a, S. 128), da nur wenige Erkenntnisse darüber vorliegen, wie Entscheidungsträger in Unternehmen und Supply Chains mit Supply Chain Risiken umgehen und welche Ansätze sie zur Identifikation, Bewertung und Steuerung dieser Risiken nutzen.

Zweitens weisen mehrere Autoren darauf hin, dass es **keine einzelne SCRM Lösung** geben kann, die für alle Typen von Unternehmen und Supply Chains in allen Branchen adäquat ist. Daher wird die Anwendung des situativen Ansatzes auf Supply Chain Risiken und deren Management empfohlen, um SCRM in unterschiedlichen Kontexten zu untersuchen (Ritchie & Brindley 2004, S. 34ff.). Der situative Ansatz, auch Kontingenzansatz genannt, basiert auf der Annahme, dass es keinen universalgültigen besten Weg für das Management und die Organisation von Unternehmen gibt, sondern dass dieser zur Erzielung optimaler Ergebnisse auf den jeweiligen situativen Kontext zugeschnitten sein muss. In Bezug auf das SCRM wurden bisher nur wenige Forschungsanstrengungen auf diesem Gebiet unternommen (Giunipero & Eltantawy 2004, S. 699). Auch hier fehlt es vor allem an empirischen Erkenntnissen.

1.2 Ziel der Arbeit

Forschungsziel, Forschungsfragen sowie die geeignete Forschungsmethodik zur Beantwortung dieser Fragen sollten aus dem zu untersuchenden Phänomen abgeleitet werden (Mello & Flint 2009, S. 109). Abbildung 1 zeigt die Ableitung für diese Arbeit.

Phänomen:
Umgang mit Supply Chain Risiken
von Entscheidungsträgern in Unternehmen und Supply Chains

Forschungsziel:
Ein besseres Verständnis, wie Supply Chain Risk Management in Unternehmen und Supply Chains mit unterschiedlichem situativen Kontext ausgestaltet ist

Forschungsfragen:

1. Welche Ansätze und Vorgehensweisen nutzen Entscheidungsträger zum Management von Supply Chain Risiken?
2. Welche Faktoren beeinflussen die Art und Weise des Supply Chain Risk Managements in Unternehmen und Supply Chains?
3. Welche Gestaltungsempfehlungen lassen sich daraus für die Unternehmenspraxis ableiten?

Forschungsmethodik:
Grounded Theory

Abbildung 1: Ableitung von Forschungsziel, Forschungsfragen und Forschungsmethodik
Quelle: in Anlehnung an Mello & Flint (2009, S. 110)

Das zu untersuchende Phänomen lässt sich auf Basis der skizzierten Ausgangssituation definieren. Es kann kurz zusammengefasst werden als „Umgang mit Supply Chain Risiken von Entscheidungsträgern in Unternehmen und Supply Chains, die Supply Chain Risiken unmittelbar oder mittelbar beeinflussen können". Diese Arbeit soll die aufgezeigten Forschungslücken, insbesondere das Defizit an empirischen Erkenntnissen in diesem Bereich, verringern. Daraus ergibt sich das folgende Forschungsziel:

Das Ziel dieser Arbeit ist ein besseres Verständnis, wie Supply Chain Risk Management in Unternehmen und Supply Chains mit unterschiedlichem situativen Kontext ausgestaltet ist.

Mit diesem Forschungsziel soll die Arbeit zur Entwicklung einer Theorie des Supply Chain Risk Managements beitragen und verfolgt somit ein vorwiegend theoretisches Wissenschaftsziel.[1] Nach Kosiol (1964, S. 745) ist ein theoretisches Wissenschaftsziel auf „die Gewinnung von Erfahrungskenntnissen und deren Integration in möglichst umfassende Systeme objektiver Sätze, d. h. Theorien gerichtet, die eine Erfassung, Beschreibung, Erklärung und Prognose der Sachverhalte des Erkenntnisgegenstandes zulassen".

Im Allgemeinen kann die Betriebswirtschaftslehre als interdisziplinäre, angewandte Realwissenschaft aufgefasst werden (Ulrich 1984, S. 168ff.). Das theoretische Wissenschaftsziel ist daher nicht als Selbstzweck zu verstehen, vielmehr ist der Forderung Rechnung zu tragen, nach der die Theorie Ausgangspunkt für die Anwendung der gewonnenen Erkenntnisse ist (Kosiol 1964, S. 749; Kühn 1978, S. 34ff.). Das pragmatische Nebenziel dieser Arbeit besteht daher darin, aus den Ergebnissen Implikationen und Gestaltungsempfehlungen für Entscheidungsträger in Unternehmen abzuleiten.

Das Forschungsziel lässt sich anhand dreier Fragestellungen konkretisieren, die im Rahmen dieser Arbeit beantwortet werden sollen.

Forschungsfrage 1: Welche Ansätze und Vorgehensweisen nutzen Entscheidungsträger zum Management von Supply Chain Risiken und wie können diese Ansätze beschrieben werden?

Diese Frage beschäftigt sich mit dem „wie" des Supply Chain Risk Managements. Hierbei geht es vorwiegend um eine deskriptive Beschreibung unterschiedlicher Ansätze und Aktivitäten des Supply Chain Risk Managements, des Verhaltens von Managern, wenn sie Risiken in der Supply Chain gegenüberstehen, sowie der Strukturierung und Systematisierung der unterschiedlichen Ansätze. Der Erklärung dieser Unterschiede dient die folgende Forschungsfrage:

Forschungsfrage 2: Welche Faktoren beeinflussen die Art und Weise des Supply Chain Risk Managements in Unternehmen und Supply Chains?

Diese Frage beinhaltet neben der deskriptiven auch eine explanative Komponente. Warum nutzen Entscheidungsträger verschiedene Ansätze des Supply Chain Risk Managements? Welche Faktoren beeinflussen Verhalten der Entscheidungsträger, sowohl in den einzelnen Unternehmen als auch über die gesamte Supply Chain hinweg?

---

[1] Chmielewicz (1994, S. 8ff.) unterscheidet die Begriffslehre (essentialistisches Wissenschaftsziel), die Wissenschaftstheorie (theoretisches Wissenschaftsziel), die Wirtschaftstechnologie (pragmatisches Wissenschaftsziel) und die Wirtschaftsphilosophie (normatives Wissenschaftsziel).

Aus dieser Frage und dem pragmatischen Forschungsziel ergibt sich die dritte Forschungsfrage dieser Arbeit:

Forschungsfrage 3: Welche Gestaltungsempfehlungen lassen sich daraus für die Unternehmenspraxis ableiten?

Diese Frage fokussiert darauf, wie die bei der Bearbeitung der ersten beiden Forschungsfragen gewonnenen Erkenntnisse für die Unternehmenspraxis nutzbar gemacht werden können.

Zur Beantwortung dieser Fragen wurde ein qualitatives Forschungsdesign gewählt, da in der Literatur über das beschriebene Phänomen bisher nur wenig theoretisches Wissen generiert wurde. Basierend auf dem Grounded Theory Ansatz (Glaser & Strauss 1967) wurden 25 Interviews mit Experten in unterschiedlichen Ländern und Branchen geführt und qualitativ ausgewertet. Die Anwendung des Grounded Theory Ansatzes wird empfohlen, um komplexe soziale Phänomene in ihrem realen Kontext zu untersuchen (Mello & Flint 2009, S. 114). Supply Chain Risk Management kann als ein solches komplexes Phänomen charakterisiert werden (Manuj & Mentzer 2008b, S. 194).

Barney Glaser, einer der Begründer der Grounded Theory (deutsch: gegenstandsverankerte Theoriebildung (Böhm 1994, S. 121)), versteht den Ansatz als „a general methodology of analysis linked with data collection that uses a systematically applied set of methods to generate an inductive theory about a substantive area" (Glaser 1992, S. 16). Es handelt sich also nicht um eine einzelne Methode, sondern eher um ein Forschungsparadigma, das verschiedene Methoden für die qualitative empirische Forschung zur Verfügung stellt. Der Grounded Theory liegt die Idee zu Grunde, dass Theorie in einem iterativen Prozess aus Datenerhebung und -analyse induktiv aus empirischem Datenmaterial abzuleiten ist und die Erkenntnisse möglichst wenig durch theoretische Vorkenntnisse beeinflusst werden sollten (Glaser & Strauss 1967, S. 1ff.). Der Ansatz zählt daher zu den Hypothesen-generierenden Verfahren in Abgrenzung zu Hypothesen-testenden qualitativen Verfahren (vgl. Kapitel 4).

1.3 Vorgehensweise

Der Grounded Theory Ansatz erfordert ein iteratives Vorgehen aus Datenerhebung, Datenanalyse und Vergleich mit der existierenden Literatur. Für die Darstellung in dieser Arbeit wurde jedoch eine sequentielle Form gewählt. Diese Vorgehensweise wird in der Literatur empfohlen, da sie die Effizienz und Verständlichkeit der Erläuterungen erhöht (Hallier & Forbes 2004, S. 1385; Wagner u. a. 2010, S. 9f.). Insbesondere enthält die Arbeit die traditionellen Themenblöcke Theorie, Datenerhebung, Datenauswertung und Ergebnisse (Suddaby 2006, S. 637).

Dieser Sequenz folgend ergibt sich der Aufbau der Arbeit, die in insgesamt sieben Kapitel gegliedert wurde: Das einleitende **erste Kapitel** dient der Beschreibung der Ausgangssituation, der Zielsetzung, des Forschungsansatzes sowie der Vorgehensweise.

Das **zweite Kapitel** ist den theoretischen Grundlagen und der Abgrenzung des Themenfeldes gewidmet. Das Themenfeld Supply Chain Risk Management lässt sich dabei in die beiden Hauptthemengebiete Risikomanagement sowie Supply Chain Management unterteilen. Daher werden diese beiden Felder zunächst isoliert voneinander betrachtet (Kapitel 2.1 und 2.2), indem die Hintergründe zur Entwicklung der beiden Forschungsrichtungen beleuchtet und die wichtigsten Termini definiert werden. Anschließend werden die beiden Themengebiete zum Supply Chain Risk Management zusammengeführt (Kapitel 2.3). In Kapitel 2.4 wird als theoretischer Anknüpfungspunkt die Kontingenztheorie diskutiert.

Das **dritte Kapitel** befasst sich mit dem Stand der Forschung. Dabei wird zunächst die Rolle der Literatur in der Grounded Theory erörtert (Kapitel 3.1) und ein Überblick über die relevanten Themenfelder gegeben (Kapitel 3.2). Zwei Gebiete werden detaillierter untersucht: die Gestaltungsfelder des SCRM (Kapitel 3.3) sowie die Einflussfaktoren, die auf die Ausgestaltung des SCRM wirken (Kapitel 3.4). Die Gestaltungsfelder sind zum einen der Prozess des SCRM, zum anderen dessen organisatorische Einbettung. Es wird analysiert, inwiefern die bestehenden Ansätze des internen Risikomanagements an die Anforderungen des Supply Chain Kontexts angepasst wurden und inwiefern die bestehenden Erkenntnisse auf empirischen Daten basieren. Darauf aufbauend wird in Kapitel 3.5 die Forschungslücke abgeleitet.

Im **vierten Kapitel** wird die gewählte Forschungsmethodik vorgestellt. Nach einer Begründung für das verwendete Forschungsdesign (Kapitel 4.1) werden die Grundlagen der Grounded Theory vorgestellt (Kapitel 4.2). Daran schließt sich eine Beschreibung der Datenerhebung sowie der Datenanalyse an (Kapitel 4.3 und 4.4). Zudem werden Gütekriterien zur Bewertung der Forschungsvalidität erörtert und die Maßnahmen diskutiert, die zur Erfüllung der Kriterien getroffen wurden (Kapitel 4.5).

Das **fünfte Kapitel** bildet den Hauptteil der Arbeit und stellt die Ergebnisse der Untersuchung vor. Es dient insbesondere der Beantwortung der ersten beiden Forschungsfragen. Nach einigen allgemeinen Vorbemerkungen (Kapitel 5.1) wird erläutert, wie aus dem Datenmaterial ein Modell zum SCRM entwickelt und eingegrenzt wurde (Kapitel 5.2). Das Modell wird also zunächst in seiner Gesamtstruktur vorgestellt, bevor auf einzelne Modellbestandteile näher eingegangen wird: Ansätze des SCRM (Kapitel 5.3), Auslöser von SCRM Aktivitäten (Kapitel 5.4) und Einflussfaktoren des SCRM (Kapitel 5.5). Eine Erörterung von Interdependenzen zwischen den einzelnen Modellkomponenten und ihrer Entwicklung im Zeitablauf (Kapitel 5.6) und eine zusammenfassende Modelldarstellung (Kapitel 5.7) schließen das Kapitel ab.

Das **sechste Kapitel** ist dem praktischen Wissenschaftsziel gewidmet und beantwortet die dritte Forschungsfrage. Nach einigen allgemeinen Empfehlungen (Kapitel 6.1) wird eine Vorgehensweise entwickelt, auf deren Basis Unternehmen ihr SCRM besser einschätzen und Verbesserungen planen können (Kapitel 6.2). Anschließend werden anhand eines Portfolios der in der Praxis vorherrschenden SCRM Ansätze Managementimplikationen abgeleitet (Kapitel 6.3). Das Kapitel schließt mit Empfehlungen im Hinblick auf die identifizierten Einflussfaktoren (Kapitel 6.4).

Das **siebte Kapitel** bildet den Schluss der Arbeit mit einer Zusammenfassung (Kapitel 7.1), Limitationen der Untersuchung und einem Ausblick auf weitere mögliche Forschungsgebiete (Kapitel 7.2).

Abbildung 2 verdeutlicht den Aufbau der Arbeit:

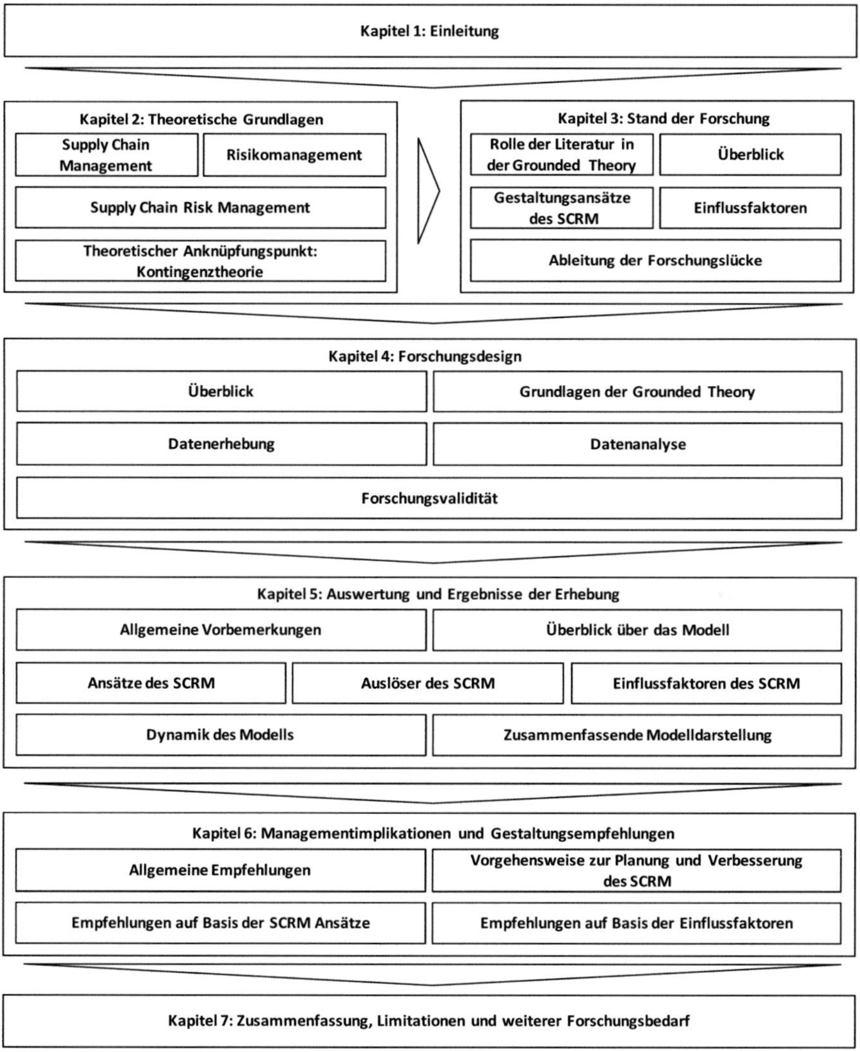

Abbildung 2: Aufbau der Arbeit

2 Theoretische Grundlagen

In diesem Kapitel werden der theoretische Rahmen und die terminologischen Grundlagen geschaffen, die für das weitere Verständnis der Arbeit notwendig sind. Dazu werden zunächst die Themenfelder Risikomanagement und Supply Chain Management beleuchtet. Darauf aufbauend wird das Supply Chain Risk Management diskutiert, das Elemente des Risikomanagements und des Supply Chain Managements integriert. Abschließend wird mit der Kontingenztheorie der theoretische Anknüpfungspunkt der Arbeit erläutert.

2.1 Risiko und Risikomanagement

Für eine Diskussion des Risikomanagements ist zunächst eine Abgrenzung des Risikobegriffs erforderlich, da dieser in der Literatur kontrovers diskutiert wird. Ausgehend von dem Risikoverständnis der vorliegenden Arbeit wird anschließend das Risikomanagement diskutiert.

2.1.1 Risiko

Der Begriff „Risiko" wird in der Literatur nicht einheitlich definiert, und auch in der Umgangssprache und Unternehmenspraxis sind unterschiedliche Auffassungen vorzufinden. Daher ist es zunächst notwendig, den Terminus herzuleiten und gegen verwandte Begriffe wie Chance, Unsicherheit und Verwundbarkeit abzugrenzen. Anschließend werden unterschiedliche Risikoarten diskutiert.

2.1.1.1 Begriffliche Abgrenzung

Der heutige Begriff „Risiko" wurde im 16. Jahrhundert aus der italienischen Kaufmannssprache entlehnt; die etymologische Herkunft des Risikobegriffs ist jedoch bisher ungeklärt (Duden 2006; zur Diskussion verschiedener Herkunftsmöglichkeiten vgl. die Diskussion bei Luhmann 2003, S. 17ff.; Jonen 2007, S. 4ff.). In der Literatur wird der **Risikobegriff** in unterschiedlichen Wissenschaftsdisziplinen herangezogen (Luhmann 2003, S. 9) und je nach Disziplin verschieden interpretiert. Auch Studien aus der Unternehmenspraxis zeigen die unterschiedliche Verwendung des Begriffs (Pablo 1999). Daher gibt es keinen allgemeingültigen Risikobegriff, eine Definition ist vielmehr je nach Untersuchungsgegenstand zweckmäßig abzugrenzen (Kimmig 2001,

S. 48). Tabelle 1 bietet eine erste Übersicht über die Verwendung in verschiedenen Wissenschaftsdisziplinen.

Definition	Risikobegriff	Anwendung
Mathematisch/Analytisch	Risiko = E * A E = Eintrittswahrscheinlichkeit A = Schadensausmaß	Naturwissenschaften Versicherungswirtschaft
Entscheidungslogisch	Risiko = f(x) f(x) = Häufigkeitsverteilung Risiko = Standardabweichung	Finanzwissenschaften Bankwirtschaft
Informationstheoretisch	Risiko als Informationsdefizit	Betriebswirtschaft
Systemtheoretisch/Ganzheitlich	Risiko als Zielverfehlung aufgrund von Störprozessen	Systemorientierte Betriebswirtschaft
Soziologisch	Unterscheidung von Risiko und Gefahr	Soziologie
Psychologisch	Risiko = Gefahr	Alltag, Sprachgebrauch

Tabelle 1: Risikodefinitionen in unterschiedlichen Wissenschaftsdisziplinen
Quelle: Peter (2001, S. 23)

Auch innerhalb der wirtschaftswissenschaftlichen Disziplinen existieren unterschiedliche Begriffsauffassungen (Baird & Thomas 1990). So wurde Risiko beispielsweise in den Gebieten Finanzwissenschaften (Markowitz 1952; Smith u. a. 1990), Strategisches Management (Bettis & Thomas 1990), Internationales Management (Backhaus & Braun 2006; Miller 1992; Kühlmann 2009), Entscheidungslehre (March & Shapira 1987), Operations (Newman u. a. 1993) oder Controlling (Horváth & Gleich 2000) diskutiert.

Eine ausführliche Auseinandersetzung mit Risikodefinitionen und deren Strukturierung liefert Jonen (2007). Er entwickelt einen semantischen Kasten und analysiert auf dessen Basis 206 verschiedene Risikodefinitionen überwiegend aus der deutschsprachigen Literatur. Jonen verwendet als Hauptbeschreibungsmerkmal für Risikodefinitionen die beiden Grundrichtungen Ursache bzw. Wirkung eines Risikos (in seiner Arbeit Ausgangsfaktor und Zieldimension genannt) und ergänzt den Informationszustand als drittes Merkmal.[2] Im Folgenden werden die drei genannten

[2] Seine Analyse zeigt, dass in 82% aller Definitionen eine Angabe zu einer Zieldimension gemacht wird, eine Definition sich also auf die Wirkung von Risiken bezieht. Nur 49% der Definitionen verwenden hingegen Ausgangsfaktoren als Beschreibungsmerkmal von Risiken, 61% den Informationszustand. Die Zahlen zeigen, dass viele der Definitionen mehrere der Merkmale enthalten.

Beschreibungsmerkmale erläutert und daraus eine für diese Arbeit gültige Definition abgeleitet. Thom (2008, S. 37) weist darauf hin, dass in Wertschöpfungsnetzwerken eine prozessbezogene Perspektive eingenommen werden sollte. Das Risiko für diesen Forschungsgegenstand sollte daher ganzheitlich definiert werden, d. h., eine zweckmäßige Definition sollte eine ursache- und eine wirkungsbezogene Komponente enthalten.

Risikoursache

In Bezug auf die Risikoursache lassen sich die Dimensionen Basisfaktoren, Entscheidungsorientierung und Ereignisorientierung unterscheiden (Jonen 2007, S. 16ff.).

Risikodefinitionen auf Grundlage von **Basisfaktoren** beziehen sich auf die Tatsache, dass jegliches wirtschaftliches Handeln mit Risiken verknüpft ist. Jonen (2007, S. 19) kritisiert allerdings die geringe analytische Tiefe, die mit einer solchen Definition verbunden ist. Da die Aussage so allgemein ist, dass sie für eine Risikodefinition in dieser Arbeit keinen Nutzen hat, wird sie nicht weiter betrachtet.

Entscheidungsorientierte Risikodefinitionen bringen Risiken mit einer Entscheidung bzw. einem Entscheider in Verbindung, z. B. einer Entscheidung für einen bestimmten Lieferanten. Diese Definitionen stammen zumeist aus der Entscheidungstheorie (March & Shapira 1987). Dabei wird auch eine Nichtentscheidung als Entscheidung verstanden, so dass risikofreies Verhalten nicht möglich ist (Luhmann 2003, S. 37). Auch wenn die „solide axiomatische Grundlage, die relativ leichte Operationalisierbarkeit und die präzise Abgrenzung“ dieser Definition vorteilhaft sind, ist es in der Praxis fraglich, ob sich Schäden oder Zielabweichungen immer einer exakten Entscheidungssituation zurechnen lassen (Kratzheller 1997, S. 14). Außerdem beschäftigt sich die vorliegende Arbeit zu einem großen Teil auch mit Risiken, die nicht aus dem Unternehmen selbst stammen, sondern externe Ursachen haben und damit nicht direkt auf eine Entscheidung des Unternehmens zurückzuführen sind. Dazu zählen z. B. Risiken aus dem makroökonomischen oder politischen Umfeld. Aus diesen Gründen ist der entscheidungsorientierte Risikobegriff nicht zweckmäßig.

Ereignisorientierte Definitionen dagegen rechnen Risiken Ereignissen zu, die beispielsweise in technische, menschliche oder externe Ereignisse unterteilt werden können (Jonen 2007, S. 18f.). Ein technisches Ereignis ist z. B. der Ausfall einer Produktionsanlage, ein menschliches Ereignis z. B. der Ausfall eines Mitarbeiters im Unternehmen. Ein externes Ereignis liegt außerhalb des Unternehmens, wie etwa eine

Lieferverzögerung durch einen Stau. Dieser Arbeit wird im Folgenden der ereignisorientierte Risikobegriff zu Grunde gelegt.

Risikoauswirkung

Bei der Risikoauswirkung sind die Folgen eines Risikos im Fokus der Betrachtung, d. h. die Abweichung von einem Ziel, die aus dem Risiko resultiert. Jonen (2007, S. 23ff.) unterscheidet einerseits die Zielart, andererseits den Zielbereich.[3] Bezüglich der **Zielart** lässt sich differenzieren, ob Risiko als Abweichung von einem bewusst gesetzten oder einem unbewussten, aber erwarteten Ziel angesehen wird. Da diese Unterscheidung in der vorliegenden Arbeit keine Rolle spielt, sollen im Folgenden keine Einschränkungen hinsichtlich der Zielart gemacht werden.

Zum anderen wird der **Zielbereich** betrachtet, d. h. ob nur negative oder auch positive Zielabweichungen einbezogen werden. So definieren March und Shapira (1987, S. 1404) in Anlehnung an die Entscheidungstheorie Risiko als „variation in the distribution of possible outcomes, their likelihoods, and their subjective values" und schließen dabei sowohl negative als auch positive Abweichungen ein, es wird also die Streuung eines Ergebnisses betrachtet (symmetrisches Risikoverständnis). Dieses wird auch als **Risiko im weiteren Sinne** bezeichnet (Burger & Buchhart 2002, S. 3f.). Sie zeigen jedoch in ihrem Beitrag, dass diese Definition der Auffassung von Managern in der Unternehmenspraxis widerspricht, die Risiko vor allem als Verlustgefahr sehen (asymmetrisches Risikoverständnis, **Risiko im engeren Sinne**). Burger & Buchhardt (2002, S. 9) sind der Auffassung, dass für Industrie-, Handels- und Dienstleistungsunternehmen im Gegensatz zu Finanzdienstleistungsunternehmen eher die Verlustgefahr im Vordergrund steht und daher der enge Risikobegriff zu Grunde zu legen sei. Im Folgenden wird daher Risiko als negative Abweichung von einem Ziel betrachtet, wohingegen positive Abweichungen als Chance bezeichnet werden. Jonen (2007, S. 24f.) merkt zudem an, dass verschiedene Zielgrößen betroffen sein können, beispielsweise Gewinn/Verlust, Vermögen oder immaterielle Werte.

Informationszustand

Das dritte von Jonen herangezogene Merkmal betrifft den Informationszustand, bei dem Risiko über mögliche Informationsdefizite beschrieben wird. Eine bekannte Klassifizierung von Informationszuständen geht auf Knight (1921) zurück. Nach Knight

[3] Jonen differenziert weiterhin das Zielausmaß, d. h. welche Bedeutung ein Risiko für das Unternehmen hat (großes/kleines Risiko, strategisches/taktisches/operatives Risiko). Dieses Kriterium ist zwar für die Kategorisierung von Risiken hilfreich, jedoch nicht für eine allgemeine Definition.

liegt **Sicherheit** vor, wenn bekannt ist, welcher Umweltzustand in der Zukunft eintreten wird, ansonsten liegt **Unsicherheit** vor. In Fällen von Unsicherheit kann wiederum zwischen **messbarer und nicht messbarer Unsicherheit** unterschieden werden. Ein Risiko liegt vor, wenn die Unsicherheit „messbar" ist, also den Eintritt von Umweltzuständen objektive Wahrscheinlichkeiten zugeordnet werden können, im nicht messbaren Fall spricht Knight von „wahrer" Unsicherheit (Knight 1921, S. 20). Diese Situation wird auch als Ungewissheit bezeichnet.

Der Fall, dass subjektive Wahrscheinlichkeiten vorliegen, wird in der Literatur uneinheitlich definiert. Einige Autoren rechnen diesen Fall dem Risiko zu (Bamberg u. a. 2008, S. 67f.), andere Autoren sprechen in diesem Fall von Ungewissheit (Oehler & Unser 2002, S. 11).[4] Eine subjektive Wahrscheinlichkeit bedeutet eine individuelle Einschätzung, die auf persönlichen Erfahrungen, Überzeugungen und Intuition beruht, wohingegen objektive Wahrscheinlichkeiten intersubjektiv nachprüfbar sind (Mosler & Schmid 2005, S. 39; Pfohl 1977, S. 24). In der Praxis ist es jedoch meist schwierig, zwischen subjektiven und rein objektiven Wahrscheinlichkeiten zu unterscheiden (Wittmann 1959, S. 93ff.). Der Ausschluss subjektiver Wahrscheinlichkeiten würde außerdem eine Analyse eines Risikos in vielen Fällen unmöglich machen (Kruschwitz 1980, S. 803). Im Folgenden wird daher der Auffassung von Bamberg u. a. (2008) gefolgt, gemäß derer im Risikofall subjektive oder objektive Wahrscheinlichkeiten vorliegen. Zudem wird konstatiert, dass unvollkommene Information über künftige Umweltzustände die Voraussetzung für ein Risiko darstellt.

Zusammenfassend kann Risiko somit definiert werden als das potenzielle Auftreten eines Ereignisses oder einer Entwicklung, das bzw. die zu einer negativen Zielabweichung im Unternehmen führen kann. Voraussetzung für ein Risiko ist unvollkommene Information über künftige Umweltzustände.

Abgrenzung weiterer Begriffe

Neben Risiko, Unsicherheit und Ungewissheit, die bereits gegeneinander abgegrenzt wurden, sind Risikotreiber und Verwundbarkeit zu definieren. Im Gegensatz zum Risiko selbst sind **Risikotreiber** Faktoren, die das Risiko erhöhen (Jüttner u. a. 2003, S. 205). Risikotreiber und Risikofaktoren werden im Folgenden synonym verwendet. **Verwundbarkeit** wird definiert als „an exposure to serious disturbance" (Jüttner 2005, S. 124). Ein Unternehmen oder eine Supply Chain ist umso verwundbarer, je höher die Wahrscheinlichkeit einer Störung eines Unternehmens ist bzw. je größer

[4] Die Diskussion geht auf Keynes (1921, S. 347ff.) zurück.

die negative Auswirkung ist, wenn bereits ein Risikoereignis eingetreten ist (Svensson 2002a, S. 169; Svensson 2002b, S. 15).

2.1.1.2 Risikoarten

Neben der oben erwähnten Unterscheidung zwischen engem und weitem Risikoverständnis gibt es eine Reihe von Möglichkeiten, verschiedene Risikoarten zu differenzieren. In der Literatur sind zahlreiche Risikoklassifizierungen vorgenommen worden. Eine Risikoklasse oder Risikokategorie fasst dabei „gleichartige, organisatorisch oder funktional zusammengehörige Risiken“ zusammen (DRSC 2010). Je nach Zweck und Risikoverständnis werden dabei unterschiedliche Klassifizierungskriterien herangezogen. Auffällig ist, dass einige Autoren kein Klassifizierungskriterium erwähnen und/oder verschiedene Kriterien miteinander vermischen, so dass eine Zuordnung von Risiken zu einer Kategorie nicht immer eindeutig möglich ist. Die folgende Tabelle gibt einen Überblick über verschiedene Klassifizierungsmöglichkeiten.

Kriterium	Beschreibung	Beispiel	Quellen (Beispiele)
Quelle	Bereich, in dem ein Schaden entsteht	Versorgung/Nachfrage/Steuerung/ Prozess/Umwelt	Christopher & Peck 2004
		Beschaffung/Produktion/Absatz	Rogler 2002
		Supplier relationships/Customer relationships/Exogenous factors/Decision-making unit/ICT systems/Endogenous factors/Competitor activities	Ritchie & Brindley 2000
Schadensart	Art der Zielabweichung	Cost/Quality/Delivery/Relationships	Haywood & Peck 2004
		Financial loss/Performance loss/Physical loss/Psychological loss/Social loss/Time loss	Harland u. a. 2003
Treiber	Mögliche Risikofaktoren	Outsourcing/Inventory/Customer/ Product/Technology/Geography	Meseck 2004
Risikograd	Höhe des möglichen Schadens/ der Zielabweichung	Existenzgefährdend/ Nicht existenzgefährdend	Rogler 2002
		Catastrophic/Critical/Marginal/Negligable	Tummala & Leung 1996
Beeinflussbarkeit/ Steuerungsmöglichkeit	Grad der Beeinflussbarkeit eines Risikos	Controllable/Partially controllable/ Uncontrollable	Wu u. a. 2006
		Endogen/Exogen	Burger & Buchhart 2002

Kriterium	Beschreibung	Beispiel	Quellen (Beispiele)
Versicherbarkeit	Grad der Versicherbarkeit eines Risikos	Versicherbar/Nicht versicherbar	Rogler 2002
Fluss	Teilsystem der Supply Chain, auf das sich das Risiko bezieht	Physical/Financial/Informational/ Innovational/Relational	Cavinato 2004
Messbarkeit/ Quantifizierbarkeit	Möglichkeit, Zustände zahlenmäßig abzubilden	Messbar/Nicht messbar	Rogler 2002 Burger & Buchhart 2002
Abwälzbarkeit	Möglichkeit der Abwälzbarkeit auf Dritte	Abwälzbar/Nicht abwälzbar	Rogler 2002
Kalkulatorische Behandlung	Behandlung eines Risikos im Rechnungswesen	Grundkosten/Zusatzkosten/ Gewinnaufschlag	Rogler 2002
Häufigkeit	Häufigkeit bzw. Wahrscheinlichkeit eines Risikos	Ziemlich gleichmäßig/Verhältnismäßig unregelmäßig/Stoßartig auftretend	Rogler 2002
		Frequent/Probable/Occasional/ Remote/Negligible	Tummala & Leung 1996
Zeitlicher Kontext	Zeitraum, auf den sich ein Risiko bezieht	Zeitlich begrenzt/Permanent	Burger & Buchhart 2002
Beziehungen	Beziehungen zwischen einzelnen Risiken	Unabhängig/Sich verstärkend/ Sich kompensierend	Burger & Buchhart 2002
		Kumulativ/Additiv/Singulär	Kajüter 2003a

Tabelle 2: Mögliche Risikoklassifikationen

Im Laufe der vorliegenden Arbeit kommen unterschiedliche Klassifikationen und somit unterschiedliche Kategorien zum Einsatz. So ist es beispielsweise für die Risikoidentifikation in einem Unternehmen sinnvoll, verschiedene Risikoquellen zu untersuchen, während für die Risikobewertung eine Einteilung nach Risikograd sinnvoll ist.[5] Zudem muss eine Kategorisierung dem Untersuchungskontext Supply Chain angepasst werden.

[5] Vgl. Kapitel 3.

2.1.2 Risikomanagement

Das folgende Kapitel befasst sich mit den verschiedenen Aspekten des Risikomanagements. Dazu ist zunächst der Managementbegriff zu definieren, bevor der Begriff Risikomanagement diskutiert wird. Dies geschieht mit einem kurzen historischen Abriss der Entwicklung des Risikomanagements, da dieses zum Verständnis des Begriffs erforderlich ist. Auch die Aufgaben und Ziele des Risikomanagements werden erörtert. Anschließend werden theoretische Erklärungsansätze und Beweggründe des Risikomanagements für Unternehmen diskutiert.

2.1.2.1 Der Begriff des Managements

Für den Begriff des Managements (wahrscheinlich aus dem lat. „manus agere“: führen, handeln (Staehle 1999, S. 71)) lassen sich vor allem zwei Bedeutungsklassen identifizieren (Staehle 1999, S. 71; Tsoukas 1994, S. 289):

- **Management als Funktion** befasst sich mit den Aufgaben, Prozessen und Funktionen, die in Unternehmen zum Gestalten, Leiten und Entwickeln einer Unternehmung notwendig sind (managerial functions approach).
- **Management als Institution** hingegen bezeichnet eine Gruppe von Personen, die als leitende Instanz die Entscheidungs- und Anordnungskompetenzen haben, d. h. für die Durchführung der Managementaufgaben zuständig sind (managerial roles approach).

In der vorliegenden Arbeit wird der Begriff Management im funktionalen Sinne verstanden, soweit dies nicht explizit anders erwähnt ist. Innerhalb des als funktionalen Managementbegriffs existieren verschiedene Ansätze, die als **Schools of Thought der Managementlehre** bezeichnet werden. Bereits 1961 identifizierte Koontz (1961) sechs verschiedene Schulen[6], die sich allerdings nicht gegenseitig ausschließen, sondern ergänzen. Diese Klassifizierung wurde später von verschiedenen Autoren erweitert und verändert.

Die ersten Managementansätze, entstanden um 1900, werden nach wie vor als „klassische“ oder „traditionelle“ Ansätze bezeichnet (Koontz 1961, S. 176; Staehle 1999, S. 22 ff.). Aus der Kritik an den generischen klassischen Ansätzen entwickelten sich zunächst spezialisiertere verhaltenswissenschaftliche und formalwissenschaftliche

[6] Die sechs Schulen bezeichnete Koontz (1961) wie folgt: Management Process School, Empirical School, Human Behaviour School, Social System School, Decision Theory School und Mathematical School.

Ansätze, später kamen systemtheoretische und situative Ansätze hinzu (Staehle 1999, S. 41ff.). Als moderne Ansätze werden beispielsweise das Total Quality Management oder das Business Process Reengineering genannt.

Der **klassische Ansatz** betrachtet Management als „process of getting things done through and with people operating in organized groups“ (Koontz 1961, S. 175). Management bedeutet daher immer, auf ein Ziel hin zu handeln. Einer der Begründer dieser klassischen Ansätze war Henri Fayol (1917), der dem Management **fünf Funktionen** zuwies: Planung, Organisation, Leitung, Koordination und Kontrolle. Diese Funktionen werden in sehr ähnlicher Form auch heute noch dem Managementprozess zugeordnet. So besteht ein breiter Konsens, dass dieser die Funktionen Planung, Organisation, Führung und Kontrolle enthält (Tsoukas 1994, S. 293). Dieser Managementauffassung wird auch im Folgenden gefolgt; wo es sinnvoll erscheint, wird dieses Verständnis durch weitere Ansätze ergänzt.[7]

2.1.2.2 Begriffliche Abgrenzung und Entwicklung des Risikomanagements

Über die grundlegende **Aufgabe des Risikomanagements** besteht in der Literatur weitgehend Konsens: Risikomanagement bezeichnet allgemein den Umgang mit oder die Behandlung von Risiken (Gabriel 2007, S. 49). Der Fokus des Risikomanagements hat sich jedoch im Laufe der Zeit gewandelt und erweitert und damit auch das Verständnis des Begriffs.

Wenn auch die ersten Aufzeichnungen über Risikomanagement-Aktivitäten in Form einer Art Versicherung für Schiffsverluste aus dem Zeitraum um 2100 v. Chr. erhalten sind (Sadgrove 2005, S. 1), wurde der Begriff des Risikomanagements erst in den 1950er Jahren in den USA bekannt. Bis in die 60er und 70er Jahre hinein bezog sich das Risikomanagement jedoch nur auf versicherbare Risiken und umfasste vor allem die Optimierung von Versicherungsleistungen und den dafür zu zahlenden Prämien (Rogler 2002, S. 20). Diese „unreflektierte Versicherungsnahme“ (Haller 1986a, S. 121) wurde zunächst mit Maßnahmen beispielsweise zur Schadensvermeidung verknüpft, da so die Versicherungsprämien reduziert werden konnten. Diese Art des Risikomanagements wird auch als spezielles Risikomanagement bezeichnet (Hahn 1987, S. 138). Erst im Laufe der Zeit wurde das Risikomanagement auch auf andere, nicht-versicherbare Risiken ausgeweitet, was als generelles Risikomanagement bezeichnet wird (Hahn 1987, S. 138). In Deutschland wurden Risikomanagement-

[7] Vgl. dazu auch die Ausführungen in Kapitel 2.4.

Ansätze mit wenigen Ausnahmen erst Ende der 70er Jahre eingeführt (Thiemt 2003, S. 20).

Sadgrove (2005, S. 1f.) unterteilt diese **Entwicklung** in drei Phasen, und zwar anhand von vier Kriterien:

- Risikoart: Hierbei wird unterschieden, ob unternehmerische (z. B. die Einführung eines neuen Produkts) oder nur reine Schadensrisiken (z. B. Unfallrisiken) betrachtet werden.
- Lösungsansätze: Lösungsansätze für das Risikomanagement können nur eine Risikoübertragung auf Versicherungen umfassen oder weitere Maßnahmen, die auch präventiv ausgestaltet sind.
- Fokus: Der Fokus des Risikomanagements liegt entweder rein auf dem eigenen Unternehmen oder umfasst weitere Bereiche außerhalb des Unternehmens.
- Strategie: Dieses Kriterium beschreibt das Vorhandensein einer übergeordneten Risikostrategie.

Abbildung 3 zeigt die Abgrenzung der drei von Sadgrove definierten Phasen, ergänzt um die weitere Entwicklung hin zu einem unternehmensübergreifenden Risikomanagement in einer vierten Phase.

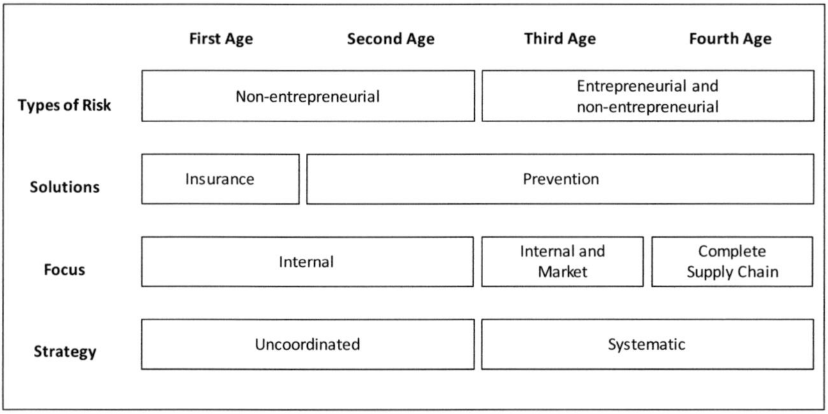

Abbildung 3: Entwicklung des Risikomanagements
Quelle: in Anlehnung an Sadgrove (2005, S. 2)

Die erste Phase umfasst das oben beschriebene spezielle Risikomanagement der 60er und 70er Jahre. Den Beginn der zweiten Phase markiert Ende der 70er Jahre die Konzentration auf Qualität und damit einhergehend Qualitätsstandards, die einen proaktiven Umgang mit Risiken herbeiführten. Die dritte Phase begann Mitte der 90er Jahre mit dem Auftreten von Risikomanagement-Standards.[8]

Aus dieser Entwicklung heraus lässt sich eine Definition ableiten, die für das **heutige Risikomanagement-Verständnis** steht: Risikomanagement ist ein „nachvollziehbares, alle Unternehmensaktivitäten umfassendes System, das auf Basis einer definierten Risikostrategie ein systematisches und permanentes Vorgehen mit folgenden Elementen umfasst: Identifikation, Analyse, Bewertung, Steuerung, Dokumentation und Kommunikation von Risiken sowie die Überwachung dieser Aktivitäten" (DRSC 2010). Das Risikomanagement nach diesem Verständnis sollte somit fester Bestandteil der Geschäfts-, Planungs- und Kontrollprozesse sein (DRSC 2010; Kajüter 2003a). Die genannten Bestandteile des Risikomanagements bilden zusammen einen idealtypischen Prozess, zu dessen Umsetzung verschiedene Instrumente zur Verfügung stehen. Diese werden in Kapitel 3 näher diskutiert.

Von Sadgrove (2005) nicht erfasste **aktuelle Tendenzen** des Risikomanagements betreffen zum einen das in dieser Arbeit betrachtete Supply Chain Risk Management, bei dem sich der Fokus des Risikomanagements verändert und vor allem auf Supply Chain Prozessen liegt. Zum anderen werden neben den Risiken auch vermehrt Chancen einbezogen, so dass sich das reine Risikomanagement zu einem integrierten Risiko- und Chancenmanagement entwickelt (Romeike 2003c, S. 67).

Die Entwicklung des Risikomanagements hat verschiedene Ursachen (Romeike 2003c, S. 65ff.). Neben wirtschaftlichen Veränderungen wie der Globalisierung und zunehmendem Wettbewerbs- und Kostendruck sind vor allem die Einführung und Veränderung von Risikomanagement-Standards sowie von gesetzlichen Anforderungen an das Risikomanagement für die vergangene und künftige Entwicklung des Risikomanagements ursächlich. Letztere werden daher im folgenden Kapitel näher beleuchtet.

2.1.2.3 Regulatorische Notwendigkeit des Risikomanagements

Aufgrund der bestehenden Defizite des Risikomanagements in der Unternehmenspraxis haben Gesetzgeber und private Gremien in den letzen Jahren neue Regulierungsinitiativen gestartet (Kajüter 2004, S. 12). Sowohl national als auch international existiert eine Reihe regulatorischer Anforderungen für das Risikomanagement mit unterschiedlichen Verbindlichkeitsgraden.[9] Im Folgenden wird schwerpunktmäßig ein

[8] Vgl. Kapitel 2.1.2.3.

[9] Spezielle Regelungen gelten für Banken und Versicherungen, die jedoch nicht Gegenstand dieser Arbeit sind.

Überblick über die Regulierung in Deutschland gegeben und exemplarisch Unterschiede und Gemeinsamkeiten zu anderen nationalen Regulierungen vorgestellt.

In **Deutschland** ist in erster Linie das Gesetz zur Kontrolle und Transparenz im Unternehmensbereich (KonTraG) zu nennen. Es trat zum 1. Mai 1998 in Kraft und war eine Reaktion des Gesetzgebers auf einige größere Unternehmenskrisen und -insolvenzen wie z. B. der Unternehmen Holzmann, Schneider oder der Metallgesellschaft, die von Vorständen selbst, aber auch von den kontrollierenden Aufsichtsräten und Wirtschaftsprüfern nicht rechtzeitig erkannt worden waren. Dies führte zu heftiger Kritik der Medien und der Öffentlichkeit (Henselmann 2001, S. 31). Das KonTraG sollte daher die Unternehmensüberwachung verbessern, indem die bis dahin bestehenden Regelungen aus dem Handelsgesetzbuch (HGB) sowie dem Aktiengesetz (AktG) konkretisiert und erweitert wurden.

Einige der Regeln gelten im Wesentlichen für börsennotierte Unternehmen, andere auch für andere Rechtsformen. Auf eine detaillierte Darstellung der Gesetzesinhalte und Geltungsbereiche wird an dieser Stelle verzichtet und auf die weiterführende Literatur verwiesen (Fiege 2006; Henselmann 2001; Kajüter 2004). Neben der Verpflichtung zu einer besseren Kontrolle und Zusammenarbeit zwischen Vorstand, Aufsichtsrat und Abschlussprüfern sind für das Risikomanagement insbesondere zwei Regelungen wesentlich: Zum einen sind Risiken der künftigen Entwicklung im Lagebericht aufzuführen und somit Teil des Abschlussberichts (§289 Abs. 1 und §315 Abs. 1 HGB[10]). Diese Regelung stärkt die Rechte der Aktionäre, indem sie über mögliche Fehlentwicklungen frühzeitig informiert werden. Zum anderen verpflichtet §91 Abs. 2 AktG[11] den Vorstand, „geeignete Maßnahmen zu treffen, insbesondere ein Überwachungssystem einzurichten, damit den Fortbestand gefährdende Entwicklungen früh erkannt werden". Nach herrschender Meinung umfasst diese Verpflichtung die Einrichtung eines Risikofrüherkennungssystems sowie eines Überwachungssystems zur Kontrolle der Einhaltung der Maßnahmen (Kajüter 2004, S. 14).

Zu welchem Ausmaß eines Überwachungssystems/Risikomanagements das KonTraG verpflichtet, wird in der Literatur kontrovers diskutiert (Schubert 2004, S. 53). Während einige Autoren die Verpflichtung zu einem umfassenden Risikomanagement aus dem Gesetz herauslesen, betonen andere, dass die konkrete Ausgestaltung bewusst offen gehalten wurde. Für dieses Argument spricht die Begründung des Gesetzgebers, in der es heißt „Die Verpflichtung des Vorstands, für ein angemessenes Risi-

---

[10] Handelsgesetzbuch in der Fassung vom 31. Juli 2009.

[11] Aktiengesetz in der Fassung vom 04. August 2009.

komanagement und für eine angemessene interne Revision zu sorgen, soll verdeutlicht werden. [...] Die konkrete Ausformung der Pflicht ist von Größe, Branche, Struktur, dem Kapitalmarktzugang etc. des jeweiligen Unternehmens abhängig" (Deutscher Bundestag 1998, S. 15). Das KonTraG verpflichtet somit nicht zu einer bebestimmten Form des Risikomanagements oder konkreten Instrumenten.

Ähnliche gesetzliche Regelungen existieren beispielsweise in den **USA**, wo der Sarbanes-Oxley Act (SOA) aus dem Jahr 2002 sowie verschiedene Verordnungen der Börsenaufsicht Securities and Exchange Commission (SEC) die Offenlegungspflichten sowie die Einrichtung eines internen Überwachungssystems für börsennotierte Unternehmen regeln und damit vor allem die Zielgruppe der Shareholder schützen. Dort besteht keine direkte Verpflichtung zur Einrichtung eines Risikomanagements, jedoch eines Publizitätskontrollsystems – die systematische Erfassung und Kommunikation wesentlicher Risiken an den Vorstand und ihre Offenlegung – sowie ein internes Kontrollsystem für das Rechnungswesen (Kajüter 2004, S. 16ff.).

Neben den rechtsverbindlichen Gesetzen gibt es in vielen Ländern Corporate Governance Indizes[12], die eher einen empfehlenden Charakter haben, sowie unterschiedliche Standards und Empfehlungen. Beispiele sind der COSO Enterprise Risk Management Framework (USA), AS/NZS 4360 Risk Management (Australien/Neuseeland), JIS Q 2001 (Japan) oder der FERMA Standard der Federation of European Risk Management Assocations.

Wenn die Gesetze und Standards z.T. auch ähnliche Elemente aufweisen, gibt es doch erhebliche Unterschiede zwischen einzelnen Ländern, beispielsweise im Hinblick auf die Zielgruppe, die betroffenen Unternehmen sowie unterschiedlich verwendete Begrifflichkeiten. Auch die Konkretisierung variiert, so wird im Gegensatz zu den deutschen Regelungen z. B. der SOA in den USA durch den COSO-Standard unterstützt und präzisiert (Kajüter 2004, S. 21f.). Auf internationaler Ebene wurde 2009 einer neuer ISO Standard (International Organization for Standardization, 2009) zum Risikomanagement veröffentlicht, um eine international einheitliche Vorstellung eines Risikomanagements zu entwickeln (Brühwiler 2008, S. 17).

Die Ausführungen zeigen, dass für einige Unternehmensgruppen, insbesondere kleine und mittlere Unternehmen, bisher gesetzlich keine Pflicht besteht, Risikomanagement zu betreiben (Rautenstrauch & Wurm 2008, S. 106). Daher ist zu diskutieren,

[12] In Deutschland: Deutscher Corporate Governance Kodex.

welche ökonomischen Gründe dennoch für ein Risikomanagement sprechen. Diese Frage wird im folgenden Abschnitt diskutiert.

2.1.2.4 Ökonomische Vorteilhaftigkeit des Risikomanagements

Um die ökonomische Vorteilhaftigkeit von Risikomanagement-Aktivitäten beurteilen zu können, ist es notwendig, die Zielsetzungen des Risikomanagements zu kennen, da Management wie bereits erörtert stets das Hinarbeiten auf ein Ziel bedeutet. Mögliche Ziele werden von Winter (2007, S. 97ff.) in „traditionelle, einzelunternehmensbezogene Ansätze" sowie „Kapitalmarkttheoretische und neoinstitutionale Ansätze" unterteilt.

Traditionelle betriebswirtschaftliche Zielsetzungen

Ausgangspunkt für die erste Klasse von Zielsetzungen bildet die Erkenntnis aus der Theorie der Unternehmung, dass mit jeder unternehmerischen Tätigkeit auch Risiko verbunden ist (Kajüter 2003a, S. 110) bzw. die Übernahme von Risiken das konstituierende Merkmal einer Unternehmung ist (Knight 1921, S. 232). Risikomanagement ist daher immer mit den Gesamt-Unternehmenszielen verknüpft (Romeike 2003a, S. 150; Schubert 2004, S. 68ff.). Da ein Risiko gemäß der erarbeiteten Definition zu einer Zielabweichung führen kann, muss es das Ziel des Risikomanagements sein, Abweichungen von den Unternehmenszielen zu verringern oder sogar zu verhindern. Übereinstimmend werden daher in der Literatur zwei wichtige Risikomanagement-Ziele genannt: die Sicherung der Unternehmensexistenz und die Sicherung des Unternehmenserfolgs bzw. die Erhöhung des Unternehmenswertes (Bergener 2006, S. 94; Mikus 2001, S. 72; Romeike 2003a, S. 150).

Zwischen beiden Aspekten entsteht jedoch auch ein Zielkonflikt, so dass sich als ein weiteres Ziel ergibt, ein wirtschaftlich optimales Risiko- und Sicherheitsniveau zu finden, das die Risikopräferenzen der beteiligten Manager und/oder Eigentümer berücksichtigt und somit deren Nutzen maximiert (zur weiteren Erläuterung dieser Erwartungsnutzentheorie vgl. z. B. Winter (2007, S. 98f.)). Als weiteres Ziel wird insbesondere die Optimierung der Risikokosten (Bergener 2006, S. 166; Gleißner u. a. 2004; Dahmen 2002) genannt.

Daneben bestehen natürlich auch Verbindungen des Risikomanagements mit einzelnen Teilzielen eines Unternehmens, wie leistungswirtschaftlichen, finanzwirtschaftlichen oder sozialen Zielen (Romeike 2003a). Dieser Aspekt wird vor dem Hintergrund des Supply Chain Risk Managements relevant.

Kapitalmarkttheoretische und neoinstitutionale Zielsetzungen

In der neoklassischen Kapitalmarkttheorie wird zwischen systematischem und unsystematischem Risiko differenziert. Zudem gilt die Prämisse eines vollkommenen Marktes. Das unsystematische, unternehmensspezifische Risiko kann von Anteilseignern am Markt durch die Zusammenstellung eines entsprechenden Portfolios wegdiversifiziert werden. Dem systematischen Risiko sind alle Unternehmen ausgesetzt, es wird am Markt durch Risikoprämien honoriert. Hieraus ergibt sich demnach keine Begründung für ein Risikomanagement (Pritsch & Hommel 1997, S. 673f.).

Bessere Erklärungen für das Risikomanagement können vor allem Ansätze der Neuen Institutionenökonomik bieten, insbesondere die Transaktionskostentheorie sowie die Principal-Agent-Theorie, welche die Annahme der Marktvollkommenheit aufheben und Unvollkommenheiten wie Informationsasymmetrien und Transaktionskosten zulassen (für einen Überblick über die Theorien und ihre Annahmen vgl. beispielsweise Kieser & Ebers (2006)). Hier sind für das Risikomanagement insbesondere zwei Erklärungen von Bedeutung (Kajüter 2003a, S. 114; zu einer vertieften Diskussion der Vorteile des Risikomanagements vgl. auch Kaen 2005, S. 426ff.; Pritsch & Hommel 1997):

Zum einen ist dies die Reduktion von Agency-Kosten (Pritsch & Hommel 1997, S. 675ff.). So können z. B. Manager in einem Unternehmen Risiko nicht wegdiversifizieren und haben somit andere Anreizstrukturen als Unternehmenseigentümer. Gemäß der Principal-Agent-Theorie entstehen Agency-Kosten in Form von Opportunitätskosten für die Eigentümer (Prinzipale), wenn Manager (Agenten) aus Eigentümersicht wertsteigernde, aus eigener Sicht aber negative Investitionsprojekte ablehnen, da diese aus ihrer Sicht risikobehaftet sind. Risikomanagement bietet in diesem Fall die Möglichkeit, Risiken zu verringern, um vorteilhafte Investitionsprojekte abzusichern. Damit werden die Interessen von Managern und Eigentümern angeglichen und Agency-Kosten reduziert (Pritsch & Hommel 1997, S. 676f.; Winter 2007, S. 104ff.).

Zum anderen haben auch Lieferanten, Kunden und andere Stakeholder eines Unternehmens ein Interesse an einer (finanziellen) Stabilität des Geschäftspartners, da auch sie Risiken nur bedingt wegdiversifizieren können. Durch risikomindernde Maßnahmen lässt sich der Cash Flow eines Unternehmens stabilisieren und damit die Attraktivität als Geschäftspartner steigern; vor allem, wenn für den Partner langfristige und spezifische Investitionen nötig werden (Kaen 2005, S. 428f.; Pritsch & Hommel

1997, S. 683). Dieser Aspekt wird insbesondere auch für das Supply Chain Risk Management relevant. In Bezug auf Kreditgeber besteht die Möglichkeit, günstigere Fremdkapitelzinsen zu beziehen. Weiterer Vorteil eines weniger volatilen Cash Flows ist zudem eine niedrigere Steuerlast bei konvexen Steuersystemen (Kaen 2005, S. 426f.; Pritsch & Hommel 1997, S. 684f.).

2.2 Supply Chain und Supply Chain Management

Um ein einheitliches Verständnis für den Begriff des Supply Chain Management zu schaffen, ist es zunächst notwendig, den Terminus Supply Chain zu erläutern. Anschließend werden die Grundlagen des Supply Chain Managements diskutiert, wobei neben dem Begriff selbst auch die theoretischen Grundlagen, Ziele, Charakteristika und Grenzen erörtert werden.

2.2.1 Supply Chain

In der Literatur finden sich vielfältige Definitionen des Begriffs „Supply Chain". Auch wenn sich die Definitionen im Detail unterscheiden, besteht doch weitgehender Konsens über einige **wichtige Charakteristika** einer Supply Chain (Freiwald 2005, S. 6). Erstens umfasst eine Supply Chain eine **Gruppe von rechtlich unabhängigen Unternehmen**. Zweitens sind diese abwärts (downstream) und aufwärts (upstream) über physische, informationelle und/oder monetäre **Flüsse miteinander verbunden**. Dabei ist der Zweck einer Supply Chain, einen Nutzen für den Endkunden zu generieren (Chopra & Meindl 2003, S. 4; Christopher 2005, S. 17; Mentzer u. a. 2001, S. 4; Peck 2006b, S. 128). In Anlehnung an Christopher (2005, S. 17) wird daher im Folgenden die Supply Chain wie folgt definiert: „A supply chain is a network of organizations that are involved, through upstream and downstream linkages, in the different processes and activities that produce value in the form of products or services in the hands of the ultimate customer."

Kritisiert wird in der Literatur, dass der Begriff Supply Chain aus zwei Gründen irreführend ist. Zum einen handelt es sich in der Regel nicht um eine Kette in dem Sinne, dass auf jeder Stufe der Supply Chain nur ein Unternehmen auftritt. Vielmehr handelt es sich um ein ganzes **Netzwerk** von Unternehmen, die durch vielfältige Beziehungen miteinander verbunden sein können (Bowersox u. a. 2007, S. 5ff.; Chopra & Meindl 2003, S. 4; Christopher 2005, S. 5). Zum anderen wird kritisiert, dass der **Kunde im Fokus** jeder Betrachtung stehen sollte und daher der Begriff Demand Chain treffender sei (Christopher 2005, S. 5). Trotz der berechtigten Einwände wird im Folgenden der Terminus Supply Chain verwendet, da er sowohl in der Wissenschaft als auch in der Praxis weit verbreitet ist (Christopher 2005, S. 5). Zudem werden der Begriff Supply Chain und seine deutschen Übersetzungsmöglichkeiten Wertschöpfungskette oder -netzwerk, Lieferkette und Versorgungskette in Anlehnung an Ziegenbein (2007, S. 8) und Freiwald (2005, S. 5) synonym verwendet.

Mentzer u. a. (2001, S. 4ff.) identifizierten **drei unterschiedliche Komplexitätsgrade** einer Supply Chain. Der erste Typ, direkte Supply Chain genannt, besteht aus einem fokalen Unternehmen sowie dessen direkten Zulieferern und Kunden, die unmittelbar in den Fluss von Produkten, Dienstleistungen, Finanzen oder Informationen involviert sind. Der zweite Typ, die erweiterte Supply Chain, schließt auch Zulieferer der Zulieferer und Kunden der Kunden mit ein. Der Typ mit dem höchsten Komplexitätsgrad – die ultimative Supply Chain – umfasst hingegen sämtliche Parteien, die in den Fluss involviert sind, vom höchstmöglichen Zulieferer bis zum Endkunden, aber z. B. auch Logistikdienstleister, Marktforschungsunternehmen und Fremdkapitalgeber.

In der vorliegenden Arbeit wird, soweit möglich, die erweiterte Supply Chain betrachtet, wobei als Ergänzung Logistikdienstleister und der Handel einbezogen werden, da diese direkt an den physischen Flüssen in der Supply Chain beteiligt sind. Das Management bzw. die Betrachtung einer ultimativen Supply Chain erweist sich in der Praxis aufgrund der hohen Komplexität als schwierig (Merschmann 2007, S. 16), sie sollte daher in kleineren Analyseeinheiten untersucht werden (Peck 2006b, S. 128). Mentzer u. a. (2001, S. 4) weisen allerdings darauf hin, dass die Supply Chain als Phänomen unabhängig davon besteht, ob sie aktiv gemanagt wird oder nicht.

Eine zweite Eingrenzung dieser Arbeit betrifft die Art der betrachteten Unternehmen: Im Folgenden werden nur Supply Chains des produzierenden Gewerbes betrachtet. Die Einflüsse von Unsicherheit auf produzierende Unternehmen und Dienstleistungsunternehmen sind aufgrund unterschiedlicher Abläufe in den Unternehmen sehr verschieden (Merschmann 2007, S. 10f.). Somit können sich auch die Ansätze zur Bewältigung der Unsicherheit und die Vorgehensweisen des Risikomanagements unterscheiden.

2.2.2 Supply Chain Management

Ziel dieses Abschnitts ist es, die Grundlagen des Supply Chain Managements zu diskutieren. Nach einer einführenden begrifflichen Abgrenzung werden die Ziele, Aufgaben und Grenzen des Supply Chain Managements aufgezeigt.

2.2.2.1 Begriffliche Abgrenzung

Der Begriff „Supply Chain Management" entstammt der Logistik-Literatur und wurde 1982 zum ersten Mal erwähnt (Oliver & Webber 1982). Die Ideen der effektiven Lenkung von Materialflüssen oder des Austausches von Informationen über Unternehmensgrenzen hinweg wurden jedoch in der Literatur bereits in den vorhergehenden Jahrzehnten diskutiert (Cooper u. a. 1997, S. 2). Oliver und Webber lenkten mit dem neuen Terminus die Aufmerksamkeit auf die **funktionsübergreifende Integration** dieser Flüsse. Inzwischen wird ein inflationärer Gebrauch des Terminus beklagt (Delfmann & Albers 2000, S. 1). In den vergangenen Jahren entstanden zahlreiche Beiträge, die sich der Abgrenzung und dem Verständnis von Supply Chain Management sowie verwandten Begriffen widmen (Bechtel & Jayaram 1997; Christopher 2005; Cooper u. a. 1997; Larson & Halldorsson 2004; Larson u. a. 2007; Mentzer u. a. 2001). Als Gründe für die Popularität des Supply Chain Managements werden vor allem eine globalere Beschaffung, eine wachsende Bedeutung von zeit- und qualitätsbasiertem Wettbewerb und eine größere Umweltunsicherheit genannt (Mentzer u. a. 2001, S. 2). Dies hat dazu geführt, dass der Wettbewerb inzwischen nicht mehr nur zwischen einzelnen Unternehmen, sondern zwischen ganzen Supply Chains stattfindet (Christopher 2000, S. 39).

Um die zahlreichen Definitionen zu systematisieren, identifizierten Bechtel & Jayaram (1997, S. 16ff.) auf Basis einer Literaturanalyse **vier Denkschulen**, die in der folgenden Tabelle dargestellt werden. Zusätzlich stellen die Autoren eine weitere Schule vor, die sich zum Zeitpunkt ihres Beitrages noch nicht etabliert hatte und daher nur als „Future" bezeichnet wird (Tabelle 3).

Die ersten drei Denkschulen sind in ihrer Sichtweise sehr eng und vernachlässigen jeweils wichtige Aspekte (Delfmann & Albers 2000, S. 5). Dieser Arbeit liegt daher das weite Begriffsverständnis von Lambert & Cooper (2000) und Handfield (1999) zu Grunde: Supply Chain Management ist somit einerseits die **Integration von Geschäftsprozessen** zum Management von Material-, Informations- und Finanzflüssen in der Supply Chain, andererseits das **Management der Kooperation und der Beziehungen** mit den Supply Chain Partnern.

Denkschule	Fokus	Beispiel
Functional Chain Awareness School	Existenz einer Kette verschiedener Funktionen vom Anfang bis zum Ende des Materialflusses	„Supply Chain Management covers the flow of goods from supplier through manufacturer and distributor to the end user" (Houlihan 1988, S. 14).
Linkage/ Logistics School	Verknüpfungen zwischen den einzelnen Funktionen zur Optimierung des Materialflusses	„[SCM] is a technique that looks at all the links in the supply chain from raw material suppliers through various levels of manufacturing to warehousing and distribution to the final customer" (Turner 1993, S. 52).
Information School	Informationsfluss zwischen den Supply Chain Partnern	„With SCM, the linkage and information flow between various members of the supply chain are critical to overall performance" (Johannson 1994, S. 525).
Integration/ Process School	Integration der Funktionen in einem System, das als Gruppe von Prozessen definiert wird und auf die beste Systemperformance abzielt	„Supply Chain Management is the integration of key business processes from end user through original suppliers that provides products, services, and information that add value for customers and other stakeholders" (Lambert & Cooper 2000, S. 16).
Future	Management von Beziehungen als Ergänzung zum Management von Transaktionen; starker Kundenfokus	„Supply Chain Management is the integration of these activities through improved supply chain relationships, to achieve a sustainable competitive advantage" (Handfield 1999, S. 2).

Tabelle 3: Denkschulen des Supply Chain Managements
Quelle: in Anlehnung an Bechtel & Jayaram (1997, S. 17)

Zudem ist sowohl in der Unternehmenspraxis als auch in der Forschung die **Abgrenzung zwischen SCM und Logistik(management)** strittig, da die Begriffe zum Teil deutlich unterschieden werden, zum Teil aber auch synonym verwendet werden (Cooper u. a. 1997, S. 1). Larson & Halldorsson (2004) sowie Larson u. a. (2007) untersuchen in ihren Beiträgen das Verständnis von Logistik und Supply Chain Management unter Supply Chain Managern basierend auf vier möglichen Perspektiven (vgl. Abbildung 4):

- Der traditionelle Ansatz sieht Supply Chain Management als Logistik außerhalb des eigenen Unternehmens, also den Teil der Logistik, bei dem Kunden und Zulieferer einbezogen werden.

- Der zweite Ansatz (Re-labeling) umfasst eine reine Umbenennung. Autoren dieser Perspektive unterscheiden nicht zwischen Supply Chain Management und Logistik.
- Vertreter der „Unionist“ Perspektive sehen Logistik als eine der Funktionen des Supply Chain Managements. In der Literatur werden unterschiedliche weitere Funktionen genannt, die das SCM beinhaltet. Gemäß Mentzer u. a. (2001, S. 17) umfasst SCM alle traditionellen Funktionen innerhalb eines Unternehmens.
- Nach der „Intersectionist“-Sichtweise überschneiden sich Logistik und Supply Chain Management. Supply Chain Management umfasst dabei strategische, integrative Elemente aus den verschiedenen Funktionen wie Logistik, Einkauf, Marketing, etc.

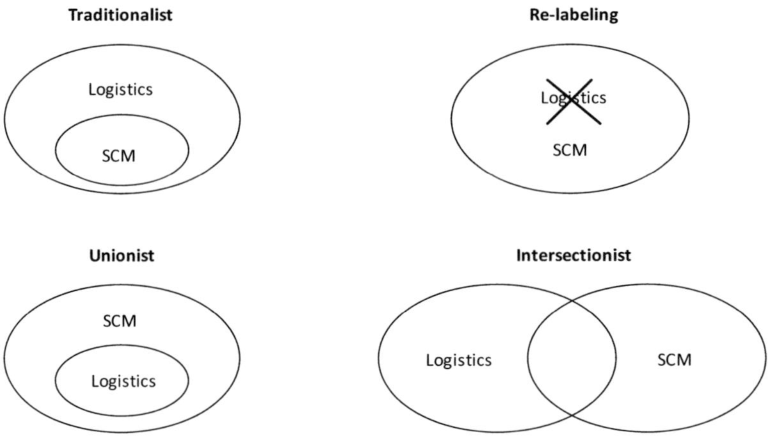

Abbildung 4: Abgrenzung von Logistik und Supply Chain Management
Quelle: Larsson u. a. (2007, S. 3)

Da Supply Chain Management wie erläutert als unternehmensübergreifende Integration von unterschiedlichen Geschäftsprozessen verstanden wird, entspricht das Verständnis dieser Arbeit dem „Unionist“-Ansatz. Die Studie von Larson u. a. (2007) bestätigt diese Ansicht, da 47% der befragten Manager Logistik als Teil des Supply Chain Managements betrachten. Daher wird hier der Logistikdefinition des CSCMP gefolgt: „Logistics management is that part of Supply Chain Management that plans, implements, and controls the efficient, effective, forward, and reverse flow and storage of goods, services, and related information between the point of origin and the point of consumption in order to meet customers' requirements" (CSCMP 2009). Logistik umfasst nach diesem Verständnis überwiegend die klassischen Funktionen Transport, Umschlag und Lagerung.

2.2.2.2 Ziele und Aufgaben des Supply Chain Managements

Das grundlegende **Ziel des Supply Chain Managements** ist die Generierung komparativer Wettbewerbsvorteile gegenüber konkurrierenden Supply Chains (Christopher 2005, S. 6; Handfield 1999, S. 2). In Anlehnung an das Konzept der „Value Chain" und die Wettbewerbsstrategien Michael Porters (Porter 1985) kann dies durch Kostenvorteile oder eine Differenzierungsstrategie geschehen, die einen höheren Kundennutzen impliziert (Christopher 2005, S. 12; Mentzer u. a. 2001, S. 15), wobei der Schwerpunkt des Supply Chain Managements im Gegensatz zu der ausschließlich internen Value Chain auf den interorganisationalen Funktionen liegt (Delfmann & Albers 2000, S. 10f.). Daher werden in der Literatur übereinstimmend die Realisierung von Kosten-, Qualitäts- und Zeitvorteilen als Ziele genannt, anhand derer sich weitere Unterziele definieren lassen (Freiwald 2005, S. 12ff.; Mentzer u. a. 2001, S. 15).

Um diese Ziele zu erreichen, muss die Supply Chain auf strategischer (Supply Chain Strategy oder Design), taktischer (Supply Chain Planning) und operativer Ebene (Supply Chain Operation) gemanagt und koordiniert werden (Chopra & Meindl 2003, S. 7). Ballou u. a. (2000) definieren drei Dimensionen der Koordination: intrafunktionale Koordination, interfunktionale Koordination und interorganisationale Koordination. Ebenso weisen Lambert et al. (1998, S. 10) darauf hin, dass die Koordination der firmeninternen Aktivitäten eine Voraussetzung für das Supply Chain Management darstellt. Die **Koordination** in der Supply Chain kann dabei hierarchisch von einem Unternehmen oder heterarchisch von mehreren Unternehmen erfolgen (Otto 2002, S. 105ff.).

Zur **Umsetzung** des Supply Chain Managements sind verschiedene Modelle und Rahmenkonzepte entwickelt worden, welche unterschiedliche Aufgaben und Komponenten des Supply Chain Managements beschreiben. Ein bekanntes und weit verbreitetes Prozessmodell ist das Supply Chain Operations Reference (SCOR) Model (Supply Chain Council 2008), das innerhalb des Supply Chain Managements die Prozesse Plan, Source, Make, Deliver und Return unterscheidet und weiter detailliert sowie zusätzlich verschiedene Best Practices zur Verfügung stellt. Der Supply Chain Gedanke wird in diesem Modell hauptsächlich durch die beiden Prozessschritte Source (Verbindung zum Zuliefernetzwerk) sowie Deliver (Verbindung zum Kundennetzwerk) verfolgt.

Lambert u. a. (1998) legen hingegen in ihrem Rahmenkonzept Wert darauf, dass alle genannten Supply Chain Prozesse unternehmensübergreifend durchgeführt werden.[13]

2.2.2.3 Grenzen des Supply Chain Managements

Der Versuch, die Supply Chain weiten Kosten zu minimieren und Zeit- sowie Qualitätsvorteile zu erzielen, führt aufgrund der Zahl der beteiligten Organisationen und Personen zu einer hohen Komplexität, die sich durch verschiedene Schwierigkeiten ausdrückt. Unterschiedliche Planungssysteme, Zielsetzungen, Unternehmenskulturen und fehlende Transparenz erschweren die Kooperation (von Haaren 2008, S. 42ff.). Hinzu kommt die Problematik, dass Entscheidungen in einer Supply Chain nicht isoliert getroffen werden können, da Unternehmen vielfach in mehreren Supply Chains vernetzt sind (Simchi-Levi u. a. 2003, S. 2f.).

Eine empirische Untersuchung von Larson u. a. (2007) kommt jedoch zu dem Ergebnis, dass Unterschiede zwischen den Unternehmen zwar Hindernisse für ein erfolgreiches Supply Chain Management darstellen, vielfach jedoch unternehmensinterne Faktoren die größten Probleme darstellen. Funktionale Silos innerhalb eines Unternehmens bilden nach dieser Studie die größte Barriere für das Supply Chain Management. In absteigender Wichtigkeit werden danach genannt: inkompatible Technologien/Systeme, Konflikte in der Supply Chain, unzureichende Mitarbeiterfähigkeiten, eine fehlende gemeinsame Supply Chain Management Sichtweise, hohe Komplexität, die organisationale Struktur, interner Widerstand, die Kosten der Implementierung, fehlende elektronische Verbindung, der unzureichende Wille zum Informationsaustausch, Widerstand der Kunden sowie Widerstand der Zulieferer. Hier ist vor allem anzumerken, dass mögliche Widerstände der Supply Chain Partner erst auf den letzten Plätzen genannt werden, während interne Widerstände von den beteiligten Unternehmen als wesentlich wichtiger eingestuft werden.

Ein weiteres Problem betrifft nicht die Zusammenarbeit in der Supply Chain selbst, sondern ihre Auswirkungen. Aufgrund der Integration von Prozessen und engen Verbindungen in einer Supply Chain erhöht sich neben der Komplexität oft auch die Risikoexposition für die beteiligten Unternehmen. Unsicherheiten und Risiken sind jeder Supply Chain inhärent (Simchi-Levi u. a. 2003). Risiken betreffen allerdings oft nicht

[13] Ein weitergehender Vergleich verschiedener Rahmenkonzepte und ihrer Komponenten findet sich bei Sørensen (2007, S. 27) und Lambert u. a. (2005).

mehr nur ein Unternehmen, sondern auch alle in der Supply Chain nachfolgenden Unternehmen. Insbesondere der Abbau von Redundanzen wie Pufferlager, verstärktes Outsourcing und die Reduzierung der Lieferantenbasis haben dazu geführt, dass sich Risiken in einer Art Dominoeffekt durch die gesamte Kette fortsetzen können. Daher begannen Unternehmen in den 1990er Jahren, auch explizit Risiken in der Supply Chain zu managen. Dieses Supply Chain Risk Management ist Thema des folgenden Kapitels.

2.3 Supply Chain Risk Management

Supply Chain Risk Management führt die beiden vorigen Themengebiete Risikomanagement und Supply Chain Management zusammen. Dabei wird zunächst das Supply Chain Risiko näher beleuchtet, anschließend das Management dieser Supply Chain Risiken in Abgrenzung zum zuvor erörterten internen Risikomanagement.

2.3.1 Supply Chain Risiko

Im Gegensatz zum Begriff Risiko gibt es zum Terminus Supply Chain Risiko wenige konkrete Definitionen. Eine Abgrenzung findet oft über Beispiele oder eine Klassifikation möglicher Supply Chain Risiken statt. Zwei Ausnahmen sind Norrman (2003) und Jüttner u. a. (2003). Für Norrman (2003, S. 257) sind Supply Chain Risiken „risks related to the logistics activities in companies' flows of material and information". Diese Definition hat jedoch keinen expliziten Supply Chain Bezug und ist einer anderen Denkschule des Supply Chain Managements zuzuordnen als der hier zu Grunde liegenden. Jüttner u. a. (2003, S. 200) hingegen verbinden Risiken mit der Supply Chain Management Funktion. Supply Chain Risiken sind demnach „any risks for the information, material and product flow from original supplier to the delivery of the final product for the end user". Im diesem **engeren Sinn** betreffen Supply Chain Risiken also den Material-, Informations- oder Finanzfluss innerhalb der Supply Chain. Daneben können **Supply Chain Risiken im weiteren Sinn** auch Risiken umfassen, die in der Beziehung zwischen den Unternehmen selbst liegen (Kajüter 2003a, S. 112). Dieser weite Begriff wird hier zu Grunde gelegt, da er der obigen Supply Chain Management Auffassung entspricht. So können dementsprechend für Kooperationen Beziehungs- und leistungswirtschaftliche Risiken unterschieden werden (Das & Teng 1996, S. 830; Li & Liao 2007, S. 2046; Spekman & Davis 2004, S. 417ff.).

Den Supply Chain Aspekt mit der oben erarbeiteten Risikodefinition verknüpfend, kann Supply Chain Risiko wie folgt definiert werden: Ein **Supply Chain Risiko** ist das potenzielle Auftreten eines Ereignisses oder einer Entwicklung, dessen oder deren Eintreten mindestens zwei Unternehmen betrifft und zu einer negativen Zielabweichung in der Supply Chain führen kann. Während im Unternehmen die verschiedenen internen Ziele betroffen sein können, können Supply Chain Risiken vor allem die Fähigkeit der Supply Chain beeinträchtigen, den Endkunden effektiv zu versorgen (Jüttner u. a. 2003, S. 200f.). Daneben kann die Zielverfehlung auch die oben diskutierten kosten-, qualitäts- und zeitorientierten Ziele der Supply Chain betreffen.

Die Definition kann anhand der Risikoklassifikation von Christopher & Peck (2004, S. 4ff.) verdeutlicht werden, die **fünf Risikoquellen** auf drei Ebenen unterscheiden: das Unternehmen selbst, die Supply Chain und das Umfeld (Abbildung 5). Innerhalb des fokalen Unternehmens werden Prozess- und Steuerungsrisiken unterschieden. Prozessrisiken stellen typischerweise Störungen in der Produktion oder anderer interner Prozesse dar, während Steuerungsrisiken auf fehlerhafte Entscheidungen oder Entscheidungsregeln zurückzuführen sind, die zu Störungen in den Abläufen führen. Auf der Supply Chain Ebene werden Risiken der Versorgungsseite und der Nachfrageseite unterschieden. Diese Trennung wird auch von anderen Autoren vorgenommen (Johnson 2001, S. 110). Auf der Umfeld-Ebene können Risiken z. B. aufgrund von sozio-politischen, makroökonomischen oder technologischen Faktoren entstehen. Aufgrund der komplexen Ursache-Wirkungsbeziehungen ist eine Trennung jedoch nicht immer eindeutig möglich (Kajüter 2003a, S.111ff.). In dieser Arbeit werden gemäß der obigen Definition des Supply Chain Risikos also Risiken auf der Supply Chain Ebene betrachtet sowie Risiken aus der unternehmensinternen oder Umfeld-Ebene, die aufgrund ihrer Bedeutung einen Einfluss auf mehrere Supply Chain Partner haben.

Verschiedene Untersuchungen zeigen, dass Risiken aus der Supply Chain von Unternehmen am bedeutsamsten eingeschätzt werden (Kersten u. a. 2006, S. 6; Cranfield University 2003, S. 11). Durch die enge Zusammenarbeit und integrierten Prozesse kommt also eine neue Ebene für das Risikomanagement von Unternehmen hinzu bzw. gewinnt an Bedeutung (Giunipero & Eltantawy 2004).

Aus Supply Chain Perspektive ist jedoch festzustellen, dass die Summe der einzelnen Unternehmensrisiken nicht mit den Supply Chain Risiken identisch ist (Kajüter 2003a, S. 111ff.). Erstens sind nicht alle Unternehmensrisiken für die Supply Chain von Relevanz, beispielsweise interne Prozessstörungen, die sich nicht auf die Versorgung der nachfolgenden Unternehmen auswirken. Zweitens können durch die Zusammenarbeit neue Risiken entstehen, z. B. Kooperationsrisiken. Drittens können sich bestehende Risiken, die sich in der Supply Chain in einem Dominoeffekt fortsetzen, abschwächen oder verstärken (Jüttner u. a. 2003, S. 203). Eine Kooperation, gleichgültig ob in einer Supply Chain oder einer anderen Kooperationsform, eröffnet jedoch immer auch Möglichkeiten, Risiken durch gemeinsame Aktivitäten zu senken, z. B. im Forschungsbereich (Nedeß u. a. 2006, S. 213f.). Aufgrund dessen und da sich Supply Chain Risiken in ihrer Art von sonstigen Risiken unterscheiden, sind sie entsprechend anders zu managen (Kajüter 2003a, S. 111). Dies wird im folgenden Abschnitt erläutert.

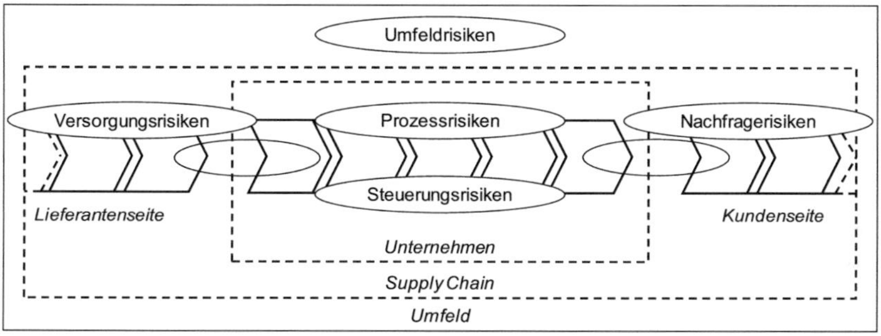

Abbildung 5: Strukturierung von Risikoquellen
Quelle: in Anlehnung an Christopher & Peck (2004, S. 5)

2.3.2 Supply Chain Risk Management

Analog zum Vorgehen im Kapitel 2.1 wird im Folgenden zunächst der Begriff des Supply Chain Risk Managements diskutiert. Anschließend werden Ziele und Besonderheiten erörtert, die sich im Vergleich zu einem internen Risikomanagement ergeben.

2.3.2.1 Begriffliche Abgrenzung

Analog zum Risikomanagement kann SCRM zunächst allgemein als Umgang mit Supply Chain Risiken bezeichnet werden. Das Teilen von Risiken und Gewinnen wird in der Literatur bereits seit Längerem als ein Kernelement des Supply Chain Managements gesehen (Cooper u. a. 1997, S. 8; Lambert u. a. 1998, S. 78), oft wird jedoch nicht weiter beschrieben, wie dies umgesetzt werden kann.

Ähnlich zu einem reinen internen Risikomanagement ist die **Aufgabe des SCRM** die systematische Identifikation, Analyse und Steuerung von Supply Chain Risiken (Kajüter 2003a, S. 115f.; Gabriel 2007, S. 77). Im Gegensatz zum internen Risikomanagement wird in der Literatur jedoch betont, dass Supply Chain Risiken unternehmensübergreifend und kooperativ gemanagt werden müssen (Jüttner u. a. 2003, S. 201; Christopher & Peck 2004, S. 9). Der Schwerpunkt sollte auf der Betrachtung der Supply Chain als Ganzes liegen (Rao & Goldsby 2009, S. 101). Daher wird in dieser Arbeit Supply Chain Risk Management verstanden als „management of supply chain risks through coordination or collaboration among the supply chain partners so as to ensure profitability and continuity" (Tang 2006a, S. 453). Supply Chain Risk Management ist somit eine **Schnittstelle** der beiden Gebiete Supply Chain Management und Risikomanagement (Paulsson 2004, S. 80), so dass die verwendeten Methoden aus den beiden Bereichen angewandt bzw. angepasst werden können (Abbildung 6).

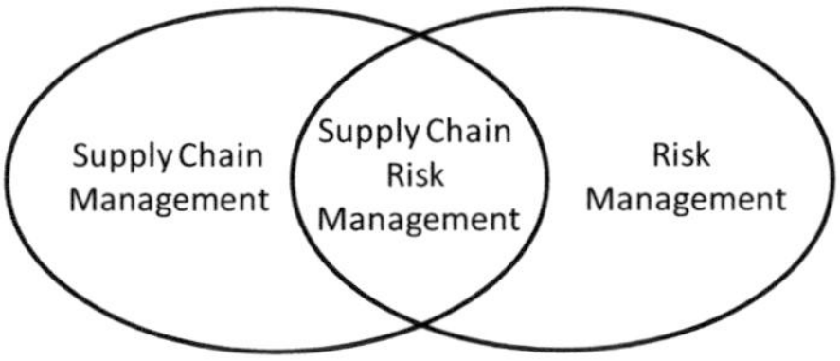

Abbildung 6: SCRM als Schnittmenge von Supply Chain Management und Risikomanagement
Quelle: Paulsson (2007, S. 46)

Deutlich wird die Forderung nach einer **unternehmensübergreifenden Betrachtung** des SCRM auch bei Kajüter (2003a, S.116), der in Abhängigkeit von der Beziehung zwischen Supply Chain Partnern drei Phasen des Risikomanagements in der Supply Chain unterscheidet (Abbildung 7). Die erste Stufe, das Risikomanagement in der Beschaffung, findet dabei nur im beschaffenden Unternehmen statt, welches sich im Einkauf mit den von den Zulieferern ausgehenden Risiken beschäftigt. In der zweiten Stufe finden erste gemeinsame Analysen bzgl. möglicher Risiken statt, jedoch meist informell. Erst die dritte Stufe nennt Kajüter Supply Chain Risk Management, da hier ein systematischer und formaler Ansatz des kooperativen Risikomanagements und der Kommunikation vorliegt, der auch Teil der Planungs- und Kontrollprozesse ist.

Eine ähnliche Stufeneinteilung findet sich auch aus praktischer Perspektive im Supply Chain Maturity Framework der Aberdeen Group (Aberdeen Group 2006, S. 5). Es ist jedoch festzustellen, dass sowohl die Forschung im Supply Chain Risk Management als auch die Umsetzung in Supply Chains noch am Anfang steht und die meisten Ansätze der ersten Stufe oder zum Teil der zweiten Stufe zuzuordnen sind, wie die weiteren Ausführungen zeigen werden.

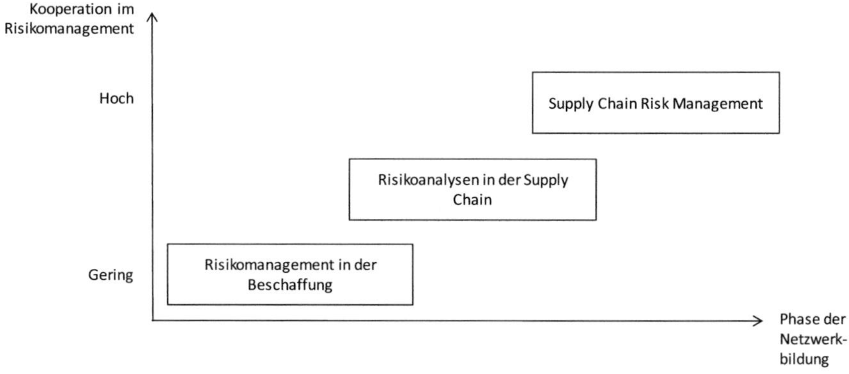

Abbildung 7: Phasen des Risikomanagements in der Supply Chain
Quelle: in Anlehnung an Kajüter (2003a, S. 116) und Kajüter (2003b, S. 326)

2.3.2.2 Notwendigkeit und Ziele des Supply Chain Risk Managements

Für das unternehmensübergreifende Risikomanagement existieren weder national noch international gesetzliche Vorgaben, und auch die einschlägigen Risikomanagement-Standards enthalten keine Vorgaben oder Hilfestellung (Pfohl u. a. 2008a, S. 18). Risikomanagement-Regularien besitzen daher für das SCRM eher indirekt und insofern Bedeutung, als aus der Supply Chain resultierende wesentliche Risiken zu erfassen und in eine Risikoberichterstattung ggf. mit einzubeziehen sind (Kajüter 2007, S. 19ff.). Dennoch bietet das SCRM den Unternehmen eine Reihe von Vorteilen.

Die genannten **Ziele** des internen Risikomanagements gelten grundsätzlich auch analog für das SCRM. Das Ziel der Sicherung der Unternehmensexistenz ist auch im SCRM von hoher Bedeutung, da die Beteiligung in einer Supply Chain nicht zur Existenzgefährdung führen darf (Götze & Mikus 2007, S. 32ff.). Zudem soll Risikomanagement eine Abweichung von den Supply Chain Zielen – Versorgung des Endkunden, Zeit-, Kosten- und Qualitätsziele – verhindern. Im Besonderen soll SCRM dazu dienen,

- die Versorgung und Verfügbarkeit von Produkten sicherzustellen,
- den Umgang mit Störungen in der Supply Chain zu verbessern,
- Dominoeffekte zu verhindern sowie

- die Supply Chain robuster gegenüber Störungen zu machen (Cranfield University 2002, S. 38f.).

SCRM kann somit einen Wettbewerbsvorteil darstellen, da die Attraktivität eines Unternehmens für Kunden und Zulieferer durch ein unternehmensübergreifendes Risikomanagement steigen kann.

Die **Vorteile** des Risikomanagements aus neoinstitutioneller Perspektive sind in einem unternehmensübergreifenden Ansatz von besonderer Relevanz. SCRM kann sich positiv auf die Kooperation zwischen den Partnern auswirken, da durch ein gemeinsames Risikomanagement Informationsasymmetrien in der Supply Chain abgebaut werden. Dies reduziert Agency-Konflikte und daraus resultierende Agency- und Transaktionskosten (Kajüter 2003a, S. 114f.; Zsidisin & Ellram 2003, S. 24). So muss beispielsweise ein Kunde keine teuren Lieferantenaudits durchführen oder Auskünfte über mögliche Zulieferer von Dritten einholen, um notwendige Informationen zu erhalten und dadurch Risiken besser einschätzen zu können.

Schließlich bietet auch das Relationship Marketing einen Ansatzpunkt für die Vorteilhaftigkeit des SCRM. Die gemeinsame Identifikation, Bewertung und Steuerung von Risiken stärkt die Kommunikation und das Vertrauen ineinander und demonstriert „Commitment" von Seiten der Partner (Kajüter 2003a, S. 114f.). Dieses sind aus Sicht des Relationship Marketings Erfolgsfaktoren für gute Kunden-Lieferanten-Beziehungen (Knemeyer u. a. 2003).

2.3.2.3 Besonderheiten und Grenzen des Supply Chain Risk Managements

Trotz der genannten ökonomischen Vorteile belegen Studien, dass insbesondere der Mittelstand einen geringen Umsetzungsgrad von Risikomanagement im Allgemeinen und SCRM im Besonderen aufweist (Hölscher u. a. 2006; Kersten u. a. 2007, S. 110). Ein Grund hierfür sind **interne und externe Hindernisse** bei der Durchführung eines Risikomanagements. Die internen Barrieren können anhand der Ressourcen systematisiert werden, die für die erfolgreiche Einführung eines Risikomanagements nötig sind:[14]

- Organisation und Kultur: Zu den organisatorischen Hindernissen zählen z. B. nicht definierte Prozessabläufe und Verantwortlichkeiten, mangelnde Kom-

[14] Eine ausführlichere Diskussion der Hindernisse des Risikomanagements findet sich bei Kersten u. a. 2009a, S. 147ff.

munikation und Zusammenarbeit sowie fehlendes methodisches Know-how bezüglich des Risikomanagement-Instrumentariums (Kersten u. a. 2008, S. 18; Locher u. a. 2004, S. 69).

- Zeitliche und monetäre Ressourcen: Hierzu zählen knappe zeitliche Ressourcen insbesondere des oberen Managements, sowie finanzielle Mittel, die für den Aufbau und Betrieb einer Risikomanagement-Software, Schulungen etc. nötig sind, denen aber kein sofortiger direkt messbarer finanzieller Nutzen gegenübersteht (Kersten u. a. 2008, S. 18; Peck 2006a, S. 5). Hierbei stellt sich auch die Frage nach dem richtigen Trade-off von Kosten eines Risikomanagements und dessen Nutzen (Giunipero & Eltantawy 2004, S. 705).
- Personelle Ressourcen: Probleme personeller Art können z. B. mangelnde Akzeptanz (Baumann u. a. 2006, S. 66) aufgrund von hohem zusätzlichen Arbeitsaufwand, mangelnder Sensibilisierung oder fehlendem Verständnis für das Risikomanagement (Kersten u. a. 2007, S. 109; Locher u. a. 2004) und ein bewusstes Tabuisieren bestimmter Themen sein, wenn bei Aufdeckung von Risiken negative Konsequenzen für den Mitarbeiter folgen könnten (Cleemann & Kreutzer 1998, S. 67). Auswirkungen dieser mangelnden Akzeptanz können geringes Engagement und eine fehlende Bereitschaft sein, Informationen für das Risikomanagement zur Verfügung zu stellen (Kersten u. a. 2008). Hinzu kommen psychologische Barrieren wie z. B. ein trügerisches Gefühl der Kontrolle (Fiege 2006, S. 158).
- Technische Ressourcen: Zu den technischen Barrieren gehören spezielle Software-Tools, die mit anderen Informationssystemen im Unternehmen inkompatibel sind (Diederichs 2004, S. 263). In diesem Fall können schnell Insellösungen entstehen, so dass der Aufwand zur Pflege solcher Systeme steigt und die Akzeptanz bei betroffenen Mitarbeitern sinkt.

Diese Hindernisse werden auf der Supply Chain Ebene teils verstärkt, teils kommen neue Barrieren hinzu. So vergrößert sich bei der Zusammenarbeit mehrerer Unternehmen das Problem von fehlenden Standards im Sinne von Systeminkompatibilitäten und Dateninkonsistenzen. Auch ungenügendes Methodenwissen im Rahmen des SCRM stellt eine hohe Barriere dar (Kersten u. a. 2008, S. 18). Andererseits können sich einzelne Hindernisse aber auch abschwächen. So kann z. B. methodisches Know-how von Supply Chain Partnern erworben werden, Kosten für die Einführung eines Risikomanagements etwa für Schulungen können geteilt werden, etc. Dies ergibt sich aus den Besonderheiten, die das SCRM im Vergleich zu einem rein internen Risikomanagement ausweist.

Eine Supply Chain wurde oben durch zwei Merkmale charakterisiert: Es handelt sich um eine Gruppe von in der Regel unabhängigen Unternehmen, die stark miteinander vernetzt sind. Aus beiden Eigenschaften ergeben sich im Vergleich zu einem reinen internen Risikomanagement für das SCRM daher einige **Besonderheiten** (Tabelle 4).

Merkmal der Supply Chain	**Konsequenz**
Vernetzung mehrerer Unternehmen	Veränderte Risikostruktur für einzelne Unternehmen und aus Sicht der Supply Chain
	Erweiterter Handlungsrahmen für das Risikomanagement durch zusätzliche Ebene der Supply Chain
	Komplexe Strukturen und mangelnde Transparenz erschweren Risikoidentifikation, -bewertung und Einschätzung von Maßnahmenwirkungen
	Erfolg des Risikomanagements hängt nicht nur vom betrachteten Unternehmen ab
	Koordination des Risikomanagements, Abstimmung und Verhandlung mit Supply Chain Partnern nötig
Unabhängigkeit der Unternehmen	Unterschiede in Unternehmenskulturen und Managementansätzen erschweren einheitliches Risikomanagement
	Informationsasymmetrien in Bezug auf Risiken
	Konkurrierende Risikomanagement-Ziele
	Unterschiede in Risikotragfähigkeit und -bereitschaft
	Unterschiedliche regulatorische Anforderungen bzgl. des Risikomanagements

Tabelle 4: Besonderheiten des Supply Chain Risk Managements

Die Vernetzung der Organisationen führt dazu, dass der Erfolg des Risikomanagements nicht mehr nur vom eigenen Unternehmen abhängt, sondern Koordination, Verhandlungen und Abstimmung notwendig macht (Jüttner 2005, S. 122). Beschrieben wurde bereits, dass sich die Risikostruktur des einzelnen Unternehmens aus Sicht der Supply Chain verändern kann. Durch die Netzwerkstruktur erhöht sich die Komplexität der Risikobetrachtung (Jüttner 2003, S. 784f.). Durch komplexe Ursache-Wirkungs-Beziehungen von Risiken wird die Identifikation und Analyse von Risiken erschwert (Shi 2004, S. 222), insbesondere wenn die Transparenz im Netzwerk niedrig ist. Auch die Einschätzung der Auswirkungen möglicher Steuerungsmaßnahmen wird dadurch erschwert. Zugleich eröffnen sich dadurch aber auch zusätzliche Handlungsspielräume, da Risikomanagement auch auf der Supply Chain Ebene durchgeführt werden kann (Kajüter 2007, S. 391).

Weitere Besonderheiten ergeben sich dadurch, dass die Unternehmen in der Supply Chain rechtlich unabhängig voneinander sind. Sie resultieren zum einen aus allgemeinen Problemen des Supply Chain Managements, wie unterschiedliche Unternehmenskulturen und Managementansätze, konkurrierende Ziele, Informationsasymmetrien zwischen den Unternehmen sowie nicht vergleichbare Informationen, die sich auch im Risikomanagement niederschlagen (Jüttner 2005, S. 122; Kajüter 2007, S. 391; Pfohl u. a. 2008c, S. 171).

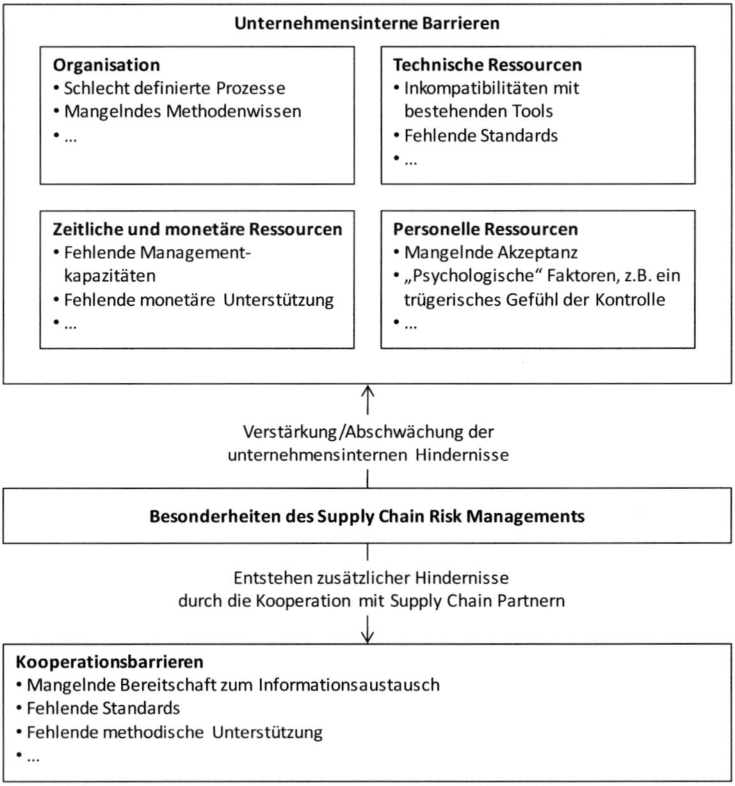

Abbildung 8: Barrieren des Supply Chain Risk Managements

Hinzu kommen Unterschiede, die speziell das Risikomanagement betreffen. Dazu gehört eine unterschiedliche Risikobereitschaft und -tragfähigkeit und in internationalen Supply Chains ggf. auch Unterschiede in den nationalen regulatorischen Anforderungen. Daneben herrscht in Unternehmen häufig eine geringe Bereitschaft vor, eigene Risiken oder risikorelevante Daten mit Supply Chain Partnern zu teilen, wodurch weitere Informationsasymmetrien entstehen und die Transparenz in der Supply Chain sinkt. Wie in anderen Bereichen des Supply Chain Managements wird auch im Risikomanagement häufig die Bereitschaft zur Anpassung an andere Unternehmen gering sein, da Unternehmen nicht nur Teil einer einzigen Lieferkette, sondern Teil eines komplexen Netzwerks sind und sich nicht an alle Geschäftspartner anpassen können (Kajüter 2007, S. 391).

Abbildung 8 zeigt die Auswirkungen der Besonderheiten eines unternehmensübergreifenden Supply Chain Risk Managements auf mögliche Barrieren.

2.4 Die Kontingenztheorie als Ausgangspunkt für die Gestaltung des Supply Chain Risk Managements

Sowohl das Risikomanagement (Seiter 2006, S. 60ff.; Sørensen 2005, S. 392ff.) als auch das Supply Chain Management (Giannakis u. a. 2004, S. 4ff.) wurde von zahlreichen theoretischen Entwicklungen und Paradigmen beeinflusst. Daher stellt sich die Frage nach einer geeigneten organisationstheoretischen Einbettung des SCRM bzw. der Forschungsfrage. Die oben beschriebenen Ansätze der Neuen Institutionenökonomik erklären zwar die Existenz des Risikomanagements und des SCRM, nicht jedoch deren Ausgestaltung (Kajüter 2007, S.19). Dagegen wird in der Literatur die Kontingenztheorie als geeignete theoretische Basis für das SCRM betrachtet (Giunipero & Eltantawy 2004, S. 699; Jüttner u. a. 2003, S.208; Kajüter 2007, S. 19; Ritchie & Brindley 2004, S. 34ff.).

Die Kontingenztheorie ist eine der verbreitetesten Organisationstheorien in Lehre und Forschung. Sie entstand in den 60er Jahren aufgrund von Kritik an den damals vorherrschenden Theorien wie dem Bürokratieansatz von Weber und der Theorie soziotechnischer Systeme (Kieser 2006, S. 215ff.). In Deutschland wurde die Theorie als Situativer Ansatz von Staehle (1973) in der Forschung verbreitet.

Ihr Ziel ist es, beobachtete Strukturunterschiede in Organisationen zu erklären, zu prognostizieren und Gestaltungsempfehlungen zu geben. Die Kontingenztheorie widerspricht der Prämisse anderer Theorien, dass es eine universal gültige optimale Organisationsstruktur in Unternehmen gibt, da in der Forschung Strukturunterschiede nachgewiesen wurden (Bonazzi 2007, S. 297). Sie geht vielmehr davon aus, dass die optimale Struktur von verschiedenen Einflussgrößen (auch Kontextvariablen, Kontingenzfaktoren und situative Faktoren genannt) abhängt. Sie schlägt damit einen Mittelweg ein zwischen den beiden Extremen einer Universallösung für alle Organisationen und einer Individuallösung für jede einzelne Organisation (Steiner 1979, S.443).

Da etwa im gleichen Zeitraum ein Forschungstrend zu quantitativen, empirischen Untersuchungen entstand, wurden zahlreiche Studien vorgelegt, die Zusammenhänge zwischen Variablen der Organisationsstruktur (z. B. Spezialisierung, Standardisierung, Zentralisierung, Formalisierung und Konfiguration) und Einflussfaktoren empirisch nachwiesen (Kieser 2006, S. 223ff.; Kieser & Kubicek 1992, S. 49ff.). Während die Variablen der Organisationsstruktur aus bestehenden Theorien heraus entwickelt wurden, beruhten die situativen Faktoren auf Plausibilitätsannahmen (Kieser 2006, S. 221). Es entwickelten sich zwei Forschungsschwerpunkte, die sich einerseits mit internen Einflussfaktoren, vor allem der Fertigungstechnologie (Woodward 1958; Woodward 1965) und der Unternehmensgröße (Child 1972), sowie andererseits mit externen Einflussfaktoren, insbesondere der Vorhersehbarkeit der Umwelt (Lawrence & Lorsch 1967), beschäftigten (Bonazzi 2007, S. 300).

Trotz verschiedener Kritikpunkte wurde die Theorie zu einem dominanten Paradigma der Organisationsforschung und wurde stetig weiterentwickelt (Kieser 2006, S. 239ff.). So wurde beispielsweise das Handeln des Entscheidungsträgers als wesentlicher Faktor in der Bestimmung der optimalen Unternehmensstruktur explizit in die Theorie mit aufgenommen, da erkannt wurde, dass die Kontingenzfaktoren zumindest in einem gewissen Rahmen durch Manager bestimmt werden können (Strategic Choice Theory, (Child 1972)).

Zudem fand eine Erweiterung im Hinblick auf die Forschungsgebiete statt. Es wurde nicht mehr nur die Organisationsstruktur im Allgemeinen betrachtet, sondern der Ansatz wurde auch auf Gebiete wie das Rechnungswesen und Controlling (Welge 1988, S. 54ff.), Risikomanagement (Bergener 2006, S. 14; Kratzheller 1997, S. 40ff.), Logistik (Göpfert 2000, S. 65) und Supply Chain Management (Magnus 2007, S. 39ff.) übertragen. Als vorteilhaft wird hervorgehoben, dass der situative Ansatz strukturelle Einflussfaktoren berücksichtigt, die von anderen Theorien zum Teil vernachlässigt werden, und daher für das Supply Chain Management gut geeignet ist (Magnus 2007, S. 39).

Auch für das SCRM entwickelte sich das Bewusstsein, dass es keine „one size fits it all“ Vorgehensweise für das SCRM gibt, die die Bedürfnisse von Unternehmen erfüllt. Der Glaube an eine einzig richtige Lösung könne wie in anderen Gebieten der Entscheidungslehre zum Misserfolg führen (Ritchie & Brindley 2004, S. 34f.). Ähnlich schlagen auch Jüttner u. a. (2003, S. 205) eine Kontingenzperspektive vor, um SCRM in unterschiedlichen Branchen und Supply Chains zu untersuchen. Kajüter (2007, S. 19) betont, dass es „eine für alle Unternehmen bzw. Supply Chains generell gültige optimale Gestaltungsalternative für das Risikomanagement nicht gibt, sondern die Eignung alternativer Lösungen von der Ausprägung bestimmter Kontextfaktoren abhängt“. Er schlägt zusätzlich zu der Unterscheidung in interne und externe Einflussfaktoren netzwerkspezifische Einflussfaktoren vor.

Die Fragestellungen, die der situative Ansatz aufwirft, formulieren Kieser & Kubicek (1992, S. 63) wie folgt:

1. Wie können Organisationsstrukturen beschrieben – in Begriffe gefasst – und wie können die Beschreibungen für empirische Erhebungen operationalisiert werden, so dass Unterschiede zwischen realen Organisationsstrukturen deutlich werden?
2. Welche situativen Faktoren oder Einflussgrößen erklären die ermittelten Unterschiede zwischen Organisationsstrukturen?
3. Welche Auswirkungen besitzen situative Faktoren und Organisationsstrukturen auf das Verhalten der Organisationsmitglieder und die Zielerreichung (Effizienz) der Organisation?

Auf die Forschungsfragen dieser Arbeit und das Risikomanagement angepasst, lauten diese Fragestellungen:

1. Wie können SCRM Ansätze beschrieben – in Begriffe gefasst – werden, so dass Unterschiede zwischen SCRM Ansätzen deutlich werden?
2. Welche situativen Faktoren oder Einflussgrößen erklären die ermittelten Unterschiede zwischen SCRM Ansätzen?

Diese Fragestellungen entsprechen den ersten beiden Forschungsfragen dieser Arbeit.

Die dritte Fragestellung des situativen Ansatzes, die Bestimmung der Optimalität/ Effizienz eines SCRM Ansatzes, ist nicht Teil der Arbeit, da sich bei der Übertragung der Ideen der Kontingenztheorie auf das SCRM im Vergleich zur Organisationsstruktur zwei wichtige Unterschiede ergeben. Zum einen kann die Optimalität eines SCRM Ansatzes für Unternehmen nicht allgemeingültig definiert werden, da eine Abwägung zwischen Risiko und Renditeerwartungen nur auf Basis der Risikotragfähigkeit eines Unternehmens bzw. Risikobereitschaft seiner Manager und Eigentümer erfolgen kann. Zum anderen wird eine Bewertung der Optimalität dadurch erschwert, dass der Erfolg des Risikomanagements nur schwer messbar ist. So können trotz eines geringen Einsatzes von SCRM wenige Risiken auftreten, umgekehrt können trotz eines umfassenden SCRM zahlreiche Probleme entstehen. Eine Supply Chain weite Erfolgsmessung des Risikomanagements ist noch komplexer. Die Lösung dieses Problems ist in der Literatur noch weitgehend unerforscht und würde daher den Rahmen dieser Arbeit sprengen.

3 Stand der Forschung

Nach der Schaffung eines theoretischen und begrifflichen Rahmens ist es das Ziel dieses Kapitels, den Stand der Forschung in Bezug auf die Forschungsfragen der Arbeit zu analysieren. Dazu wird zunächst die Rolle der Literatur in der Grounded Theory diskutiert und ein Überblick über Themenfelder der relevanten Literatur gegeben. Anschließend wird auf zwei Themenfelder spezifischer eingegangen: die Gestaltungsansätze und die Einflussfaktoren des Supply Chain Risk Managements. Ein Zwischenfazit zeigt die Forschungslücke auf.

3.1 Die Rolle der Literatur in der Grounded Theory

Da in der Grounded Theory als induktivem Forschungsansatz eine Theorie aus den Daten entwickelt wird, stellt sich die Frage, ob vor der Datenerhebung und -auswertung eine Literaturanalyse durchgeführt werden sollte. Dies wird im folgenden Abschnitt diskutiert.

Gemäß den Begründern der Grounded Theory sollte theoretisches Vorwissen die Ergebnisse nicht beeinflussen und damit ggf. verfälschen (Glaser & Strauss 1967, S. 37). Glaser als ein Verfechter einer rein induktiven Form der Grounded Theory fordert daher, vor der Datenerhebung die Literatur zu ignorieren (z. B. Glaser 1978, S. 2f.). Stattdessen sei ein Vergleich der Ergebnisse mit der Literatur erst während der Datenauswertung sinnvoll.

Dem wird jedoch entgegengehalten, dass es in der Forschungspraxis nicht realistisch ist, Literatur und anderes theoretisches Vorwissen vollkommen auszublenden (Fendt & Sachs 2008, S. 439; Kelle 2007, S.47ff.): Eine rein induktive Vorgehensweise sei „erkenntnistheoretisch unhaltbar und forschungspraktisch nicht umsetzbar"; es handele sich vielmehr um ein „induktivistisches Selbstmissverständnis" (Kelle 2007, S. 33). Vielmehr komme es auf den richtigen Umgang mit der Literatur an (Strauss & Corbin 1990, S. 48ff.; Suddaby 2006, S. 635): So sollte ein Literaturüberblick nicht erkenntnisdeterminierend wirken und möglichst breit angelegt sein, um den Forscher bei der Datenerhebung und -analyse zu unterstützen. Für den Forscher kann es insbesondere aus folgenden Gründen sinnvoll sein, sich mit der Literatur zu beschäftigen (Corbin & Strauss 2008, S. 37): Die Literatur

- stellt eine Quelle dar, um Vergleiche zu ziehen,
- erhöht die Sensibilität des Forschers,

- stellt deskriptive Daten zur Verfügung, die nicht weiter interpretiert werden müssen,
- ermöglicht zu Beginn und während des Forschungsprozesses die Generierung von Fragen für die ersten Beobachtungen und Interviews,
- bietet Anhaltspunkte für das Sampling und
- kann Ergebnisse bestätigen oder widerlegen. Die Ergebnisse der Studie wiederum können dazu genutzt werden, Fehler, Vereinfachungen oder Lücken der Literatur aufzuzeigen.

Im speziellen Fall von Experteninterviews als wichtigste Datenquelle kommt noch ein weiterer Aspekt hinzu. So sollte der Interviewer „Quasi-Experte" sein und über genügend Kompetenz und Hintergrundwissen auf dem Forschungsgebiet verfügen, um mit dem Gesprächspartner auf Augenhöhe diskutieren zu können (Pfadenhauer 2005, S. 120f.). Die Kenntnis der wichtigsten Konzepte des Risikomanagements und der einschlägigen Literatur ist daher unabdingbar.

Aus diesen Gründen wird im Folgenden vorab eine Literaturanalyse durchgeführt. Neben den oben beschriebenen Vorteilen eines Literaturüberblicks werden damit mehrere Ziele verfolgt. Erstens soll die Forschungslücke aufgezeigt bzw. bestätigt werden. Zweitens soll die relevante Literatur identifiziert werden, die für einen Vergleich der Interviewergebnisse herangezogen werden kann. Drittens soll ein Überblick über bereits existierende Lösungen der Literatur gegeben werden.

3.2 Überblick über die Literatur zum Supply Chain Risk Management

Um einen breiten Überblick zu gewährleisten, wurden Beiträge aus verschiedenen Themengebieten ausgewertet (Abbildung 9). Den Schwerpunkt bildet dabei die Literatur zum Supply Chain Risk Management.[15] Innerhalb des SCRM haben sich zwei weitere spezialisierte Themengebiete herausgebildet: Zum einen das Beschaffungs-, Lieferanten- oder Supply Risk Management, also der Teil des Risikomanagements, der sich mit den beschaffungsseitigen Risiken beschäftigt, zum anderen das Demand Risk Management, das auf die nachfrageseitigen Risiken abzielt. Da auch Literatur zum Kooperationsrisikomanagement und zum allgemeinen leistungswirtschaftlichen Risikomanagement Erkenntnisse für das SCRM liefern kann, wurde Literatur aus diesen Gebieten ergänzend herangezogen.

---

[15] Dazu wird im Folgenden auch Literatur gezählt, in der nicht explizit SCRM/Risikomanagement erwähnt wird, sondern verwandte Begriffe wie Supply Chain Störungen oder Verwundbarkeit.

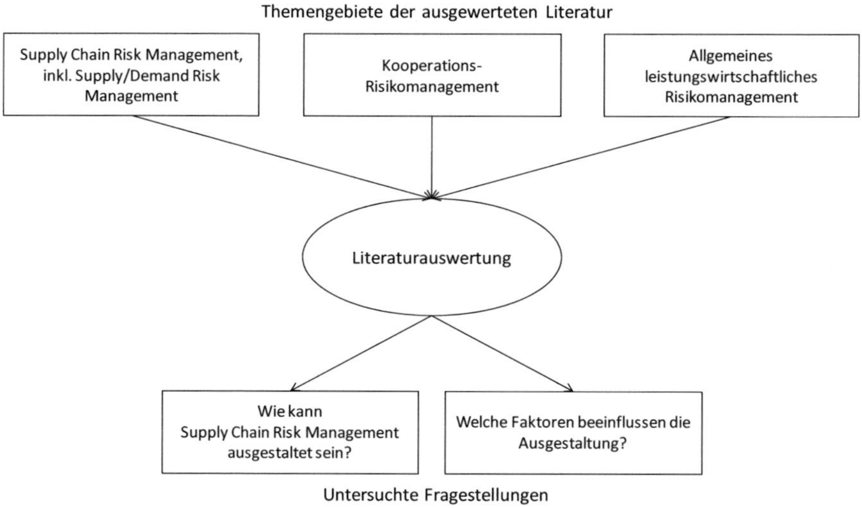

Abbildung 9: Ausgewertete Themengebiete und untersuchte Fragestellungen

In den letzten Jahren war ein Anstieg der Zahl an wissenschaftlichen Veröffentlichungen zum SCRM zu beobachten (Paulsson 2007, S. 150; Vanany u. a. 2009, S. 20). Eine vollständige und detaillierte Darstellung der Literatur zum SCRM und verwandten Themengebieten ist aufgrund der hohen Anzahl an Beiträgen nicht möglich. Für eine systematische Klassifikation und Übersicht der Literatur speziell zum SCRM sei auf die einschlägigen Literaturreviews verwiesen (Moder 2008, S. 253ff.; Paulsson 2007, S. 145ff.; Rao & Goldsby 2009, S. 102ff.; Sørensen 2005; Vanany u. a. 2009; Vanany u. a. 2007). Eine Möglichkeit der Klassifikation besteht anhand des Untersuchungsobjekts bzw. des Forschungsproblems (Sørensen 2005, S. 394). Ein Teil der Literatur beschäftigt sich mit dem Risiko selbst bzw. dessen Verständnis, Kategorisierung und Bedeutung in der Unternehmenspraxis. Die folgende Auswertung bezieht sich auf den zweiten Teil der Literatur, der sich mit dem Management dieser Risiken auseinandersetzt. Dabei werden in Anlehnung an die beiden ersten Forschungsfragen zwei Themenkomplexe analysiert:

1. Wie kann das SCRM ausgestaltet werden? Welche Vorgehensweisen des SCRM gibt es?
2. Was sind die Einflussgrößen, die sich auf den verwendeten SCRM Ansatz auswirken?

Die Ausgestaltung des Risikomanagements wird in Kapitel 3.3 diskutiert, die Einflussfaktoren in Kapitel 3.4.

3.3 Gestaltungsansätze des Supply Chain Risk Managements

Eine Klassifikation von SCRM Ansätzen wurde bereits erörtert, und zwar das 3-Stufen-Modell von Kajüter (2003a; 2003b).[16] Kajüter definiert die drei unterschiedlichen Stufen über das Ausmaß der Kooperation mit den Supply Chain Partnern. Um weitere Ansätze zu untersuchen, werden die wichtigsten Gestaltungsfelder des SCRM diskutiert: zum einen die Durchführung des SCRM, die sich im Risikomanagement-Prozess und seiner Umsetzung zeigt, zum anderen die organisatorische Einbettung im Unternehmen bzw. der Supply Chain. Diese Einteilung orientiert sich an den wesentlichen Gestaltungsfeldern, die z. B. auch Diederichs (2004) und Pfohl u. a. (2008a) in ihren Arbeiten beschreiben.

3.3.1 Der Supply Chain Risk Management Prozess

Im Folgenden wird zunächst der Prozess des Risikomanagements erläutert. Dieser kann mit entsprechenden Anpassungen bzw. Erweiterungen auf den Supply Chain Kontext übertragen werden. Anschließend werden Verfahren, Strategien und Maßnahmen zur Umsetzung des Prozesses diskutiert.

3.3.1.1 Weiterentwicklung des Risikomanagement-Prozesses zu einem SCRM Prozess

Als Grundlage für den SCRM Prozess bietet sich der Prozess des allgemeinen, internen Risikomanagements an. In der Literatur (z. B. Bandyopadhyay u. a. 1999, S. 437; Burger & Buchhart 2002, S. 27ff.; Fiege 2006, S. 95ff.; Rogler 2002, S. 29ff.; Wildemann 2006, S. 53ff.) sowie in den Risikomanagement-Standards (z. B. COSO 2004; FERMA 2009) besteht weitgehende Einigkeit darüber, dass dieser **drei Hauptphasen** umfasst:

1. Risikoidentifikation, d. h. das Erfassen von Risiken,
2. Risikobewertung, d. h. eine Analyse und qualitative oder quantitative Abschätzung der Risiken anhand verschiedener Kennzahlen wie z. B. Eintrittswahrscheinlichkeit und Schadenshöhe sowie

[16] Vgl. Kapitel 2.3.2.1.

3. Risikosteuerung, d. h. die Planung und Durchführung von Strategien und Maßnahmen zur Reduktion oder zur bewussten Akzeptanz von Risiken.

Unterschiede in den Prozessbeschreibungen liegen zum einen in den Begrifflichkeiten, insbesondere bei der Phase Risikobewertung, die z. T. auch als Risikobeurteilung oder -analyse (im Englischen: risk assessment/measurement oder evaluation) bezeichnet wird. In dieser Arbeit wird von Risikobewertung gesprochen, während Risikoanalyse als Oberbegriff von Identifikation und Bewertung verstanden wird. Zum anderen gibt es geringfügige Unterschiede in den Unterschritten. Als Vorstufen des Prozesses werden die Abgrenzung des Untersuchungsbereichs und die Festlegung der Risikostrategie bzw. -ziele genannt (COSO 2004; International Organization for Standardization 2009; Schorcht 2004). Während und nach Durchlauf des gesamten Prozesses ist eine stetige Überwachung (Fiege 2006; Deleris & Erhun 2005, S. 1644) und Kommunikation (International Organization for Standardization 2009) erforderlich, so dass ein wiederkehrender Ablauf entsteht.

Dieser allgemeine Risikomanagement-Prozess kann grundsätzlich für die Supply Chain übernommen werden (Supply Chain Council 2008, Abschn. 4.3.1), erfordert aber eine Anpassung an den unternehmensübergreifenden Kontext und weitere Detaillierung.

Kersten u. a. (2006) schlagen einen gemeinsamen SCRM Prozess vor, der parallel zu dem internen Prozess der beteiligten Unternehmen abläuft und für jeden Prozessschritt einen gemeinsamen Abgleich der Risikomanagement-Aktivitäten vorsieht. Eine ähnliche Vorstellung eines unternehmensübergreifenden Prozesses haben Pfohl u. a. (2008d, S. 465), die ebenfalls einen parallelen, gemeinsamen Risikomanagement-Prozess entwickeln, diesen aber weiter detaillieren (Abbildung 10). Nach der unternehmensinternen Risikoidentifikation werden die identifizierten Risiken in eine gemeinsame Datenbasis der Supply Chain Partner überführt. Die weitere Analyse, Strukturierung und Dokumentation der Risiken findet gemeinsam statt, ebenso die Risikobewertung und Planung der Steuerungsmaßnahmen. Nach der Festlegung der Verantwortlichkeiten werden die Maßnahmen in den jeweiligen Unternehmen individuell durchgeführt, die Kontrolle der Maßnahmen erfolgt wiederum gemeinsam.

Auch Hallikas u. a. (2004, S. 54ff.) schlagen vor, den Durchlauf eines internen Risikomanagement-Prozesses durch einen kollaborativen SCRM Prozess zu unterstützen. Sie empfehlen, die Risikoidentifikation und -bewertung für die Supply Chain als Ganzes durchzuführen, also beispielsweise Risiken zu identifizieren, die eine geringe Bedeutung für einzelne Unternehmen, aber große Auswirkungen auf das Netzwerk haben. Umgekehrt könnten Risikosteuerungs-Maßnahmen für ein einzelnes Unternehmen finanziell nicht tragbar, eine gemeinsame Umsetzung mit Kostenteilung jedoch möglich sein.

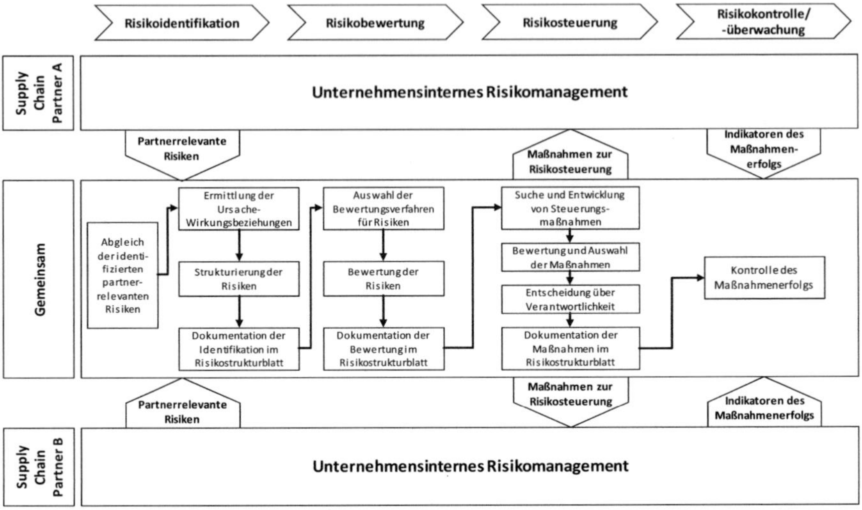

Abbildung 10: Prozess des SCRM nach Pfohl u. a.
Quelle: Pfohl u. a. (2008d, S. 465)

Weitere Autoren stellen der Risikoidentifikation einen weiteren Schritt voran, die Analyse der Supply Chain (Harland u. a. 2003, S. 56; bzw. in leichter Abwandlung Cucchiella & Gastaldi 2006, S. 707ff.). Dabei sollen die Struktur des Netzwerks und der beteiligten Akteure, die wichtigsten Kennzahlen und Verantwortlichkeiten analysiert und visualisiert werden. Die übrigen Schritte – Identifikation, Bewertung, Festlegung einer gemeinsamen Strategie zur Risikosteuerung sowie Implementierung dieser Strategie – unterscheiden sich nicht wesentlich von dem allgemeinen Risikomanagement-Prozess. Auch hier weisen die Autoren darauf hin, dass alle Schritte in Zusammenarbeit mit den Supply Chain Partnern durchgeführt werden sollten. Harland u. a. (2003) zeigen die Anwendbarkeit des Prozesses zudem anhand von vier Fallstudien.

Die SCRM Prozesse in diesen Beiträgen bilden eine gute systematische Basis für einen gemeinsamen Prozess und entsprechen der höchsten Stufe des SCRM nach Kajüter (vgl. Kapitel 2.3.2.1), da in allen Prozessphasen Schnittstellen zu Supply Chain Partnern existieren. Sie werden jedoch nicht weiter erläutert und bieten z. T. wenige Hinweise zur konkreten Ausgestaltung.

Einen anderen Schwerpunkt hingegen setzen die Wissenschaftler der Cranfield University (2003, S. 52ff.), die einen SCRM Prozess in Anlehnung an das DMAIC (Define-Measure-Analyse-Improve-Control) Six Sigma-Modell entwickeln (Abbildung 11).

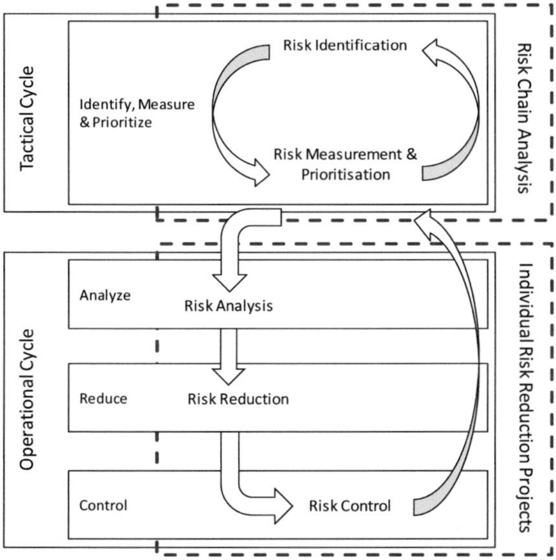

Abbildung 11: Prozess des SCRM der Cranfield University
Quelle: Cranfield University (2003, S. 55)

Dieser wird in zwei Zyklen aufgespalten. Der taktische Zyklus umfasst die Identifikation kritischer Supply Chain Prozesse und Risiken sowie die Bewertung und Priorisierung von Risiken. Im nachfolgenden operativen Zyklus werden Risiken mit hoher Priorität zunächst weiter auf ihre Ursachen und Wirkungen hin vertiefend analysiert, so dass anschließend Maßnahmen zur Reduktion oder Vermeidung dieser Risiken definiert und umgesetzt werden können. Die Überwachung der Risiken bildet die Grundlage für einen erneuten Durchlauf des Prozesses. Zudem wird ein Toolkit zur Verfügung gestellt, in dem Tools und Instrumente Schritt für Schritt erläutert werden.

Auch dieser Prozess bietet eine gute systematische und außerdem praxisnahe Grundlage für das Risikomanagement. Zudem lässt er sich aufgrund der Anlehnung an das

Six Sigma-Konzept gut mit anderen Prozessen, z. B. kontinuierlichen Verbesserungsprozessen, verknüpfen. Allerdings ist der unternehmensübergreifende Aspekt eher von nachrangiger Bedeutung. Der Prozess bezieht sich zwar auf den Supply Chain Kontext, lässt jedoch offen, ob und in welchen Schritten die Supply Chain Partner in den Prozess eingebunden werden sollten. In seiner reinen Form entspricht dieser Prozess also eher der ersten Stufe aus Kajüters 3-Stufen-Modell, dem Risikomanagement in der Beschaffung.

Manuj & Mentzer (2008a, S. 136ff.) beschreiben einen fünfstufigen Prozess für das globale SCRM: 1. Risikoidentifikation, 2. Risikobewertung, 3. Auswahl einer Risikosteuerungs-Maßnahme, 4. Implementierung dieser Maßnahmen sowie 5. Reduktion von Risiken, die trotz dieser Maßnahmen unvorhergesehen auftreten. Sie diskutieren Instrumente und Maßnahmen, die auf das SCRM zugeschnitten sind, und präsentieren Formblätter zur Unterstützung des Prozesses. Der Prozess enthält jedoch keine unternehmensübergreifende Komponente oder Beschreibung möglicher Schnittstellen, so dass auch dieser Prozess eher der Phase Risikomanagement in der (globalen) Beschaffung zuzuordnen ist.

Ziegenbein (2007, S. 67ff.) versucht in seiner Arbeit verschiedene Elemente der existierenden SCRM Prozesse zu verbinden (Abbildung 12).

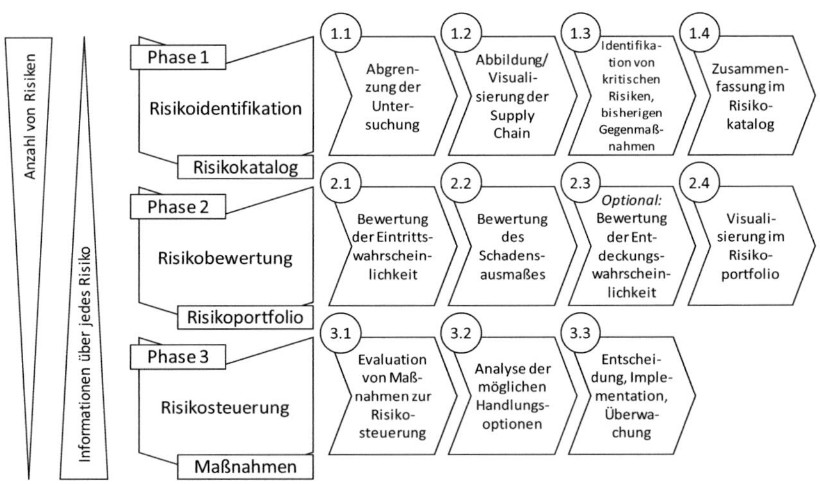

Abbildung 12: Prozess des SCRM nach Ziegenbein
Quelle: Ziegenbein (2007, S.69)

Er detailliert die Hauptschritte der Risikoidentifikation, -bewertung und -steuerung weiter aus und berücksichtigt dabei auch den zusätzlichen Schritt einer Supply Chain Analyse auf Basis des SCOR-Modells. Zudem werden zu allen Schritten beispielhaft Instrumente zu deren Unterstützung vorgestellt. Während der Prozess für ein einzelnes Unternehmen detailliert dargestellt und anhand einer Fallstudie umgesetzt wird, beschreibt Ziegenbein die Umsetzung auf unternehmensübergreifender Ebene sehr knapp, da die Vorgehensweisen nahezu identisch seien. Den größten Unterschied zum internen Risikomanagement sieht er analog zu Hallikas u. a. (2004, S. 54ff.) bei der Risikobewertung, da der potenzielle Schaden für jedes Unternehmen der Supply Chain variieren kann und daher gesondert bewertet werden muss.

Der SCRM Prozess nach Ziegenbein ist sehr umfassend, systematisch aufgebaut und in Abstimmung mit Industriepartnern entstanden, so dass er sehr praxisnah ist. Wird der Prozess auch unternehmensübergreifend durchgeführt, entspricht die Vorgehensweise der dritten Stufe des SCRM nach Kajüter. Allerdings steht dieses gemeinsame SCRM nicht im Vordergrund des Prozesses.

Norrman & Jansson (2004) beschreiben in einer Fallstudie detailliert den SCRM Ansatz, den das Unternehmen Ericsson implementiert hat, nachdem ein Großbrand bei einem Sublieferanten das Unternehmen finanziell schwer getroffen hatte. Die Phasen der Identifikation, Bewertung, Steuerung und Kontrolle werden hier durch zwei weitere Komponenten ergänzt, die eine zentrale Rolle in dem Prozess einnehmen: Incident Handling und Continuity Planning. Zudem beschreiben Norrman & Jansson die Umsetzung und organisatorische Einbettung des Prozesses in die Unternehmensorganisation. Lieferanten werden durch Besuche und eine enge Zusammenarbeit in den Prozess eingebunden und vertraglich verpflichtet, ein eigenes SCRM einzuführen. Dieser Ansatz entspricht daher ebenfalls der dritten Stufe des Modells von Kajüter.

Neben den Darstellungen des Gesamtprozesses für ein SCRM gibt es auch Arbeiten, die sich speziell mit einem Prozessschritt auseinandersetzen. So untergliedert z. B. Trippner (2006) den Prozessschritt der Risikobewertung für versorgungslogistische Systeme weiter in die Definition von Risikofaktoren, Definition von Zielwerten, Ermittlung der Wirkungen, Aggregation zu einem Gesamtrisiko sowie Visualisierung der Risiken. Da diese Arbeiten jedoch keinen expliziten Bezug zu einem unternehmensübergreifenden Risikomanagement haben, werden sie im Folgenden nicht weiter erläutert. Als **Fazit** ist festzuhalten, dass es einige Beiträge gibt, die den allgemeinen Prozess des Risikomanagements auf die Supply Chain übertragen haben. Sie sind in Tabelle 5 noch einmal zusammengefasst.

Autor	Induktiv aus empirischen Daten abgeleitet/ mit Industriepartnern erarbeitet	Kooperativer Prozess/ Schnittstellen berücksichtigt
Cranfield University 2003	◑	○
Hallikas u. a. 2004	○	●
Harland u. a. 2003/ Cucchiella & Gastaldi 2006	○	●
Kersten u. a. 2006	○	●
Manuj & Mentzer 2008a	○	○
Norrman & Jansson 2004	◑	●
Pfohl u. a. 2008d	○	●
Trippner 2006	○	○
Ziegenbein 2007	◑	◑

Legende: ● Kriterium voll erfüllt, ◑ Kriterium teilweise erfüllt, ○ Kriterium nicht erfüllt

Tabelle 5: Analyse von Beiträgen zu SCRM Prozessen

Insbesondere zwei Schwächen können identifiziert werden:

- Nur wenige Prozesse wurden auf Basis empirischer Daten oder in Zusammenarbeit mit Industriepartnern entwickelt. Die Beiträge der Cranfield University (2003) und Normann & Jansson (2004) beruhen auf jeweils einer Fallstudie, Ziegenbein entwickelte seine Vorgehensweise anhand eines iterativen Prozesses mit Industriepartnern. Wichtige Gestaltungsfelder und Besonderheiten des SCRM im Vergleich zum internen Risikomanagement aus Sicht der Praxis bleiben unberücksichtigt.
- Zwar wird auf besondere Risiken und Unsicherheiten der Supply Chain Bezug genommen, Besonderheiten des unternehmensübergreifenden Risikomanagements und mögliche Schnittstellen von Supply Chain Partnern werden jedoch nicht in allen Beiträgen explizit berücksichtigt.

Da z. T. auch nur unzureichende Hinweise zur Umsetzung des SCRM Prozesses gegeben wurden, wird im Folgenden detaillierter untersucht, welche Hilfsmittel in den einzelnen Prozessphasen in Beiträgen vorgeschlagen werden, die sich schwerpunktmäßig mit einem Prozessschritt oder Instrument beschäftigen.

3.3.1.2 Umsetzung des Prozesses

Zur Umsetzung des Risikomanagement-Prozesses wurden in der Literatur zahlreiche Verfahren[17] entwickelt. Diese können aus so unterschiedlichen Bereichen wie dem Risikomanagement im Finanzbereich, Qualitätsmanagement, Supply Chain Management oder dem Systems Engineering stammen (Ziegenbein 2007, S. 70). Auch Instrumente des strategischen Managements können für das Risikomanagement genutzt werden. Allein für die Risikoidentifikation und -bewertung listet Moder (2008, S. 65) 114 verschiedene Instrumente auf. Aufgrund der Natur von Supply Chain Risiken und der Besonderheiten des unternehmensübergreifenden SCRM (vgl. Kapitel 2.3.2.3) ergeben sich allerdings für Instrumente des Risikomanagements andere Anforderungen (Kajüter 2003a, S. 113). Daher müssen Instrumente ggf. im Hinblick auf die Erfordernisse des SCRM angepasst bzw. weiterentwickelt werden.

Da der Übergang zwischen Risikoidentifikation und -bewertung fließend ist und die verwendeten Instrumente des Risikomanagements oft nicht einem Schritt allein zuzurechnen sind, werden die beiden Schritte hier zur Risikoanalyse zusammengefasst.

Neben Verfahren der Risikoidentifikation, -bewertung und -steuerung wurden auch übergreifende Instrumente entwickelt, die den gesamten Prozess unterstützen. Dazu gehört z. B. die Balanced Scorecard, die bereits von verschiedenen Autoren um Risiko- und Supply Chain Aspekte ergänzt wurde (Lingnau & Jonen 2007; von Haaren 2008, S. 111ff.). Eine Integration der Prozessschritte des SCRM in einem ganzheitlichen Konzept mit konkreten Handlungsempfehlungen wurde bisher von Thom (2008), Ziegenbein (2007), Paulsson (2007) sowie – mit speziellem Fokus auf kleine und mittlere Unternehmen – von Kersten u. a. (2009b) erarbeitet.

Risikoidentifikation und -bewertung

Ziel der Risikoidentifikation ist es, möglichst umfassend Risiken in der Supply Chain zu erkennen (Rogler 2002, S. 29). Ihre Forderung nach einer vollständigen Identifikation begründet Rogler damit, dass zunächst unbedeutend erscheinende Risiken im Zusammenhang mit anderen Risiken eine ganz andere Relevanz erhalten können. Dieser Aspekt ist im Hinblick auf die Supply Chain verstärkt zu berücksichtigen. Zum einen kann die Auswirkung auf andere Supply Chain Partner größer sein als für das eigene

[17] Für Verfahren der Risikoanalyse werden in der Literatur auch die Begriffe Methoden, Techniken und Instrumente synonym verwendet. Daher erfolgt auch in dieser Arbeit keine Differenzierung der Begriffe.

Unternehmen, zum anderen können unbekannte Risiken der Supply Chain die eigenen Risiken verstärken.[18]

Nach einer Abgrenzung des Untersuchungsbereichs sollte zunächst eine Analyse der Supply Chain Situation erfolgen, um eine ausreichende Transparenz über Prozesse und Beziehungen zwischen den Supply Chain Partnern zu schaffen (Harland u. a. 2003, S. 56; Ziegenbein 2007, S. 69). Dazu eignen sich beispielsweise Prozessanalysen auf Basis des SCOR-Modells (Ziegenbein 2007, S. 69), um die Transparenz der Prozesse in der Supply Chain zu erhöhen, oder die Visualisierung des Netzwerks mit Hilfe von Supply Chain oder Value Stream Maps (Harland u. a. 2003, S. 56). Hierfür wurden bereits verschiedene Techniken entwickelt (Hines u. a. 1999). Da in vielen Fällen die Supply Chain sehr komplex ist, kann es notwendig werden, bestimmte Supply Chain Äste zu priorisieren, so dass kritische Lieferanten oder Produktgruppen für die weitere Analyse auszuwählen sind.

Für die anschließende eigentliche Risikoidentifikation lassen sich Instrumente unterscheiden, die eher zur Sammlung bereits bekannter Risiken geeignet sind (Kollektionsmethoden, z. B. Befragungen), sowie Instrumente, die eher zur Erfassung neuer, bisher nicht bekannter Risiken geeignet sind (Suchmethoden). Letztere können in kreative (z. B. Brainstorming) sowie analytisch-strukturierende Methoden (z. B. FMEA = Failure Modes and Effects Analysis) unterteilt werden (Romeike 2003b, S. 174; ähnlich auch Prokein 2008, S. 19; Ziegenbein 2007, S. 50). Das Ergebnis der Risikoidentifikation ist ein strukturierter Katalog mit allen erfassten Risiken der Supply Chain (Ziegenbein 2007, S. 77f.).

Ziel der Risikobewertung ist es, zuvor identifizierte Risiken und ihre Folgen auf das Unternehmen bzw. die Supply Chain zu verstehen und zu priorisieren (Supply Chain Council 2008 Abschnitt 4.3.4). Da Risiko im Rahmen dieser Arbeit als ein Ereignis definiert wird, das zu einer potenziellen Zielabweichung führen kann, sind dafür zunächst Ursachen und Wirkungen möglicher Ereignisse zu bestimmen. Häufig werden Risiken anhand der beiden Dimensionen Eintrittswahrscheinlichkeit und Zielabweichung bzw. Schadenshöhe bewertet. Weitere Risikomaße, die eine Aussage über die Bedeutung eines Risikos zulassen, sind jedoch möglich, z. B. die Entdeckungswahrscheinlichkeit oder finanzwirtschaftliche Kennzahlen wie Value at Risk oder Earnings at Risk. Bei den Verfahren/Methoden zur Bestimmung dieser Kennzahlen für einzelne und aggregierte Risiken können qualitative (z. B. Risikoranglisten), semi-quantitative

[18] Vgl. Kapitel 2.3.1.

(z. B. Risikoportfolio) und quantitative (z. B. Simulationen) Bewertungsverfahren unterschieden werden (Wildemann 2006, S. 87 u. 147ff.). Nach der Bewertung der Einzelrisiken kann es sinnvoll sein, die Risiken zu aggregieren (Deutsche Gesellschaft für Risikomanagement e.V. 2008).

Für die Identifikation und Bewertung werden im Rahmen des unternehmensinternen Risikomanagements eine Reihe von Instrumenten vorgeschlagen, die sich im Hinblick auf die einzusetzenden zeitlichen und finanziellen Ressourcen, die Komplexität etc. stark unterscheiden (von Haaren & Humpolcová 2007). Alle Instrumente weisen spezifische Vor- und Nachteile auf. Eine generelle Überlegenheit eines Instruments gegenüber anderen ist jedoch nicht festzustellen, da sich alle Instrumente in einem bestimmten situativen Kontext besonders gut eignen (zur Auswahl von Instrumenten in einer bestimmten Situation vgl. z. B. Trippner 2006). Daher sollten Unternehmen stets mit einem Portfolio verschiedener Methoden arbeiten (Schubert 2004, S. 215).

Tabelle 6 zeigt eine Auswahl der in der Literatur diskutierten Verfahren der Risikoanalyse und ihre Einsetzbarkeit für die Risikoidentifikation und -bewertung, wie sie in den jeweiligen Beiträgen beschrieben wird.

Methode	**Risiko-identifikation**	**Risiko-bewertung**	**Quellen (Beispiele)**
Analytical Hierarchy Process (AHP)		x	Wu u. a. 2006, Gaudenzi & Borghesi 2006
Bayessche Netzwerke		x	Pai u. a. 2003, Trippner 2006
Beanspruchungs- und Belastbarkeitsportfolio	x		Kaufmann & Germer 2001, Pfohl u. a. 2008a
Betriebsinspektionen/ Lieferantenaudit	x		Gabriel 2007, Pfohl u. a. 2008a, Zsidisin u. a. 2005, Supply Chain Council 2008
Brainstorming	x		Jüttner 2005, Ziegenbein 2007, Cranfield University 2003
Checklisten	x		Gabriel 2007, Neumann 2010
Delphi-Methode	x	x	Trippner 2006, Schubert 2004, Supply Chain Council 2008, Cranfield University 2003
Failure Mode and Effect Analysis (FMEA)	x	x	Cranfield University 2003, Dani 2008, Reiner 2004, Supply Chain Council 2008, Neumann 2010
Fehler-/Ereignisbäume	x	x	Ziegenbein 2007, Supply Chain Council 2008, Neumann 2010, Haindl 1996

Methode	Risiko-identifikation	Risiko-bewertung	Quellen (Beispiele)
Flussdiagramme	x		Cranfield University 2003, Haindl 1996, Gabriel 2007
Frühaufklärungssysteme	x		Gabriel 2007, Thiemt 2003, Kajüter 2003a, Krystek 2007
Fuzzy Logic		x	Pai u. a. 2003
Interviews/Expertenbefragung	x	x	Trippner 2006, Ziegenbein 2007, Eberle 2005, Shi 2004
Ishikawa-Diagramm	x	x	Cranfield University 2003, Gabriel 2007
Kritischer-Pfad-Analysen	x	x	Cranfield University 2003, Jüttner 2005 Supply Chain Council 2008
Petrinetze	x	x	Rossi u. a. 2005, Tuncel & Alpan 2010
Portfolioanalysen	x		Gabriel 2007, Thiemt 2003, Schubert 2004
Realoptionstheorie		x	Trippner 2006, Cucchiella & Gastaldi 2006, Kleindorfer & Wu 2003
Risikoportfolio/Risk Map		x	Neumann 2010, Kajüter 2003a, Trippner 2006
Sensitivitätsanalysen		x	Zeng u. a. 2005, Kajüter 2003a, Eberle 2005
Simulation	x	x	Kajüter 2003a, Trippner 2006, Petrovic 2001, Rossi u. a. 2005, Zeng u. a. 2005, von Haaren 2008
Statistisch-stochastische Analysen	x	x	Trippner 2006, Neumann 2010, Rossi u. a. 2005, Shi 2004
Supply Chain Resilience Assessment and Management Tool		x	Pettit 2008
Supply Chain Maps	x		Jüttner 2005, Supply Chain Council 2008, Norrman & Jansson 2004
Ursache-Wirkungs-Analysen	x	x	Hallikas u. a. 2002, Haywood & Peck 2004
Value Focused Process Engineering	x		Neiger u. a. 2009

Tabelle 6: Ausgewählte Instrumente für Risikoanalysen mit Supply Chain oder Kooperationsbezug

Die genannten Instrumente entstammen allesamt Beiträgen mit einem expliziten Supply Chain oder Kooperationsbezug. Allerdings sind die meisten Verfahren primär darauf ausgerichtet, aus Sicht eines fokalen Unternehmens Beschaffungsrisiken zu identifizieren oder im Rahmen des Beschaffungsmanagements die Lieferanten selbst zu bewerten. Sie zielen also nicht auf eine gemeinsame, kooperative Risikoanalyse ab und berücksichtigen nicht explizit eine Supply Chain weite Perspektive. Die Entwicklung und Anpassung von Instrumenten in Bezug auf einen unternehmensübergreifenden Kontext wurde bisher vernachlässigt, insbesondere in der englischsprachigen Literatur. Dort wurden vor allem Risikoklassifikationen erarbeitet, die die Risikoanalyse strukturieren und so unterstützen können (z. B. Cavinato 2004; Chopra & Sodhi 2004; Rao & Goldsby 2009; Spekman & Davis 2004). Auch andere Literaturreviews kommen zu dem Ergebnis, dass Forschung zu Identifikation und Bewertung von Supply Chain Risiken noch am Anfang steht (Rao & Goldsby 2009, S. 101; Vanany u. a. 2009, S. 27). Die Entwicklung von Instrumenten des SCRM zur Unterstützung von Unternehmen wird daher als vielversprechendes Forschungsfeld angesehen.

Ein Beispiel für eine Weiterentwicklung eines Instrumentes des internen Risikomanagements ist das Supply Chain Risk Portfolio von Kajüter (2003a, S. 120ff.; 2003b, S. 329ff.), das der Visualisierung der Risikobewertung dient (Abbildung 13).

Die Basis für dieses Portfolio bilden die Portfolios der einzelnen Unternehmen (Stufe 1). Das Portfolio enthält die vom Unternehmen identifizierten Risiken, bewertet nach Eintrittswahrscheinlichkeit und Schadenshöhe. Risiken mit hoher Wahrscheinlichkeit und Schadenshöhe werden höher priorisiert und als A-Risiken bezeichnet, weniger relevante Risiken entsprechend als B- oder C-Risiken.

In Stufe 2 werden die einzelnen Portfolios aggregiert und auf Supply Chain Ebene betrachtet. Dabei ändert sich die Dimension, mit der die Risiken aus Supply Chain Sicht bewertet werden. Die Abszisse enthält nun die Priorisierung A, B oder C des jeweiligen Unternehmens, die Ordinate enthält dagegen die Bedeutung der Risiken für die Supply Chain, ebenfalls priorisiert nach A, B oder C. Auch wenn diesem Instrument Grenzen gesetzt sind, da z. B. Interdependenzen zwischen den Risiken nicht berücksichtigt werden können (Götze & Mikus 2007, S. 44), stellt ein solches Portfolio eine gute Basis dar, um Risiken und ihre Bedeutung für die Supply Chain transparent zu machen und ggf. Maßnahmen zur Risikosteuerung festzulegen.

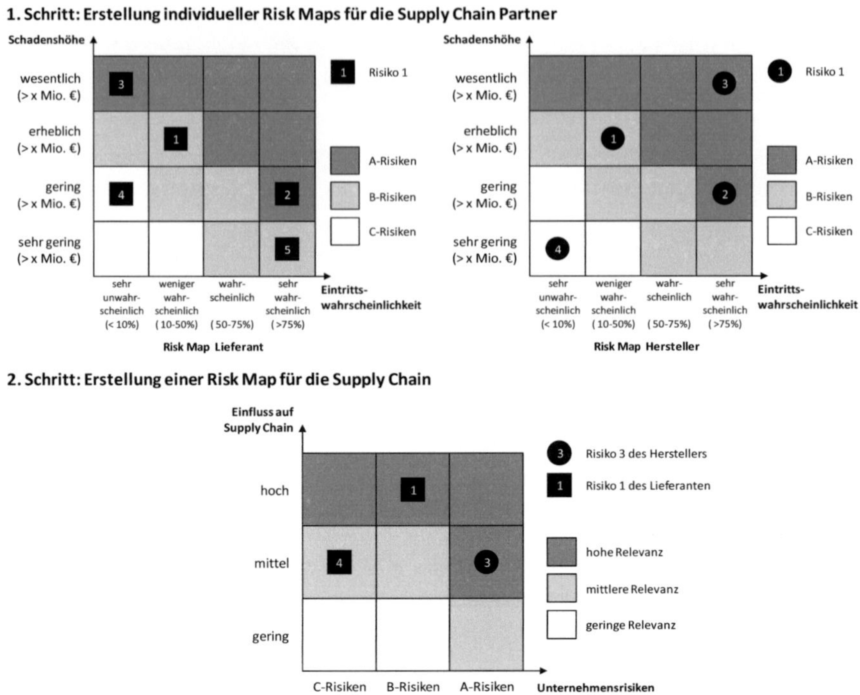

Abbildung 13: Supply Chain Risk Portfolio

Quelle: in Anlehnung an Kajüter (2003a, S.121)

Risikosteuerung

Nach der Bewertung der Risiken ist von den beteiligten Unternehmen zu bestimmen, wie damit weiter verfahren werden soll, d. h., die Risiken sind aktiv zu steuern. Während Instrumente der Risikoanalyse relativ standardisiert sind und von vielen Unternehmen eingesetzt werden können, sind Strategien und auf operativer Ebene einzelne Maßnahmen je nach Unternehmen und Situation spezifisch auszuwählen (Chopra & Sodhi 2004, S. 54f.). Da für jedes Risiko andere Maßnahmen sinnvoll sein können, existiert eine nahezu unüberschaubare Anzahl möglicher Maßnahmen. Eine ausführliche Aufstellung von Maßnahmen für Risiken verschiedener Bereiche im Industriebetrieb liefert Rogler (2002).

Allgemein kann bereits das Supply Chain Management an sich als Maßnahme zur Reduktion einzelner Risiken interpretiert werden (Götze & Mikus 2007, S. 30). Spezieller wurden für das SCRM bereits zahlreiche Maßnahmenkataloge erarbeitet und einzelne Maßnahmen vertieft diskutiert (z. B. Childerhouse & Towill 2004; Christopher & Lee 2004; Elkins u. a. 2005; Giunipero & Eltantawy 2004; Haywood & Peck 2004; Johnson 2001; Tang 2006a; Tang 2006b; Tomlin 2006; sowie für eine Zusammenstellung und Kategorisierung von Maßnahmen Kersten u. a. 2009b; Ziegenbein 2007). Ziegenbein (2007, S. 63) weist darauf hin, dass viele Arbeiten theoretischer Natur sind und die Anwendung von Maßnahmen in der Unternehmenspraxis bisher wenig behandelt wurde.

Um die Komplexität der hohen Anzahl möglicher Maßnahmen zu reduzieren, bedarf es einer Systematisierung von Maßnahmen. Eine Möglichkeit ist die Klassifikation nach unterschiedlichen Bereichen des Supply Chain Managements, wie Supply Management, Demand Management, Produktmanagement oder Informationsmanagement (Tang 2006a, S. 453). Manuj & Mentzer (2008b) entwickeln auf Basis von Experteninterviews sechs Strategietypen: Postponement, Spekulation, Hedging, Risikokontrolle/-teilung/-transfer, Sicherheit und Risikovermeidung.

Analog zur Definition des Risikos bietet sich jedoch eine grundlegendere Unterscheidung von ursachen- und wirkungsbezogenen Maßnahmen an (Wildemann 2006, S. 58; Götze & Mikus 2007, S. 46ff.). Da Risiken oftmals komplexe Ursache-Wirkungsketten sind, ist diese Einteilung nicht immer eindeutig (Rogler 2002, S.28), bietet aber eine gute Strukturierung und Unterstützung bei der Beantwortung der Frage, an welcher Stelle Unternehmen bzw. Supply Chains mit ihrem Risikomanagement ansetzen können.

Ursachenbezogene Maßnahmen setzen bei der Entstehung des Risikos an. Ziel ist es, die Eintrittswahrscheinlichkeit eines Risikos zu beeinflussen (Rogler 2002, S. 22), so dass das Risiko entweder vollständig vermieden oder zumindest verringert wird. Eine Vermeidung des Risikos ist in vielen Fällen jedoch nicht möglich, denn die Ursachen sind nicht immer beeinflussbar (z. B. externe Risiken). Zudem stehen Risiken in der Regel Chancen gegenüber, so dass eine vollständige Reduktion von Risiken andere Unternehmensziele zugunsten der Sicherheit negativ beeinflusst (Haller 1986b, S. 31) und in letzter Konsequenz zur Einstellung sämtlicher Geschäftsaktivitäten führen würde. Ein Beispiel für eine ursachenbezogene Maßnahme aus dem Supply Chain Bereich ist, die Prozesse eines Lieferanten gemeinsam mit diesem auf Risikopotenziale hin zu analysieren und zu verbessern, um die Wahrscheinlichkeit eines Produktionsausfalls und damit die Verzögerung einer Lieferung zu reduzieren.

Wirkungsbezogene Maßnahmen setzen dagegen an den Folgen von Risiken, also an der möglichen Zielabweichung an (Rogler 2002, S. 23) und reduzieren die Verwundbarkeit des Unternehmens bzw. der Supply Chain (Wagner & Bode 2007, S. 70). Hierbei werden Risiken in ihrer Wirkung begrenzt, geteilt oder selbst getragen (Pfohl u. a. 2008a, S. 68ff.). Eine Möglichkeit ist, die Wirkung des Risikos insgesamt zu begrenzen. Zwar kann z. B. der Einbau von Pufferlagern ein Problem bei dem Lieferanten nicht verhindern, dient aber dazu, bei Auftreten eines Lieferausfalls die Folgen so gering wie möglich zu halten. Maßnahmen des Business Continuity Managements fallen ebenfalls unter diese Kategorie (Norrman & Jansson 2004, S. 449; Wagner & Bode 2007, S. 71).

Eine weitere Möglichkeit ist, das Risiko ganz oder teilweise auf Dritte zu übertragen, z. B. durch vertragliche Vereinbarungen auf Supply Chain Partner oder auf Versicherungen (Manuj & Mentzer 2008b, S. 209). Das Ausmaß des Risikos insgesamt ändert sich damit nicht, aber die finanziellen Wirkungen werden nicht mehr von einem Unternehmen allein getragen. Schließlich besteht die Möglichkeit, Supply Chain Risiken bewusst zu akzeptieren und selbst zu tragen. In diesem Fall können Reserven gebildet werden, um dennoch die Erreichung der Ziele zu gewährleisten (Fasse 1995, S. 90). Zwangsläufig werden vor allem die Risiken selbst getragen, die vorher nicht identifiziert wurden und von denen das Unternehmen keine Kenntnis hatte (Haller 1986b, S. 32). Abbildung 14 fasst die verschiedenen Möglichkeiten der Steuerung von Supply Chain Risiken noch einmal zusammen.

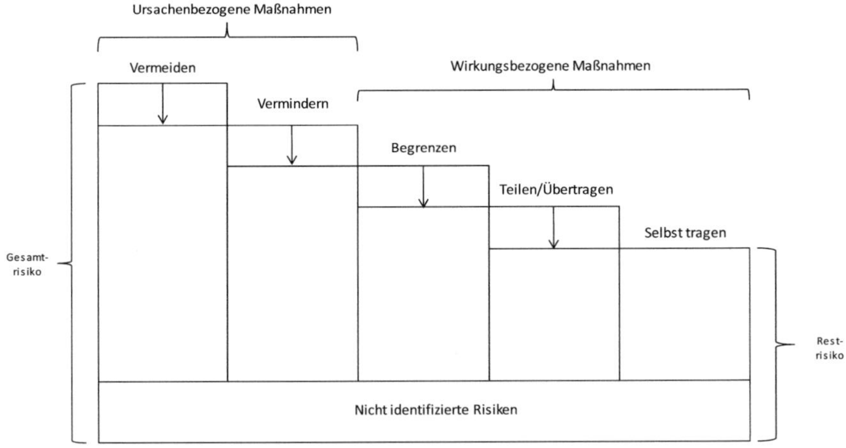

Abbildung 14: Strategien der Risikosteuerung
Quelle: in Anlehnung an Pfohl u. a. (2008a, S. 66), Haller (1986b, S. 10)

Speziell für die Supply Chain sind eine Reihe von Strategien und Maßnahmen erarbeitet worden, die auf eine „resilient supply chain" (Pettit 2008; Sheffi 2005) abzielen. **Resilienz** bezeichnet die Fähigkeit einer Supply Chain, mit unerwarteten Störungen umgehen und zu ihrer normalen Funktionsweise zurückkehren zu können (Rice & Caniato 2003a, S. 22f.). Neben der Wiederherstellung des alten Zustands verstehen Christopher & Peck (2004, S. 2) darunter auch die Möglichkeit eines Systems im Allgemeinen und einer Supply Chain im Besonderen, in einen neuen, verbesserten Zustand überzugehen und sich den veränderten Bedingungen anzupassen.[19]

Christopher & Peck (2004, S. 6ff.) definieren vier grundlegende Prinzipien sowie verschiedene Unterpunkte, um dieses Ziel zu erreichen. Beim Supply Chain (Re-)Engineering sollten bestimmte Aspekte in der Supply Chain beachtet werden. Dazu gehört z. B. die Berücksichtigung von Risiken beim Design der Supply Chain und der Beschaffungsstrategie, die nicht nur nach Kosten- und Serviceaspekten ausgerichtet sein sollte. Ein grundlegendes Verständnis der Supply Chain Abläufe ist unerlässlich. Weitere Prinzipien sind die Kooperation innerhalb der Supply Chain, eine schnelle Reaktionsfähigkeit sowie der Aufbau einer SCRM Kultur.

Auch Sheffi (2005, S. 243ff.) hebt die Bedeutung der Unternehmenskultur hervor. Der Autor und seine Kollegen am MIT definieren jedoch vor allem zwei wichtige Strategien, die ihrer Meinung nach das größte Potenzial aufweisen, um Resilienz zu erreichen: die Erhöhung der Flexibilität und der Einbau von Redundanzen (Rice & Caniato 2003a, S. 25ff.; Sheffi 2005, S. 171ff. und 181ff.; Sheffi & Rice 2005, S.44ff.). Redundanz bedeutet die Vorhaltung zusätzlicher Kapazitäten wie Produktionsanlagen oder Pufferlager, die im Falle einer Störung genutzt werden können. Die Redundanzstrategie widerspricht jedoch vielen Maßnahmen, die in den letzten Jahren und Jahrzehnten zur Optimierung der Supply Chain umgesetzt wurden, wie z. B. dem Lean Management Gedanken. Sie ist außerdem mit erheblichen Kosten verbunden (Sheffi 2005, S. 178).

Flexibilität bedeutet hingegen, bei einer Störung die bereits vorhandenen, genutzten Kapazitäten einsetzen zu können, aber in einer anderen Verwendung. Beispiele sind Mitarbeiter, die flexibel für verschiedene Aufgaben einsetzbar sind, oder Produktionsanlagen zur Fertigung unterschiedlicher Produkte. Weitere Maßnahmen, die zu einer Flexibilisierung beitragen, sind Standardisierung von Anlagen, Prozessen und Komponenten, Postponement, Mass Customization, etc.

[19] Die reine Aufrechterhaltung oder Wiederherstellung der Funktionsweise des Systems trotz möglicher Fehler wird auch als Robustheit bezeichnet (Christopher & Peck 2004, S. 2).

Der Implementierung einer geeigneten Strategie oder konkreten Maßnahme sollte daher stets eine Kosten-Nutzen-Analyse vorausgehen. Eine solche Methodik zur Evaluation und Auswahl der identifizierten möglichen Maßnahmen wurde beispielsweise von Ziegenbein entwickelt (2007, S. 117ff.).

Empirische Ergebnisse zur Umsetzung des Supply Chain Risk Managements

Insgesamt konnten nur wenige explorative empirische Beiträge identifiziert werden (zur methodischen Ausrichtung von Arbeiten zum Supply Risk Management und SCRM siehe auch Moder 2008, S. 253ff.; Rao & Goldsby 2009, S. 102ff.; Vanany u. a. 2009, S. 20f.). Die wenigen explorativen Arbeiten basieren häufig auf Fallstudien und können SCRM Aktivitäten vertieft in den einzelnen Fallsituationen untersuchen. Sie sind aber auf eine geringe Zahl von Unternehmenssituationen, Branchen etc. beschränkt. Dazu zählen z. B. die Beiträge von Norrman & Jansson (2004), Zsidisin u. a. (2004), Thom (2008) sowie Haywood & Peck (2004). Autoren weiterer empirischer Beiträge nutzen standardisierte Befragungen, in denen die Gestaltungsfelder, Verfahren und Instrumente bereits vorgegeben sind (Aberdeen Group 2006; Jüttner 2005; Pfohl u. a. 2008b; Zsidisin u. a. 2008). Dies bedingt, dass keine Begründungen für mögliche Verhaltensweisen analysiert werden können und auch bisher in der Literatur nicht bedachte Themenfelder oder Prioritäten der Unternehmen nicht untersucht werden können.

Es existieren zwar einige explorative Arbeiten auf der Basis von Interviews und/oder Fokusgruppen. Eine Reihe dieser Arbeiten beschäftigt sich mit Maßnahmen der Risikosteuerung (Johnson 2001; Manuj & Mentzer 2008b). Andere sind auf generelle Probleme des SCRM (Jüttner 2005; Jüttner u. a. 2003) oder auf die Risiken und Verwundbarkeit von Unternehmen (Peck 2005) fokussiert, die nicht im Mittelpunkt dieser Arbeit stehen. In Bezug auf die Gestaltungsfelder allgemein und speziell zu Verfahren der Risikoanalyse besteht allerdings ein großes Forschungsdefizit. Daher wird eine vertiefte empirische Auseinandersetzung mit der Thematik als notwendig angesehen (Jüttner u. a. 2003, S.208; Kajüter 2003a, S.128). Ziel ist ein besseres Verständnis für die in der Unternehmenspraxis verwendeten Verfahren.

Die bisherigen, der Literatur entnommenen empirischen Erkenntnisse legen nahe, dass ein unternehmensübergreifendes SCRM in den wenigsten Unternehmen praktiziert wird (Pfohl u. a. 2008b, S. 138). Instrumente und Maßnahmen des SCRM sind in der Unternehmenspraxis bisher wenig verbreitet. Viele Risiken werden weder bewertet noch wird ihnen aktiv gegengesteuert (Aberdeen Group 2006, S. 16ff.). Dies gilt in geringerem Maße auch für das allgemeine interne Risikomanagement; auch in diesem Bereich bestehen noch Defizite bei der Umsetzung. Am häufigsten kommen einfache, wenig formalisierte Techniken wie das Brainstorming zum Einsatz (Jüttner 2005, S. 128ff.; Pfohl u. a. 2008b, S. 121ff.). Zwar werden einzelne Instrumente zur Risikoanalyse und Maßnahmen zur Risikosteuerung eingesetzt, ein durchgängiger, strukturierter Ansatz ist jedoch kaum implementiert.

3.3.2 Organisatorische Einbettung des Supply Chain Risk Managements

Nachdem der Aufbau und die Umsetzung des SCRM Prozesses beschrieben wurden, stellt sich die Frage, wie dieser Prozess aus organisatorischer Sicht implementiert werden kann. Insbesondere geht es dabei um die Zuordnung von Verantwortlichkeiten im Unternehmen und in der Supply Chain, um ein reibungsloses Funktionieren des Risikomanagement-Prozesses sicherzustellen (Diederichs 2004, S. 203ff.; Kajüter 2003b, S. 328). Für ein internes Risikomanagement sind dabei folgende grundlegende Entscheidungen zu treffen (Burger & Buchhart 2002, S. 266ff.; Diederichs 2004, S. 205ff.):

- Zentral oder dezentral: Soll das Risikomanagement eher zentral, z. B. durch eine Stabsstelle, oder dezentral in den operativen Fachabteilungen erfolgen, und auf welchen Hierarchieebenen sollen die entsprechenden Kompetenzen angesiedelt sein?
- Integration oder Separation: Soll das Risikomanagement in die bestehende Organisationsstruktur eingebunden werden oder ist es sinnvoll, eine eigenständige Organisation aufzubauen?

Diese Fragestellungen des internen Risikomanagements gelten prinzipiell auch für das SCRM (Pfohl u. a. 2008a, S. 71ff.). Während diese Aspekte für das interne Risikomanagement bereits ausführlich in der Literatur diskutiert wurden, steht die Forschung der organisatorischen Einbettung des SCRM noch am Anfang. Hier steht vor allem der erstgenannte Aspekt für die SCRM Organisation eines einzelnen Unternehmens im Mittelpunkt der Betrachtung. Daneben ist aber auch die Frage zu klären, wie ein unternehmensübergreifendes Risikomanagement organisiert und koordiniert werden kann.

Für die Risikomanagement-Organisation gibt es einige allgemeingültige Ansätze, die konkrete Ausgestaltung sollte gemäß dem situativen Ansatz Unternehmens- und Supply Chain spezifisch erfolgen (Burger & Buchhart 2002, S. 261; Ziegenbein 2007,

S. 120). Für eine dezentrale Organisation des SCRM spricht, dass die operativ Verantwortlichen in der Regel über eine bessere Kenntnis der Risiken ihres Tätigkeitsbereichs und möglicher Gegenmaßnahmen verfügen und ein konkretes Risikobewusstsein vorliegt. Außerdem erhöht sich durch eine Delegation auf niedrigere Hierarchiestufen häufig die Motivation der beteiligten Mitarbeiter, was eine effiziente Erfüllung der Aufgaben begünstigt.

Die Vorteile einer zentralen Lösung sind eine ganzheitliche Sichtweise auf die Risikosituation, gebündeltes Methoden Know-how, das durch einen zentralen Wissenspool weitergegeben werden kann, und Spezialisierungsvorteile durch Erfahrung der jeweiligen Mitarbeiter (Fiege 2006, S. 234; Thom 2008, S. 109f.). Weitgehende Einigkeit besteht in der Literatur darüber, dass eine Kombination zwischen zentraler und dezentraler Organisation die Vorteile beider Organisationsformen und damit die im Unternehmen vorhandene Expertise am besten nutzt (Pfohl u. a. 2008a, S.73; Thom 2008, S.108; Ziegenbein 2007, S.120ff.). Unterschiede bestehen jedoch in der Ausgestaltung dieses generellen Ansatzes.

Ziegenbein (2007, S. 120ff.) schlägt vor, für jeden Prozessschritt des SCRM Workshops mit Vertretern aller beteiligten Funktionen durchzuführen und die weiteren Aufgaben jeweils dezentral in den Fachabteilungen durchzuführen. Daneben sollte es eine methodisch verantwortliche Person geben, die aus einer Funktion oder einem Projekt des Supply Chain Managements stammen sollte. Für die unternehmensübergreifende Perspektive wird prinzipiell die gleiche Vorgehensweise genutzt, allerdings nehmen an den Workshops zusätzlich auch Vertreter der weiteren beteiligten Unternehmen teil. Ziegenbein hinterfragt jedoch auch kritisch, ob ein solcher Grad an Kooperation in vielen Supply Chains derzeit und in der Zukunft realistisch sein kann.

Ähnlich kritisch sieht auch Thom (2008, S. 108ff.) diese Frage. Er zeigt anhand mehrerer Fallstudien, dass auch in der Unternehmenspraxis eine Mischung zentraler und dezentraler Elemente einer SCRM Organisation bevorzugt wird. Er wirft jedoch ein, dass bei einer Netzwerkbetrachtung die voneinander unabhängigen Unternehmen grundsätzlich nicht einheitlich gesteuert werden können und schlägt daher vor, auf der Netzwerkebene nur eine „unternehmensübergreifende Risikokommunikation im Sinne eines Visualisierungstools“ mit dem Ziel einer möglichst transparenten Informationsverteilung durchzuführen. Diese Sichtweise widerspricht jedoch dem Kooperationsgedanken des Supply Chain Managements und des SCRM und wird von anderen Autoren nicht geteilt.

So befürworten beispielsweise Kajüter (2003b, S. 328) und Kersten u. a. (2006, S. 13) im Hinblick auf die Koordination der Supply Chain Partner ein funktionsübergreifendes Risikokomitee mit Mitgliedern der beteiligten Unternehmen. Auch Pfohl u. a. (2008a, S. 38) sehen in einem zentralen Koordinator einen wesentlichen Baustein des SCRM. Sie nennen als möglichen Koordinator ein Unternehmen der Supply Chain, ein gemeinsames Komitee oder einen neutralen Dienstleister. Zudem heben sie die Bedeutung von weiteren Koordinationsmechanismen hervor, die Anreize für den Austausch von risikorelevanten Informationen setzen und gleichzeitig Supply Chain Partner von opportunistischem Verhalten – etwa bewusstes Zurückhalten oder Ausnutzen von Informationen – abhalten. Hierzu bietet vor allem die Principal-Agent-Theorie gute Ansätze (Pfohl u. a. 2008a, S. 75ff.).

Jüttner (2005, S. 136ff.) weist darauf hin, dass dieses Themengebiet bisher kaum Gegenstand der Forschung war und sieht in der Entwicklung von Führungsmodellen einen erheblichen Forschungsbedarf. Die Autorin schlägt für die Führungsrolle ein in der Supply Chain mächtiges Unternehmen oder unabhängige Dritte wie Logistikdienstleister oder spezielle Industrieagenturen vor. Ein Ergebnis der von ihr durchgeführten Fokusgruppen ist, dass auf unternehmensinterner Ebene die Geschäftsführung das Supply Chain Management eher als Möglichkeit zur Kostensenkung sieht und wenig Interesse an einem aktiven Risikomanagement zeigt (Jüttner 2005, S. 133). Eine fehlende Akzeptanz erschwert eine zentrale Koordination innerhalb des Unternehmens und auf Supply Chain Ebene erheblich.

Eine detaillierte Beschreibung der SCRM Organisation bei Ericsson liefern Norrman & Jansson (2004, S. 442ff.). Das Unternehmen arbeitet sowohl auf strategischer als auch auf operativer Ebene mit einer Matrixorganisation für das SCRM, so dass möglichst viele verschiedene Funktionen involviert sind und der Informationsaustausch sichergestellt wird. Um Verantwortlichkeiten festzulegen, wurde eine Verantwortlichkeitsmatrix erstellt. Supply Chain Partner werden sowohl durch Gespräche in das SCRM einbezogen, als auch durch vertragliche Vereinbarungen verpflichtet, eigene SCRM Aktivitäten durchzuführen.

Als Fazit ist festzuhalten, dass die organisatorische Einbettung des SCRM auf interner und Netzwerkebene in der Literatur zwar bereits diskutiert wurde, die bisherige Forschung aber eher an der Oberfläche bleibt. Detaillierte Auseinandersetzungen mit und Bewertungen von unterschiedlichen Koordinationsmodellen liegen nicht vor. Insbesondere sind auch hier empirische Erkenntnisse auf breiterer Basis wünschenswert.

3.4 Einflussfaktoren des Supply Chain Risk Managements

In der Literatur ist ein wachsendes Bewusstsein dafür zu beobachten, dass es keine Lösung für das SCRM geben kann, die für alle und Unternehmen und Supply Chains in allen Situationen gleich gut geeignet ist.[20] Auch der deutsche Gesetzgeber weist in seiner Begründung zum KonTraG darauf hin, dass die konkrete Pflicht zur Einrichtung und Ausgestaltung eines Risikomanagements und einer internen Revision von verschiedenen Faktoren abhängt; erläutert oder konkretisiert diese Faktoren jedoch nicht (Deutscher Bundestag 1998, S. 15). Im Folgenden werden daher Beiträge diskutiert, die situative Einflussfaktoren, die auf den Risikomanagement-Ansatz wirken können, schwerpunktmäßig untersucht haben.

3.4.1 Determinanten des Supply Chain Risk Managements

Beiträge zu Einflussfaktoren auf das Risikomanagement mit Bezug auf die Supply Chain existieren bisher nur sehr wenige. Daher werden auch Arbeiten mit einem Fokus auf das rein interne Risikomanagement vorgestellt. Verschiedene Autoren verwenden unterschiedliche Begrifflichkeiten für Einflussfaktoren. Aus diesem Grund werden hier die Begriffe Einflussfaktoren, situative Faktoren, Kontingenzfaktoren und Determinanten ebenfalls synonym verwendet.

3.4.1.1 Beiträge mit Supply Chain Bezug

Bisher lassen sich keine Forschungsstränge hinsichtlich der Einflussfaktoren auf das SCRM in der Literatur erkennen. Die Autoren setzen sehr unterschiedliche Schwerpunkte, so dass die Arbeiten nicht aufeinander aufbauen.

Ritchie & Brindley (2004) und Jüttner u. a. (2003) plädieren für einen Einsatz der Kontingenztheorie auf Grund von Unterschieden in der Bedeutung verschiedener Risiken bzw. von Unterschieden im Risikoverständnis. Basierend auf Ergebnissen explorativer Interviews kommen Jüttner u. a. (2003) zu dem Schluss, dass das Risikoverständnis („risk concept") einen wesentlichen Einfluss auf die Reichweite des SCRM und die Herangehensweise von Entscheidungsträgern bzgl. SCRM hat. Das Risikoverständnis ist unter anderem von der Branche und dem Supply Chain Kontext abhängig (Jüttner u. a. 2003; Pablo 1999). Jüttner u. a. (2003, S. 205) schlagen daher vor, eine Kontin-

[20] Vgl. Kapitel 2.4.

genzperspektive einzunehmen und SCRM in verschiedenen Industrien und Supply Chains weiter zu untersuchen.

Ähnlich argumentieren auch Ritchie & Brindley (2004, S. 34ff.) explizit für die Anwendung der Kontingenztheorie in Bezug auf Supply Chain Risiken. In ihrem konzeptionellen Beitrag betrachten sie vier Ebenen und nennen beispielhaft Faktoren für jede der Ebenen: 1. Kontextcharakteristika (z. B. politische, soziale und makroökonomische Aspekte, Unternehmensziele, -ressourcen und -strategien), 2. Struktur-/ Prozesscharakteristika (z. B. Stabilität der Supply Chain Mitglieder und Kommunikationskanäle in der Supply Chain), 3. Entscheidungscharakteristika (z. B. Bedeutung einer Entscheidung und ihrer Konsequenzen) und 4. Eigenschaften der Manager (z. B. Risikowahrnehmung und -bereitschaft). Auch wenn dieser Beitrag eher auf Risiken als auf das Risikomanagement abstellt, können daraus Hinweise abgeleitet werden, wie ein Unternehmen Supply Chain Risiken managen kann.

Mit situativen Faktoren, die auf das kooperative Risikomanagement einwirken, beschäftigen sich Hallikas u. a. (2005). Sie untersuchen den Einfluss der Risikohöhe, des geschaffenen Mehrwerts und des Niveaus der strategischen Abhängigkeit in Kunden-Lieferanten-Beziehungen auf die Anwendung von Risikomanagement-Aktivitäten. Ihre Ergebnisse zeigen, dass kooperatives Risikomanagement in Beziehungen, in denen eine starke gegenseitige Abhängigkeit herrscht, eine größere Rolle spielt. In Fällen mit asymmetrischer Abhängigkeit dagegen ist kooperatives Risikomanagement von geringerer Bedeutung. Ihre quantitative Untersuchung bezieht sich auf ein einzelnes Zuliefernetzwerk, um Verzerrungen durch externe Einflüsse auszuschalten. Die Autoren definieren Risikomanagement allerdings in einem weiteren Sinne als in dieser Arbeit. So werden beispielsweise das gemeinsame Streben nach Kostenreduktion oder die gemeinsame Entwicklung von neuen Produkten und Geschäftsbereichen als Indikatoren für Risikomanagement-Maßnahmen angesehen.

Auch Kajüter (2003a) beschäftigt sich mit Faktoren, die die Kooperation im Risikomanagement beeinflussen. Er argumentiert, dass der Grad der Zusammenarbeit zum wesentlichen Teil von der Beziehung zwischen den Supply Chain Partnern abhängt und unterschiedlich hohe Anforderungen an den Informationsaustausch, gemeinsame Ziele und Planungsprozesse, Vertrauen etc. stellt. In einem weiteren Beitrag identifiziert Kajüter (2007) drei Ebenen von Einflussgrößen und nennt beispielhaft Faktoren dieser drei Ebenen, ohne jedoch Anspruch auf eine vollständige Liste zu erheben: unternehmensinterne (Bsp.: Größe des Unternehmens), netzwerkspezifische

(Bsp.: Vertrauen und Netzwerkkoordination) sowie externe (Bsp.: Umweltdynamik) Faktoren (Kajüter 2007).

Guinipero & Eltantawy (2004) untersuchen in ihrem Beitrag hingegen situative Faktoren, die das Niveau der Investitionen in Risikomanagement-Systeme bestimmen sollten. Sie schlagen vor, dass der Grad der Produkttechnologie, das Sicherheitsbedürfnis, die Bedeutung des Zulieferers für das Unternehmen und die Erfahrung des Käufers einen Einfluss auf die Notwendigkeit des Risikomanagements haben.

Zwei Beiträge beschäftigen sich mit Einflussfaktoren auf einen bestimmten Prozessschritt des SCRM: Manuj & Mentzer (2008b) und Trippner (2006). Manuj & Mentzer (2008b) verwenden einen Grounded Theory Ansatz, um Risikomanagement-Strategien in globalen Supply Chains zu untersuchen; sie konzentrieren sich also auf die Risikosteuerung. Ihrer Vorgehensweise liegt die Annahme zu Grunde, dass bereits ein Handlungsbedarf identifiziert wurde und eine passende Maßnahme der Risikosteuerung auszuwählen ist. Sie nutzen Interviews und eine Fokusgruppe als Datenquelle und konzentrieren sich im Risikomanagement-Prozess auf die Phase der Risikosteuerung. Der zeitliche Fokus, Supply Chain Flexibilität und die Supply Chain Umwelt werden als Hauptfaktoren identifiziert, die Zusammensetzung des Teams, die Supply Chain Komplexität und interorganisationales Lernen als moderierende Variable für die Auswahl einer Risikosteuerungs-Strategie bzw. das Ergebnis des Risikomanagements identifiziert.

Trippner (2006) entwickelt eine Vorgehensweise zur situationsadäquaten Auswahl eines Instruments zur Risikobewertung. Er untersucht dafür zunächst Typen versorgungslogistischer Entscheidungen. Trippner definiert dafür insgesamt 26 Situationsmerkmale, die fünf Kategorien zugeordnet werden: Umwelt, System, Subjekt, Entscheidungslogik und Informationsstruktur. Die 26 Faktoren werden anschließend mit Hilfe einer Faktorenanalyse auf zwei relevante Faktoren verdichtet: „Informations- und organisationsbezogene Prozessqualität“ sowie „Gewichtigkeit der Entscheidung“. Auf Basis der Merkmale legt Trippner Situationstypen fest und ermittelt empirisch die jeweils adäquaten Bewertungsinstrumente. Für die entwickelte Vorgehensweise wird ebenfalls unterstellt, dass bereits ein Bedarf für das Risikomanagement in versorgungslogistischen Systemen vorliegt, und Risiken bereits identifiziert wurden, für die dann das passende Instrument zur Bewertung auszuwählen ist.

Einen anderen Schwerpunkt setzen Micheli u. a. (2008), die sich mit dem Zusammenhang zwischen Lieferantenauswahl und Lieferantenrisikomanagement beschäftigen.

Auf Basis von Fallstudien stellen sie fest, dass drei Faktoren dazu führen, dass ein Unternehmen eher in ein Lieferantenrisikomanagement investiert: die Projektorientierung im Supply Chain Management, das Eingehen langfristiger Partnerschaften sowie die Standardisierung im Unternehmen. Wenn die Notwendigkeit einer gemeinsamen Produktentwicklung besteht, investieren Unternehmen hingegen mehr in die Lieferantenauswahl und weniger in das Lieferantenrisikomanagement.

3.4.1.2 Beiträge ohne Supply Chain Bezug

Neben Beiträgen zum Supply Chain Risk Management können auch Beiträge des allgemeinen Risikomanagements Hinweise auf mögliche Einflussfaktoren liefern. Auch hier werden sehr unterschiedliche Schwerpunkte gesetzt, so dass ein Vergleich der Aussagen über bestimmende Einflussfaktoren nur sehr begrenzt möglich ist.

Liebenberg & Hoyt (2003) untersuchen in ihrer quantitativen Studie von US Unternehmen den Einfluss verschiedener Determinanten auf die Einrichtung eines unternehmensweiten Enterprise Risk Managements (ERM). Als Indikator für den Einsatz eines ERM nutzen sie vereinfacht die Bestellung einer Person zum Chief Risk Officer (oder einer anderen Position des oberen Managements, soweit diese für die Einführung eines ERMs verantwortlich ist). Einen signifikanten positiven Einfluss haben nach dieser Studie der Fremdkapitalanteil eines Unternehmens sowie – als Kontrollvariable – die Unternehmensgröße. Die weiteren untersuchten Determinanten, die Volatilität der Gewinne und des Aktienkurses, Wachstumschancen, der Anteil institutioneller Anleger sowie die Existenz von Tochtergesellschaften in den stärker regulierten Ländern Kanada oder Großbritannien wiesen hingegen keinen statistisch signifikanten Einfluss auf.

Ebenfalls mit ERM beschäftigen sich Gordon u. a. (2009). Sie untersuchen mittels einer quantitativen Studie in den USA, ob eine Anpassung („match") von ERM und verschiedenen Kontingenzvariablen auf die Beziehung zwischen dem Grad des ERMs und der Unternehmensperformance wirkt. Alle fünf analysierten Variablen haben demnach einen signifikanten Einfluss auf diese Beziehung: Umweltunsicherheit, Wettbewerb innerhalb der Branchen, Unternehmensgröße, Unternehmenskomplexität sowie Kontrolle durch den Vorstand.

Bergener (2006) hingegen stellt auf die Ausgestaltung des leistungswirtschaftlichen Risikocontrollings ab. Ähnlich der Arbeit von Trippner (2006) identifiziert Bergener auf Basis der Literatur 24 Einflussfaktoren auf das Risikocontrolling, die er anschließend auf Basis einer Faktorenanalyse auf drei wesentliche Faktoren reduziert und zur Bildung von Risikocontrolling-Typen nutzt. Die 24 Faktoren lassen sich in drei Kategorien einteilen: kontingenzbezogene Faktoren, dynamikbezogene Faktoren sowie komplexitätsbezogene Faktoren. Die in der Faktorenanalyse ermittelten wesentlichen Faktoren sind die Unternehmensgröße, der Technologieeinsatz sowie Unsicherheiten/Risiken.

Wie Trippner (2006) konzentriert sich Lichtenstein (1996) auf den Prozessschritt der Risikobewertung. Basierend auf Plausibilitätsüberlegungen und einem Literaturüberblick analysiert er 17 Faktoren für die Auswahl von Methoden für die Bewertung von IT-Risiken. In zwei Fallstudien wird die Bedeutung dieser Faktoren durch Manager bewertet. Die Mehrheit der Faktoren bezieht sich auf die Methoden selbst, wie z. B. Glaubwürdigkeit oder Kosten einer Methode. Davon unabhängige Einflussfaktoren sind externe Einflüsse (z. B. Genehmigungspflichten durch Behörden), Organisationsstruktur, Risikohöhe, Größe des Unternehmens und Sicherheitsphilosophie.

Baird & Thomas (1985) setzen einen anderen Schwerpunkt, in dem sie auf die Risikobereitschaft von Unternehmen fokussieren. Sie entwickeln auf Basis der Literatur ein Kontingenzmodell für die Bereitschaft, bei strategischen Entscheidungen Risiken einzugehen („Strategic Risk Taking"). Dieser Beitrag bezieht sich somit nur auf strategische Risiken und nicht direkt auf das Risikomanagement, sondern auf eine einzelne Entscheidung innerhalb des Risikomanagement-Prozesses: Welches Risiko ist ein Unternehmen bereit, zu tragen? Dennoch hängt diese Entscheidung auch mit weiteren Aktivitäten, beispielsweise der Risikoanalyse, zusammen (Baird & Thomas 1985, S. 240). Diese Bereitschaft hängt demnach von zahlreichen Faktoren auf fünf Ebenen ab: allgemeines Umfeld, Branche, Organisation, Entscheidungsträger und Entscheidungsproblem.

Fiege (2006, S. 266f.) sowie Horváth & Gleich (2000, S. 107f.) stellen anhand einer Literaturanalyse weitere Faktoren zusammen, die die Ausprägung des Risikomanagements beeinflussen: Umweltdynamik und -komplexität, Organisationsstruktur, Unternehmensdiversifikation, Unternehmensgröße, Unternehmensalter, Fertigungstechnologie, Branche, Machtverhältnisse/persönliche Widerstände und Entwicklungsstand des Controllingsystems.

3.4.2 Vergleichende Würdigung der Beiträge

Die Analyse der Literatur zu möglichen Determinanten des SCRM zeigt, dass mehrere Autoren dem situativen Ansatz eine große Bedeutung zumessen und erste Forschungsbemühungen bezüglich dieser Faktoren unternommen wurden. Das Ergebnis ist ein weites Spektrum an Einflussfaktoren. Zudem wird deutlich, dass die Beiträge sehr unterschiedliche Schwerpunkte setzen. Im Folgenden werden sie daher noch einmal vergleichend im Hinblick darauf analysiert, inwieweit sie Antworten auf die zweite Forschungsfrage dieser Arbeit geben können.

Die Forschungsfrage zielt darauf ab, welche Faktoren das SCRM in der Unternehmenspraxis beeinflussen. Dazu ist es notwendig, die Perspektive der Manager in den Unternehmen und Supply Chains einzubeziehen. Um dies zu gewährleisten, sollten die Faktoren **empirisch abgeleitet** sein. Da in dieser Arbeit die Einflussfaktoren auf das unternehmensübergreifende Risikomanagement untersucht werden sollen, ist es außerdem wünschenswert, dass die Beiträge explizit einen **Bezug zum Supply Chain Management** oder zumindest einem Teilgebiet, z. B. der Versorgungslogistik aufweisen. Die Beiträge sollten zudem einen **Fokus auf das Risikomanagement** und weniger auf die Risiken selbst setzen. Zwar können Einflussfaktoren, die auf die Risikosituation wirken, auch das SCRM beeinflussen, es ist jedoch davon auszugehen, dass das SCRM durch weitere Determinanten beeinflusst wird, die mit den Risiken selbst nicht unmittelbar zu tun haben. Ein Beispiel hierfür könnten etwa gesetzliche Regelungen zum Risikomanagement sein.

Des Weiteren zielt die Forschungsfrage auf allgemeine SCRM Ansätze ab. Daher sollten in den Beiträgen nicht nur einzelne Schritte des SCRM Prozesses betrachtet werden, sondern das **SCRM ganzheitlich betrachtet** werden. Außerdem ist es das Ziel, sämtliche Einflussfaktoren ggf. aus unterschiedlichen Bereichen zu identifizieren. Daher ist es wünschenswert, dass verschiedene Faktoren möglichst **vollständig erfasst** werden und Beziehungen zwischen diesen hergestellt werden. Tabelle 7 fasst die genannten Kriterien zusammen und zeigt den Erfüllungsgrad der Kriterien durch die bisher existierende Literatur.

Die Analyse zeigt, dass die vorliegenden Beiträge zu Einflussfaktoren des SCRM eine Reihe von Defiziten aufweisen. Das größte Defizit ergibt sich dadurch, dass viele Beträge theoretisch-konzeptioneller Natur sind und die Einflussfaktoren aus der Literatur auf Basis von Plausibilitätsüberlegungen abgeleitet werden. Zum Teil werden die Faktoren im Anschluss daran empirisch validiert. Die Arbeiten sind häufig eher präskriptiver Natur und stellen die Frage in den Mittelpunkt, welche Faktoren die Ausgestaltung des Risikomanagements beeinflussen sollten, und weniger die Frage, welche Faktoren tatsächlich aus Unternehmenssicht Einfluss haben. Ausnahmen bilden die Beiträge von Jüttner u. a. (2003) sowie Manuj & Mentzer (2008b), welche ihre Erkenntnisse aus Experteninterviews gewinnen.

Autor	Induktiv aus empirischen Daten abgeleitet	Supply Chain Bezug	Risikomanagement als Fokus	Ganzheitliche Betrachtung	Erfassung mehrerer Faktoren u. Beziehungen
Baird & Thomas 1985	○	○	○	◑	●
Bergener 2006	○	○	●	●	◑
Fiege 2006/ Horváth & Gleich 2000	○	○	●	●	◑
Gordon u. a. 2009	○	○	●	●	◑
Guinipero & Eltantawy 2004	○	●	●	●	●
Hallikas u. a. 2005	○	◑	●	●	◑
Jüttner u. a. 2003	●	●	◑	●	○
Kajüter 2003a	○	●	●	●	○
Kajüter 2007	○	●	●	●	◑
Lichtenstein 2006	○	○	◑	○	◑
Liebenberg & Hoyt 2003	○	○	●	●	◑
Manuj & Mentzer 2008b	●	●	●	○	●
Micheli u. a. 2008	●	●	●	○	●
Ritchie & Brindley 2004	○	●	○	●	●
Trippner 2006	○	◑	◑	○	◑

Legende: ● Kriterium voll erfüllt, ◑ Kriterium teilweise erfüllt, ○ Kriterium nicht erfüllt

Tabelle 7: Analyse von Beiträgen zu Einflussfaktoren des Risikomanagements und SCRM

Eine umfassende Supply Chain Perspektive ist bei einem Teil der Beiträge gegeben, drei Arbeiten befassen sich nur mit der Versorgungsseite der Supply Chain. Ob die

Faktoren dennoch auch auf den Supply Chain Kontext übertragbar sind, kann an dieser Stelle nicht beantwortet werden, sondern wird nach der Datenanalyse wieder aufgegriffen. Einen Risikomanagement-Fokus weisen fast alle Beiträge auf. Lediglich die Arbeit von Ritchie & Brindley (2004) befasst sich schwerpunktmäßig mit Einflussfaktoren auf das Supply Chain Risiko und nur nachrangig mit dem SCRM. Die Arbeit von Baird & Thomas (1985) bezieht sich auf die Risikobereitschaft.

Bezüglich der ganzheitlichen Betrachtung ist festzustellen, dass sich mit wenigen Ausnahmen alle Beiträge auf das Risikomanagement bzw. das SCRM allgemein beziehen und nicht auf einzelne Stufen des Risikomanagement-Prozesses. Die drei übrigen Beiträge beschäftigen sich mit Einflussfaktoren auf die Auswahl einer Risikobewertungsmethode (Lichtenstein 2006; Trippner 2006) bzw. der Auswahl einer Risikomanagement-Strategie (Manuj & Mentzer 2008b). Die Faktoren sind daher sehr speziell auf den jeweiligen Prozessschritt ausgerichtet und nur bedingt auf den SCRM Ansatz als Ganzes übertragbar.

Schließlich konzentriert sich eine Reihe von Autoren auf nur einen oder wenige Einflussfaktoren. Andere Beiträge listen zwar verschiedene Faktoren auf, ohne jedoch auf die Zusammenhänge zwischen diesen einzugehen oder zu erläutern, auf welche Weise die Faktoren das SCRM beeinflussen.

Zusammenfassend ist festzustellen, dass kein Beitrag existiert, der eine ganzheitliche Perspektive einnimmt, um die Einflussfaktoren auf das SCRM innerhalb und außerhalb eines Unternehmens auf empirischer und explorativer Basis zu untersuchen und in der Unternehmenspraxis zu analysieren, wie diese Faktoren die Art und Weise beeinflussen und wie Entscheidungsträger mit Supply Chain Risiken umgehen. Dennoch bieten die Beiträge einige Hinweise für die Beantwortung der Forschungsfrage und eignen sich daher, für einen späteren Vergleich mit den Ergebnissen der Grounded Theory Studie herangezogen zu werden.

3.5 Ableitung der Forschungslücke

Die Literaturanalyse hat gezeigt, dass der Fokus existierender Forschungsarbeiten zum Risikomanagement mit Bezug zur Supply Chain deutlich auf der Fragestellung liegt, wie einzelne Unternehmen mit den Risiken in ihrer Supply Chain umgehen können. Dagegen wurden bisher wenige Forschungsanstrengungen unternommen, um zu untersuchen, wie ein gemeinsamer, kooperativer und koordinierter Risikomanagement-Ansatz zwischen Supply Chain Partnern aussehen könnte. Dies wird auch durch frühere Forschungsreviews bestätigt (Vanany u. a. 2009). Zudem sind die meisten Ansätze theoretisch-präskriptiv ausgerichtet, d. h., es werden Prozesse oder Verfahren zur Ausgestaltung des SCRM entwickelt. Nur wenige Arbeiten untersuchen hingegen explorativ, wie SCRM in der Unternehmenspraxis tatsächlich funktioniert.

Einflussfaktoren auf das Risikomanagement waren bisher noch seltener Forschungsgegenstand als Gestaltungsfelder des Risikomanagements. Dies gilt vor allem in Bezug auf die Supply Chain, so dass hier ergänzend Arbeiten herangezogen wurden, die sich auf das rein interne Risikomanagement beziehen.

Diese Erkenntnisse werden in Abbildung 15 noch einmal zusammengefasst. Dabei wird zum einen die Ausrichtung der bisherigen Forschungsarbeiten herangezogen, wobei zwischen empirisch-explorativen und theoretisch-präskriptiven Arbeiten unterschieden wird. Zum anderen werden in Anlehnung an Kajüter die Ansätze des Risikomanagements nach Risikomanagement unterteilt in Risikomanagement in der Beschaffung, Risikoanalyse in der Supply Chain sowie Supply Chain Risk Management.[21] Forschungslücken existieren vor allem bei induktiv-empirischen Arbeiten, die einen hohen Grad der Kooperation im Risikomanagement voraussetzen. Ziel dieser Arbeit ist es daher, zur Schließung dieser Forschungslücke beizutragen.

		Ansatz		
		Risikomanagement in der Beschaffung	Risikoanalyse in der Supply Chain	Supply Chain Risk Management
Ausrichtung	Theoretisch-Präskriptiv	• Bisheriger Forschungsschwerpunkt	• Erste Ansätze liegen vor • Weitere Forschung erforderlich	• Erste Ansätze liegen vor • Weitere Forschung erforderlich
	Empirisch-Explorativ	• Verschiedene Ansätze liegen vor • Weitere Forschung erforderlich	• Weitgehendes Forschungsdefizit	• Weitgehendes Forschungsdefizit **Forschungsziel dieser Arbeit**

Abbildung 15: Stand der Literatur zu Gestaltungsfeldern und Determinanten des SCRM

Da, wie bereits dargelegt, die Phase der Risikosteuerung bereits in höherem Maße empirisch erforscht wurde als andere Bereiche des SCRM, wird der Fokus eher auf den ersten Stufen des SCRM Prozesses und der generellen Umsetzung liegen.

[21] Vgl. Kapitel 2.3.2.1.

Ein weiteres Defizit ist in Bezug auf länderübergreifende empirische Arbeiten festzustellen. Obwohl die Internationalisierung von Wertschöpfungsketten einen wichtigen Treiber für eine veränderte Risikoexposition darstellt, haben bisher nur sehr wenige Arbeiten eine internationale Ausrichtung und untersuchen SCRM in verschiedenen Ländern (z. B. Zsidisin u. a. 2008). Auch an diesem Defizit setzt die vorliegende Arbeit an.

4 Forschungsmethodik

Als Forschungsmethodik für diese Arbeit wurde ein Grounded Theory Ansatz gewählt. Dieses Kapitel dient dazu, die Forschungsmethodik vorzustellen. Dazu wird zunächst ein Überblick gegeben und begründet, warum die Grounded Theory geeignet ist, um das Forschungsziel zu erreichen. Daran schließt sich eine Erläuterung der Grundlagen der Grounded Theory an. Darauf aufbauend wird dargelegt, wie die Vorgehensweisen der Grounded Theory auf die vorliegende Problemstellung angewandt wurden und Daten erhoben und ausgewertet wurden. Das Kapitel schließt mit einer Diskussion von Kriterien zur Forschungsvalidität.

4.1 Überblick und Begründung für die gewählte Forschungsmethodik

Forschungsmethoden sind Werkzeuge, um ein Ziel zu erreichen (Frankel u. a. 2005, S. 204). Die Forschungsmethode sollte daher stets am Forschungsziel ausgerichtet werden (Corbin & Strauss 2008, S. 12). Wenn ein tiefer gehendes Verständnis eines Phänomens das Ziel ist, eignen sich qualitative Methoden. Sie ermöglichen es, das „wie" und „warum" eines Forschungsgegenstands zu untersuchen (Ellram 1996, S. 97). Ähnlich hebt Mintzberg (1979, S. 587) hervor, dass die Erklärung von Beziehungen aller Art nur durch „weiche", reichhaltige Daten auf Basis von Anekdoten zu erreichen ist. Das Forschungsziel dieser Arbeit ist es, zu verstehen, wie Ansätze des SCRM in verschiedenen Kontexten ausgestaltet sind. Daher wurde eine qualitative Forschungsmethode gewählt. Eine qualitative Forschungsmethodik ist im Allgemeinen durch folgende Merkmale gekennzeichnet (Lamnek 2005, S. 3ff. und 20ff.; Miles & Huberman 1994, S. 6ff.):

- Ziel ist die Exploration und Generierung von Hypothesen, nicht deren Überprüfung,
- Kontakt mit „real-life"-Situationen mit dem Ziel eines ganzheitlichen Verständnisses des Kontexts und der Beweggründe der handelnden Personen,
- Wenig standardisiertes Forschungsinstrumentarium,
- Eine eher kleine Stichprobengröße,
- Die Stichprobenwahl erfolgt bewusst nach festgelegten Prinzipien, nicht nach dem Zufallsprinzip,
- Überwiegend verbale Analysen; keine Verwendung rein quantitativer Variablen oder statistischer Auswertungen,
- Offenheit und Flexibilität des Forschers.

Das konkrete Forschungsziel liegt in der Beschreibung und Systematisierung verschiedener SCRM Ansätze und ihrer Einflussfaktoren und damit im Aufdecken von Gesetzmäßigkeiten sowie der Identifikation und Kategorisierung von Elementen und der Erforschung ihrer Beziehungen zueinander. Für diese Fragestellung eignet sich die Grounded Theory (Tesch 1990, S. 63).

Die von Glaser und Strauss (1967) entwickelte Grounded Theory ist eine qualitative Forschungsmethodik. Sie wurde von Glaser (1992, S. 16) beschrieben als „a general methodology of analysis linked with data collection that uses a systematically applied set of methods to generate an inductive theory about a substantive area". Sie unterscheidet sich von anderen qualitativen Forschungsmethoden insofern, als ihr Fokus auf der Generierung einer Theorie auf Basis empirischer Daten liegt (Creswell 1997, S. 64ff.; Mello & Flint 2009, S. 108f.). Im Besonderen sprechen drei weitere Gründe für den Einsatz der Grounded Theory als Forschungsansatz für die vorliegende Arbeit:

Erstens ist Grounded Theory geeignet, wenn wenig theoretisches Wissen über ein Thema vorhanden ist (Fendt & Sachs 2008, S. 431; Mello & Flint 2009, S. 114). Supply Chain Risk Management ist noch immer ein relativ neues Forschungsthema (Vanany u. a. 2009, S. 27). Der Literaturüberblick in Kapitel 3 hat gezeigt, dass verschiedene Forschungsdefizite bestehen und bisher nur wenig theoretische Erkenntnisse generiert wurden, so dass bisher keine ganzheitliche Theorie entwickelt wurde. Auch andere Autoren bestätigen dies und empfehlen Grounded Theory als geeignete Forschungsmethode für das SCRM (Manuj & Mentzer 2008b, S. 194).

Zweitens ist Grounded Theory geeignet, wenn es um das Verständnis komplexer sozialer Phänomene geht, die für die involvierten Personen problematisch sind (Mello & Flint 2009, S. 114; Fendt & Sachs 2008, S. 431). Die Komplexität eines realen Forschungsgegenstands sollte sich auch in der Forschung widerspiegeln (Corbin & Strauss 2008, S. 8). SCRM wird in der Literatur durchgehend als komplexes Phänomen betrachtet (Kajüter 2003a, S. 111) und die Eignung des Grounded Theory Ansatzes als Forschungsmethode betont (Manuj & Mentzer 2008b, S. 194). Zudem ist SCRM für Unternehmen problematisch, da Risiken eine Abweichung von den gesteckten Zielen bedeuten können (vgl. Kapitel 2.3.1). Die Erforschung der Bedingungen und Elemente verschiedener Typen kooperativer Beziehungen sowie des Einflusses der Unternehmenskultur auf interorganisationale Beziehungen sind weitere Beispiele für die Fragestellungen im Logistik/Supply Chain Management Bereich, für die sich ein Grounded Theory Ansatz als Forschungsmethode eignet (Mello & Flint 2009, S. 114). Beide

Aspekte können im Hinblick auf die Forschungsfragen dieser Arbeit eine wichtige Rolle spielen.

Drittens wird Grounded Theory empfohlen, um Prozesse und deren Rahmenbedingungen zu untersuchen (Corbin & Strauss 2008, S. 8). „Prozess“ hat im Rahmen der Grounded Theory zwei Bedeutungen (Corbin & Strauss 1990, S. 10). Zum einen kann ein Phänomen in Prozessstufen oder -phasen eingeteilt werden. Der Prozess des SCRM sowie die einzelnen Prozessschritte wurden bereits erläutert. Zum anderen bezieht sich Prozess auch auf Aktionen und Interaktionen der handelnden Personen. Übertragen auf das SCRM werden Entscheidungsträger immer auf Basis ihrer Erfahrungen handeln, so dass sich die Aktionen, Methoden und Werkzeuge an den jeweiligen Kontext und die Ergebnisse des vorigen Prozessdurchlaufs anpassen.

4.2 Grundlagen der Grounded Theory

4.2.1 Entstehung und Entwicklung der Grounded Theory

Den Grundstein für die Grounded Theory legten Glaser und Strauss in ihrem 1967 erschienenen Buch „The Discovery of Grounded Theory“ (Glaser & Strauss 1967). Die Grundidee ist es, dass Theorien aus empirischen qualitativen Daten gewonnen werden und nicht aus vorher festgelegten Annahmen oder Kategorien entstehen sollten. Es handelt sich somit um einen induktiven Ansatz. Eine Theorie ist zu verstehen als „set of well-developed concepts related through statements of relationship, which together constitute an integrated framework that can be used to explain or predict phenomena” (Strauss & Corbin 1998, S. 15).

Wie Glaser und Strauss (1967) in ihrem Vorwort schreiben, verfolgten sie mit ihrem Werk auch das Ziel, den qualitativen Forschungsstil gegenüber der damals vorherrschenden quantitativen Forschung mit ihren Theorie-verifizierenden Verfahren zu legitimieren und damit eine Lücke zwischen Theorie und empirischer Forschung zu schließen. Bis heute wurden die Verfahren der Grounded Theory weiterentwickelt, detailliert und verfeinert, sowohl von den Autoren selbst (z. B. Glaser 1992; Glaser 1978; Strauss 1987; Strauss & Corbin 1990 und spätere Ausgaben desselben Beitrags) als auch von anderen Autoren (z. B. Charmaz 2006; Goulding 2002).

Anhand der Generalisierbarkeit ist zwischen substantiver und formaler Theorie zu unterscheiden. Substantive Theorien beziehen sich auf einen bestimmten Kontext/ein bestimmtes Sachgebiet (z. B. Status von Managern in Organisationen), während eine formale Theorie auf höherer Ebene für ein breites Forschungsfeld entwickelt wird (z. B. Status verschiedener Personen in ihrem jeweiligen Umfeld: Status von Managern in ihrer Organisation, Status von Politikern in ihrem Land und Status von Personen in der Familie, etc.) (Glaser & Strauss 1967, S. 32ff.; Mello & Flint 2009, S. 111f.; Strauss & Corbin 1990, S. 174f.). Da in der vorliegenden Arbeit der SCRM Ansatz zwar in verschiedenen Branchen, aber nur in Industrieunternehmen und damit in einem eingeschränkten Kontext untersucht wird, handelt es sich eher um eine substantive Theorie.

4.2.2 Elemente der Grounded Theory

Fendt & Sachs (2008, S. 431) fassen die Grundidee des Grounded Theory Ansatzes prägnant zusammen als „constantly comparing, fractioning, coding, and analyzing observational and interview data until saturation is reached". Als konstituierende Merkmale der Grounded Theory nannte Strauss selbst in einem Interview die Art der Datenanalyse (Theoretisches Kodieren), die Art der Datenerhebung (Theoretisches Sampling) sowie das ständige Vergleichen (Legewie & Schwervier-Legewie 2004, Abs. 59). Die wichtigsten Elemente der Grounded Theory werden im Folgenden kurz erläutert. Eine genauere Beschreibung der Nutzung dieser Elemente wird in den Abschnitten 4.3 und 4.4 vorgenommen.

Eines der Hauptmerkmale der Grounded Theory ist das sogenannte **Theoretische Sampling**. Dies bezeichnet die Auswahl der Datenquellen anhand theoretischer Überlegungen und nicht anhand des Kriteriums der Repräsentativität. Häufig werden in der Grounded Theory Interviews als Hauptdatenquelle genutzt. Ziel des Samplings ist es, Daten zu erheben, welche die Vervollständigung und Detaillierung der Theorie unterstützen (Corbin & Strauss 1990, S.143ff.; Glaser & Strauss 1967, S. 45 ff.). Tabelle 8 zeigt die Hauptunterschiede zwischen einem theoretischen und einem statistischen Sampling.

Theoretisches Sampling	Statistisches Sampling
Umfang der Grundgesamtheit ist vorab unbekannt	Umfang der Grundgesamtheit ist bekannt
Merkmale der Grundgesamtheit sind nicht vorab bekannt	Merkmalsverteilung in der Grundgesamtheit ist abschätzbar

Theoretisches Sampling	Statistisches Sampling
Mehrmalige Ziehung von Stichprobenelementen nach jeweils neu festzulegenden Kriterien	Einmalige Ziehung einer Stichprobe nach einem vorab festgelegten Plan
Stichprobengröße vorab nicht definiert	Stichprobengröße vorab definiert
Sampling beendet, wenn theoretische Sättigung erreicht ist	Sampling beendet, wenn die gesamte Stichprobe untersucht ist

Tabelle 8: Vergleich des theoretischen mit dem statistischen Sampling
Quelle: Wiedemann (1995, S. 441)

Wesentliches Charakteristikum der Grounded Theory ist, dass **Datenerhebung und -analyse miteinander verknüpft** sind, d. h., die Auswertung des Datenmaterials beginnt bereits mit den ersten Interviews. Die Datenerhebung wird abgeschlossen, wenn eine **theoretische Sättigung** erreicht wird. Als theoretische Sättigung wird der Punkt bezeichnet, an dem keine wesentlichen neuen Informationen aus zusätzlich gesammelten und analysierten Daten mehr gewonnen werden (Corbin & Strauss 2008, S.148ff.; Charmaz 2006, S.113ff.).

Charakteristisch für die Grounded Theory ist das **Theoretische Kodieren** als zentrales Element der Datenauswertung (Legewie & Schwervier-Legewie 2004, Abs. 59). Kodieren bezeichnet einen systematischen Prozess der Datenanalyse, indem Daten in Konzepte aufgespalten, diese zu Kategorien entwickelt und mit anderen Konzepten in Verbindung gebracht werden. Konzepte sind Begriffe, die für in den Daten enthaltene Ideen stehen. Strauss und Corbin entwickelten dafür einen Kodierprozess aus drei Stufen: offenes, axiales und selektives Kodieren.

Während des **offenen Kodierens** (Abbildung 16) werden die Daten, z. B. Interviewtranskripte, in einzelne Fragmente zerlegt, in dem sie Zeile für Zeile durchgearbeitet und jeder neuen Idee ein „Lable", ein Konzept, zugeordnet wird. Die Bezeichnung für die Konzepte kann entweder aus den Daten selbst kommen (in-vivo Codes) oder aber aus theoretischen Überlegungen (theoretische Codes).

Inhaltlich ähnliche Konzepte werden anschließend zusammengefasst und gruppiert, so dass Kategorien entstehen. Kategorien werden weiter ausgearbeitet, in dem sie anhand ihrer Eigenschaften und Dimensionen entwickelt werden (Strauss & Corbin 1990, S. 61ff.). Eigenschaften sind Attribute oder Merkmale, um eine Kategorie – z. B. ein Objekt, ein Ereignis, oder eine Handlung – genauer zu definieren. Die Dimension ist die Spanne der möglichen Ausprägungen, die ein Merkmal haben kann (Corbin & Strauss 2008, S. 45f.; Mello & Flint 2009, S. 111f.).

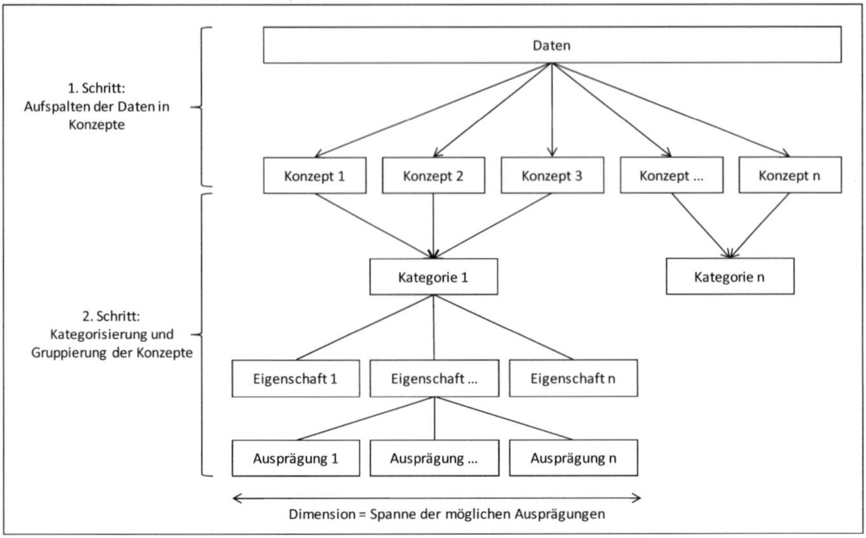

Abbildung 16: Prozess des offenen Kodierens
Quelle: in Anlehnung an Wolff (2005, S. 55)

Der nächste Schritt ist das **axiale Kodieren** (Strauss & Corbin 1990, S. 96ff.). Hierbei werden die Kategorien zueinander neu in Beziehung gesetzt und Kategorien und Subkategorien verfeinert. Die Beziehungen werden anhand der neu erhobenen Daten ständig überprüft. Zur Unterstützung entwickelten Strauss und Corbin ein **Kodierparadigma**, das ein systematisches Kategorisieren und in-Beziehung-Setzen ermöglicht, in dem die Fragen „warum, wo, wie, was und wann geschieht etwas" gestellt und beantwortet werden (Corbin & Strauss 2008, S. 88ff.; Strauss & Corbin 1990, S. 99ff.). Abbildung 17 zeigt die Elemente des Kodierparadigmas in einer vereinfachten linearen Form.

Abbildung 17: Kodierparadigma nach Strauss und Corbin
Quelle: in Anlehnung an Strauss & Corbin (1990, S. 99)

Die zentrale Idee oder das zentrale Ereignis, auf das sich das Handeln der Akteure bezieht, wird als Phänomen (Phenomenon) bezeichnet. Dieses wird durch kausale Bedingungen, d. h. Ereignisse oder Entwicklungen verursacht (Causal Conditions oder auch Antecedent Conditions genannt). Das Phänomen ist in einen bestimmten Kontext (Context) eingebettet. Mit dem Kontext sind hier die spezifischen Eigenschaften des Phänomens gemeint. Das Handeln wird durch einschränkende oder fördernde Bedingungen (Intervening Conditions) beeinflusst, die sich nicht auf das Phänomen direkt, sondern auf dessen Umwelt beziehen. Sie werden in dieser Arbeit daher als Rahmenbedingungen bezeichnet. Das Handeln der Akteure besteht aus Aktionen und Interaktionen (Action/Interaction Strategies), die zu Konsequenzen (Consequences) führen (Strauss & Corbin 1990, S. 100 ff.).

Glaser kritisierte dieses Kodierparadigma, da diese a priori festgelegten theoretischen Kategorien den Daten aufgezwungen würden, anstatt Beziehungen zwischen den Kategorien aus den Daten selbst entstehen zu lassen (Kelle 2007, S. 45).[22] Mello & Flint (2009, S. 117) weisen jedoch darauf hin, dass Strauss das Kodierparadigma vor allem als Hilfsmittel zur Unterstützung der Analyse verstand. Aus seiner Erfahrung heraus passen alle theoretisch relevanten Codes in eine der Kategorien des Paradigmas, die Kategorien müssen durch die Daten jedoch immer bestätigt werden.

Glaser entwickelte stattdessen 18 sich gegenseitig ergänzende **Kodierfamilien** (Glaser 1978, S.72ff.; Mello & Flint 2009, S. 117f.). Er fügte hierfür in Zusammenhang stehende Begriffe aus verschiedenen theoretischen Kontexten lose zu Familien zusammen (Kelle 2007, S. 40 ff.). Die wichtigste ist die sogenannte C-Familie, die Glaser (1978, S. 74) als „Bread & Butter" der Kodierfamilien bezeichnet und die dem Kodierparadigma von Strauss und Corbin ähnelt: Causes, Context, Contingencies, Consequences, Covariances and Conditions. Kelle (2007, S. 41) kritisiert jedoch, dass Glaser wenig Hilfestellung gibt, wie diese Kodierfamilien konkret genutzt werden können, um den Forschungsprozess zu unterstützen, und nennt die Familien eine „unsystematische Aufzählung".

Im letzten Schritt, dem **selektiven Kodieren** (Strauss & Corbin 1990, S. 116ff.), wird eine Kernkategorie ausgewählt. Diese ist ein aus den Daten entstandenes zentrales Phänomen, auf das sich alle anderen Kategorien direkt oder indirekt beziehen lassen. Alle anderen Kategorien werden um diese Kernkategorie gruppiert. Selektives Kodieren ist der Vorgehensweise des axialen Kodierens sehr ähnlich, allerdings auf einer höheren Analyseebene (Strauss & Corbin 1990, S. 198).

Mit zunehmender Anzahl der Analysegänge steigt also das Abstraktionsniveau. Der Forscher arbeitet in späteren Schritten vor allem mit Konzepten und nicht mit den Daten selbst. Die drei Arten des Kodierens sind eigenständige Analyseschritte, wer-

---

22 Vgl. hierzu die Diskussion der verschiedenen Strömungen der Grounded Theory am Ende dieses Abschnitts.

den aber während der Auswertung nicht rein sequentiell durchlaufen. Stattdessen sind sie sehr stark miteinander verknüpft, so dass der Forscher in einem iterativen Prozess zwischen den Kodierschritten hin und her springt (Corbin & Strauss 2008, S. 117; Strauss & Corbin 1990, S. 98).

Während der Datenanalyse werden die Ergebnisse (Codes, Kategorien und ihre Beziehungen zueinander) ständig mit neu erhobenen und bereits analysierten Daten verglichen (**Constant Comparisons**) (Corbin & Strauss 2008, S. 77f.). Dies ermöglicht es, Ähnlichkeiten und Unterschiede zwischen verschiedenen Kontexten zu untersuchen. Es wird sowohl innerhalb der gleichen Datenquelle als auch zwischen verschiedenen Datenquellen verglichen. In späteren Schritten der Analyse sollten die Ergebnisse auch mit der existierenden Literatur verglichen werden.

Ein weiteres Element der Grounded Theory sind die **Theoretischen Memos**. Memos sind Notizen, die der Forscher während der Datenauswertung zu den Codes und Kategorien und ihren Beziehungen zueinander macht. Sie erlauben es, Ideen sofort festzuhalten. Während des Prozesses werden die Memos erweitert, verfeinert, sortiert und mit den weiteren Ergebnissen in die Theorie integriert. Daneben helfen auch **Diagramme** und weitere Hilfsmittel zur Visualisierung bei der Darstellung und Konzeptionierung von Elementen und deren Beziehungen (Strauss & Corbin 1990, S. 197ff.). Ein Beispiel ist die **Conditional/Consequential Matrix** (Abbildung 18).

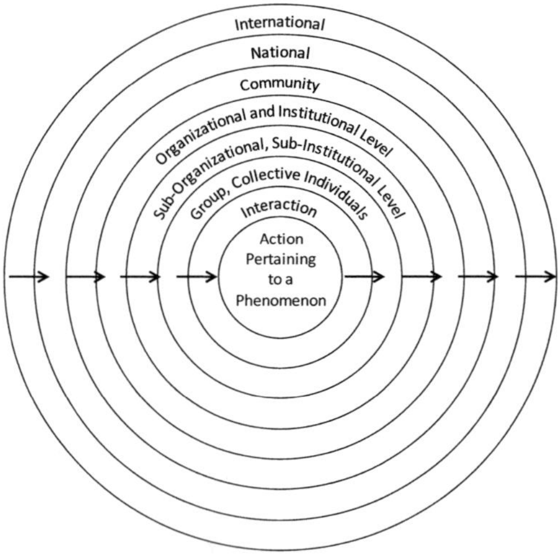

Abbildung 18: Die Conditional/Consequential Matrix

Quelle: Corbin & Strauss (2008, S. 94)

Dieses Diagramm unterstützt den Forscher bei der Datenanalyse, indem die verschiedenen Ebenen der Bedingungen dargestellt werden, die ein Phänomen beeinflussen und/oder die von dem Phänomen selbst beeinflusst werden (Corbin & Strauss 2008, S. 90ff.). Für die Qualität der Durchführung einer Grounded Theory Studie ist die **Theoretische Sensitivität** (Glaser 1978) des Forschers entscheidend. Damit ist die Fähigkeit gemeint, die Daten zu verstehen, Relevantes von weniger Relevantem unterscheiden zu können, Nuancen zu erkennen, die auf eine bestimmte Bedeutung hinweisen, und den Daten damit eine tiefere Bedeutung zu geben, aus der sich die Theorie entwickelt. Die Sensitivität ist durch persönliche und berufliche Erfahrungen, Literatur/theoretisches Vorwissen über das Themenfeld und die Erfahrungen während des Forschungsprozesses geprägt (Glaser & Strauss 1967, S. 46 ff.; Strauss & Corbin 1990, S. 41 ff.).

Kritisch wird in der Literatur diskutiert, dass der Grounded Theory Ansatz sehr aufwändig ist und in einer rein induktiven Form kaum durchführbar ist.[23] Insbesondere ist es nicht möglich, eine solche Studie völlig ohne Vorwissen durchzuführen (Lamnek 2005, S. 115f.). Daher entwickelten sich im Laufe der Zeit verschiedene Strömungen der Grounded Theory. Dies schlägt sich auch in der Diskussion von Glaser und Strauss selbst nieder, die in späteren Veröffentlichungen sehr unterschiedliche Vorstellungen bezüglich der Herangehensweise entwickelten (Mello & Flint 2009, S. 116f.).

Glaser vertrat eine puristische Form der Grounded Theory, nach der sämtliche Codes, Kategorien und letztendlich Theorien aus den Daten hervorgehen sollen. Im Gegensatz zu Strauss lehnte er jegliche Form von Vorwissen und Hilfsmitteln ab, die eine a priori Festlegung von Kategorien und eine mögliche Voreingenommenheit des Forschers zur Folge haben könnten. Dazu gehören z. B. ein Interviewleitfaden, Hilfsmittel wie das Kodierparadigma sowie ein Literaturüberblick (vgl. Kapitel 3). Dies wird insbesondere im Titel seines Buches „Basics of Grounded Theory Analysis: Emergence versus Forcing" (Glaser 1992) deutlich. Was jedoch genau ein „forcing" der Daten ausmacht, ist ein ungelöster Streitpunkt in der Grounded Theory Literatur (Charmaz 2006, S. 18). Die Herangehensweise von Strauss ist dahingegen eher als pragmatisch zu charakterisieren. Eine ausführliche Diskussion der Unterschiede zwischen den beiden Strömungen findet sich bei Jones & Noble (2007, S. 85 ff.)

Die Vorgehensweise in dieser Arbeit orientiert sich überwiegend an dem Grounded Theory Ansatz von Strauss und seiner Koautorin Corbin (Corbin & Strauss 2008; Cor-

[23] Für eine Diskussion der Kritikpunkte vgl. Fendt & Sachs 2008, S.442.

bin & Strauss 1990; Strauss & Corbin 1990). Während Suddaby (2006, S. 638) einen wachsenden Fundamentalismus von Grounded Theory Forschern beobachtet, sprechen sich eine Reihe von Autoren – auch Strauss und Corbin selbst – dafür aus, das Instrumentarium nicht dogmatisch anzuwenden, sondern je nach Forscher, Forschungsgegenstand und Verlauf des Forschungsprozesses auszuwählen und anzupassen (Fendt & Sachs 2008; Legewie & Schwervier-Legewie 2004, Abs. 62; Strauss & Corbin 1998, S. 13). Dieser Auffassung wird hier gefolgt.

4.3 Datenerhebung

4.3.1 Interviews als primäre Datenquelle

Als primäre Datenquelle wurden Experteninterviews (Meuser & Nagel 1991) mit Entscheidungsträgern im Risiko- und Supply Chain Management Kontext ausgewählt. Im folgenden Abschnitt werden das Sample sowie die Durchführung der Interviews beschrieben. Experteninterviews sind dadurch gekennzeichnet, dass „nicht der zu Befragende im Vordergrund des Erkenntnisinteresses [steht], sondern seine Erfahrungen und Interpretationen im Hinblick auf das Forschungsthema" (Borchardt & Göthlich 2007, S. 38).

4.3.1.1 Sampling

Die Datenerhebung und -analyse wurden gemäß den Grundsätzen der Grounded Theory simultan durchgeführt. Die Datenerhebung erfolgte daher nach Theoretical Sampling Grundsätzen. Dies bedeutet, dass das Interview Sample auf das Ziel der Theoriebildung ausgerichtet ist und nicht auf Repräsentativität (Corbin & Strauss 2008, S. 143ff.; Charmaz 2006, S. 96ff.; Glaser & Strauss 1967, S. 45ff.).

Zu Beginn wurde eine geringe Zahl an Unternehmen und Interviewpartnern als „Initial Sample" ausgewählt. Dabei wurden zunächst Entscheidungsträger aus den Funktionen in den Bereichen Logistik/Supply Chain Management aus verschiedenen Branchen befragt. Parallel dazu wurden die ersten Daten analysiert. Das weitere Sampling erfolgte auf Basis der Ergebnisse der ersten Interviews sowie Vorschlägen für weitere Interviewpartner von den Befragten selbst. Die Auswahl der Gesprächspartner erfolgte nach dem Kriterium, welche Unternehmen/Personen zur Vervollständigung und/oder Vertiefung der Theorie beitragen können (Corbin & Strauss 2008, S. 153f.). Daher war es das Ziel, eine große Bandbreite verschiedener Perspektiven abzudecken. Zugleich wurde auch Wert darauf gelegt, aus jedem Kontext mit mehreren Interviewpartnern zu sprechen. So stammten beispielsweise drei Interviewpartner aus der Automobilindustrie, drei aus der Chemieindustrie etc. So konnten Fälle mit einerseits möglichst großen und andererseits möglichst geringen Abweichungen der Rahmenbedingungen verglichen werden (Wiedemann 1995, S. 443). Dieses Vorgehen ermöglicht es dem Forscher, Ähnlichkeiten und Unterschiede zwischen Unternehmen herauszuarbeiten (Eisenhardt 1989, S. 540).

In Bezug auf Unternehmen wurden folgende Kriterien zur Auswahl von Interviewpartnern herangezogen:

- Land des Unternehmens (hier bis auf eine Ausnahme die USA und Deutschland). Da Unternehmen in Supply Chains in der Regel mit internationalen Partnern zusammenarbeiten, erscheint es sinnvoll, Ähnlichkeiten bzw. Unterschiede in nationalen Herangehensweisen feststellen zu können.
- Unterschiedliche Branchen. Überwiegend wurden Produktionsunternehmen verschiedener Branchen interviewt, ergänzt durch Logistik- und Handels unternehmen. Zudem kam ein Gesprächspartner aus einem Beratungsunternehmen, welches SCRM als einen Schwerpunkt im Dienstleistungsportfolio hat. Der Interviewpartner hatte daher Erfahrung in zahlreichen Projekten im SCRM.
- Größe des Unternehmens. Es wurde eine möglichst große Bandbreite an Unternehmen abgedeckt, es wurden sowohl KMU als auch Großunternehmen einbezogen.
- Unterschiedliche Phasen der Etablierung eines Supply Chain Risk Managements. Während bei der ersten Kontaktaufnahme einige Interviewpartner bekannten, dass ihr Unternehmen in diesem Bereich nicht aktiv ist, hatten andere eine eigene SCRM Abteilung und waren auch in SCRM Industrieforen aktiv.

In Bezug auf die Person des Gesprächspartners war ein weiteres Kriterium, Entscheidungsträger mit Erfahrungen in unterschiedlichen Funktionen zu interviewen. Dazu zählen beschaffungsorientierte und logistische Funktionen, kundenorientierte Funktionen, Funktionen mit Risikomanagement als Schwerpunkt und sonstige Funktionen wie Projektmanagement.

Insgesamt wurden 25 Interviews durchgeführt, bis theoretische Sättigung erreicht war (Tabelle 9). Das bedeutet, in den letzten Interviews entstanden keine signifikanten neuen Informationen, die zur Theoriebildung beitrugen (Corbin & Strauss 2008, S.148; Eisenhardt 1989, S. 545; Glaser & Strauss 1967, S. 61f.). Insbesondere gingen in der Analyse keine neuen Kategorien aus den letzten Interviews hervor. Die Zahl der Gespräche liegt in der Spanne von 20-30 Interviews, die von Creswell (1997, S. 122) empfohlen wird, um in Grounded Theory Studien Sättigung und eine ausreichende Tiefe der entwickelten Theorie zu erreichen.

Nr.	Unter-nehmen	Branche	Position des/der Interviewpartner	Land
1	A	Nahrungsmittel	Vice President of Supply Chain	USA
2	B	Chemie	Vice President Global Logistics	USA
3	C	Logistik	Vice President of Logistics	USA
4	D	Handel	1. Director of Supply Chain 2. Manager of Global Logistics 3. Manager of Logistics Planning	USA
5	E	Handel	Executive Vice President Supply Chain	USA
6	F	Automobil	1. Senior Staff Administrator Purchasing Division, Planning Group 2. Staff Administrator, Purchasing Division, Planning Group	USA
7	G	Chemie	Vice President of Supply Chain	USA
8	H	Luft- und Raumfahrt	Senior Director of Global Best Practices and Business Processes	USA
9	I	Maschinenbau	Head of Supply Chain Operations	USA
10	J	Pharma	Director of Risk Management	USA
11	K	Chemie	Director, Purchasing Global Supply Chain	USA
12	L	Chemie	Global Transportation Safety and Risk Management Leader	USA
13	M	Luft- und Raumfahrt	Head of Supply Chain	Deutschland
14	M	Luft- und Raumfahrt	Project Manager	Deutschland
15	N	Medizintechnik	Head of Inbound Logistics	Deutschland
16	O	Automobil	Projektmanager	Deutschland
17	P	Medizintechnik	1. Leiter Materialwirtschaft 2. Manager Einkaufsmarketing	Deutschland
18	M	Luft- und Raumfahrt	Head of Supply Chain Operations	Deutschland
19	Q	Maschinenbau	Director of Supply Chain Management	Deutschland

Nr.	Unter-nehmen	Branche	Position des/der Interviewpartner	Land
20	Q	Maschinenbau	Director of Project Management	Deutschland
21	R	Logistik	Vice President Product Development	Schweiz
22	S	Maschinenbau	Leiter Logistik	Deutschland
23	T	Unternehmens-beratung	CEO	USA
24	U	Automobil	Director of Purchasing	USA
25	V	Telekommuni-kation	Manager Supply Chain Risk Management Program	USA

Tabelle 9: Interview Sample

Einige Gespräche wurden als Gruppeninterview mit mehreren Personen geführt; zudem wurden in einigen Unternehmen mehrere Personen verschiedener Verantwortungsbereiche unabhängig voneinander interviewt. Auch Personen unterschiedlicher Unternehmen, aber innerhalb einer Supply Chain wurden befragt. Dies ermöglicht es, auch Vergleiche von unterschiedlichen Perspektiven innerhalb eines Unternehmens bzw. innerhalb einer Supply Chain durchzuführen.

Abbildung 19 zeigt die Verteilung des Samples auf unterschiedliche Größenklassen. Da ein Vergleich auf Basis von Umsatz- oder Gewinngrößen vom aktuellen Wechselkurs abhängt, erfolgt der Vergleich anhand der Mitarbeiterzahlen als Indikator für die Unternehmensgröße.

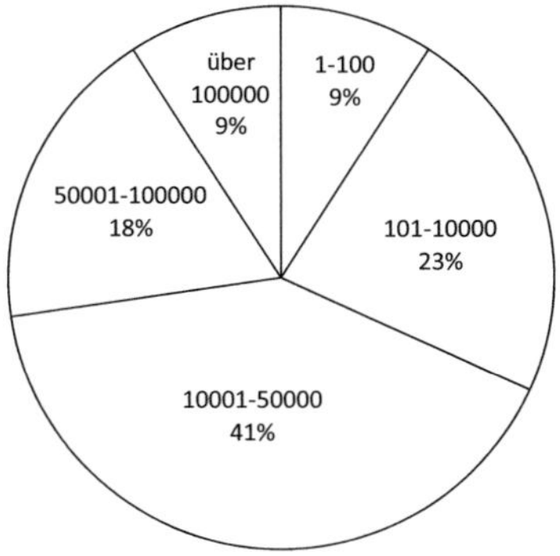

Abbildung 19: Verteilung des Samples nach Unternehmensgröße auf Basis der Mitarbeiterzahl

4.3.1.2 Durchführung der Interviews

Die Interviewphase begann im April 2009 und wurde im September 2009 abgeschlossen. Soweit möglich, fanden die Interviews am Beschäftigungsort der Interviewpartner statt. In den Fällen, in denen ein persönliches Interview nicht möglich war, wurden Telefoninterviews nach in der Literatur empfohlenen Vorgehensweisen geführt (Walton 1997; Zsidisin 2003, S. 220). Alle Interviews wurden in der Muttersprache des Interviewten geführt, also Deutsch bzw. Englisch. An Interviews in englischer Sprache nahm ein weiterer Forscher aus den USA mit englischer Muttersprache teil.[24] Auf diese Weise wurde ein lückenloses und fehlerfreies sprachliches Verständnis sowohl der Interviewfragen als auch der Antworten sichergestellt. Die Interviewdauer variierte von 30 Minuten bis 120 Minuten mit einer mittleren Dauer von etwa einer Stunde.

Zu Beginn der Interviews wurde den Gesprächspartnern Anonymität zugesichert. Die Interviews wurden mit Erlaubnis der Gesprächspartner digital aufgezeichnet und anschließend transkribiert. In zwei Fällen wurden Aufnahmen von den Interviewpartnern nicht erlaubt, in diesen Fällen wurden während des Interviews ausführliche Notizen gemacht. Am Ende der Interviewphase lagen Transkripte mit insgesamt mehr als 300 DIN A 4 Seiten Interviewtext vor.

Bei den Interviews handelte es sich um Leitfadeninterviews mit offenen Fragen. Der Schwerpunkt und die Fragen des Interviews wurden je nach Unternehmen und Gesprächspartner flexibel angepasst. Dies hat den Vorteil, während des Gesprächs offen zu sein für neue interessante Aspekte und Ideen, auch vertiefte Nachfragen zu einzelnen Aspekten werden ermöglicht. Zur Orientierung während der Interviews wurde ein semi-strukturierter Interviewleitfaden erstellt, in dem die zu behandelnden Themengebiete festgelegt wurden. Ein solcher Fragenkatalog ermöglicht ein gewisses Maß an Offenheit und Flexibilität, stellt aber gleichzeitig die nötige Gesprächskontrolle und Fokussierung sicher. Zudem erleichtert er die Interviewvorbereitung und -führung (Charmaz 2006, S. 20f.; Corbin & Strauss 2008, S. 152f.). Der Leitfaden wurde mit Hilfe des Literaturüberblicks sowie der Ergebnisse der Fokusgruppen[25] erstellt.

Die Grobstruktur des Fragenkatalogs gliedert sich in sechs Phasen (Abbildung 20), zwischen denen jedoch auch gesprungen wurde. Während einige grundlegende Fra-

---

[24] Die Interviews wurden gemeinsam mit Prof. Dr. A. Michael Knemeyer (Fisher College of Business, The Ohio State University) geführt.

[25] Vgl. Abschnitt 4.3.2.

gen in allen Interviews gestellt wurden, wurde der Leitfaden während der Interview- und Auswertungsphase laufend angepasst und erweitert, um die Ergebnisse der bereits durchgeführten Interviews berücksichtigen und vertieft behandeln zu können. Der Interviewleitfaden wurde den Interviewpartnern vorab zugeschickt und ist in Anhang A wiedergegeben.

<table>
<tr><td>Einführung</td><td>• Begrüßung
• Vorstellung des Forschungsprojektes
• Vorstellung des Unternehmens und des Interviewpartners</td></tr>
<tr><td>Grundlagen des Risikomanagements</td><td>• Verständnis von Risiko und Risikomanagement
• Internes Risikomanagement</td></tr>
<tr><td>Instrumente des Risikomanagements</td><td>• Aktivitäten der Risikoidentifikation und -bewertung
• Erfahrung mit Methoden und Instrumenten aus unterschiedlichen Bereichen</td></tr>
<tr><td>Supply Chain Risk Management</td><td>• Zusammenarbeit mit Supply Chain Partnern im Risikomanagement
• Auswirkungen dieser Zusammenarbeit auf Organisation und Instrumente</td></tr>
<tr><td>Erfolg des Supply Chain Risk Managements</td><td>• Erfolgsfaktoren und Hindernisse des Supply Chain Risk Managements
• Einflussfaktoren auf das Supply Chain Risk Management</td></tr>
<tr><td>Weitere Aspekte</td><td>• Nicht behandelte Punkte
• Verabschiedung</td></tr>
</table>

Abbildung 20: Grobstruktur der Interviews

Die erste Phase der Interviews diente dem gegenseitigen Kennenlernen, der Vorstellung des Unternehmens und des Forschungsprojektes. Die zweite und dritte Phase der Interviews diente dazu, mit dem Risikoverständnis des Unternehmens und des Gesprächspartners, wichtigen Risikofeldern und den grundlegenden Risikomanagement-Aktivitäten des Unternehmens vertraut zu werden. Die vierte und fünfte Phase behandelten den Kern der Interviews, das Supply Chain Risk Management, sowohl im Hinblick auf das eigene Unternehmen als auch auf unternehmensübergreifende Aktivitäten. Da die Mehrzahl der Gesprächspartner aus einem Supply Chain Bereich stammt, vermischten sich die Fragen des allgemeinen Risikomanagements häufig mit den spezielleren Fragen zum SCRM. In der letzten Phase wurde den Interviewpartnern die Gelegenheit gegeben, noch nicht angesprochene Punkte zu thematisieren, nochmals auf aus ihrer Perspektive besonders relevante Aspekte hinzuweisen oder Fragen zu stellen.

Der Interviewleitfaden wurde in einem Unternehmen vorab getestet, um die Verständlichkeit der Fragen sicherzustellen und weitere Anregungen bzgl. der Relevanz verschiedener Themenfelder und Fragen zu erhalten. Er wurde zudem mit vier weiteren Wissenschaftlern diskutiert. Verbesserungen wurden in der Formulierung einiger Fragen sowie bzgl. der Themengebiete durchgeführt.

4.3.2 Weitere Datenquellen

Triangulation, d. h. die Kombination verschiedener Methoden, Daten, Sichtweisen etc. zur Untersuchung desselben Forschungsgegenstands, wird als eine Möglichkeit empfohlen, die Ergebnisqualität der Forschung zu verbessern, indem das Verständnis des Forschungsgegenstands vertieft wird und die Reliabilität erhöht wird (Denzin 1970, S. 297ff.; Flick 2008). Ziel der Triangulation ist es, die Defizite einzelner Methoden auszugleichen und gleichzeitig subjektive Verzerrungseffekte der Nutzung einzelner Methoden zu verhindern (Denzin 1970, S. 300). Denzin unterscheidet vier Arten von Triangulation: Datentriangulation, Methodentriangulation, Theorientriangulation und Forschertriangulation.

Für die Datenerhebung ist insbesondere die Datentriangulation relevant, also die Einbeziehung verschiedener Datenquellen in die Analyse (Denzin 1970, S. 301ff.). In Bezug auf Personen als Datenquellen differenziert Denzin dabei nach Raum, Zeit und Person. Im weiteren Sinne ist bereits das Theoretical Sampling der Grounded Theory als Datentriangulation zu verstehen, da hier unterschiedliche Personen zu unterschiedlichen Zeiten und an unterschiedlichen Orten befragt wurden (Denzin 1970, S. 301). Auch Glaser und Strauss (1967, S. 65) selbst empfehlen verschiedene Datentypen im Rahmen des Theoretical Sampling. Des Weiteren wurden daher neben den eigentlichen Interviewtranskripten als weitere Datenquellen auch Materialen ausgewertet, die von den Befragten im Rahmen der Interviews zur Verfügung gestellt wurden. Dazu gehören Präsentationen, Risikoberichte, Risikodatenbanken, Checklisten, Risk Maps, Fragebögen sowie Risikohandbücher.

Durch die gemeinsame Durchführung der Interviews und teilweise gemeinsame Analyse der Daten mit einem weiteren Forscher in den USA wurde auch die Forschertriangulation angewandt. Zudem ist die Methodentriangulation für die Datenerhebung relevant, also Triangulation von Methoden zur Generierung von Daten (Denzin 1970, S. 307f.). So wird z. B. die Kombination von Interviews und Fokusgruppen empfohlen. Fokusgruppen sind eine Form der qualitativen Forschung, in der Gruppendiskussionen geführt werden, die stark durch Interaktionen der Teilnehmer untereinander geprägt sind (Finch & Lewis 2003, S. 171). Der Forscher nimmt dabei typischerweise die Rolle des Moderators ein und gibt Themen vor (Morgan 1997, S. 2).

Fokusgruppen können dazu genutzt werden, einen ersten Überblick über neue Forschungsfragestellungen zu gewinnen, die anschließend in Einzelinterviews weiter vertieft werden (Morgan 1997, S. 22f.; Ritchie 2003, S. 38). Für die vorliegende Grounded Theory Studie wurden daher drei Fokusgruppen im Rahmen des von der Arbeitsgemeinschaft industrieller Forschungsvereinigungen „Otto von Guericke" e.V. (AiF) geförderten Projektes „Supply Chain Risk Management Navigator“ an der Technischen Universität Hamburg-Harburg bzw. an der WHU – Otto Beisheim School of Management in Vallendar durchgeführt. Jeweils drei bis sechs Unternehmensvertreter nahmen an den Fokusgruppen mit unterschiedlichen Themenschwerpunkten teil. Während der Diskussionen wurden detaillierte Protokolle erstellt und den Teilnehmern im Anschluss zur Verfügung gestellt, so dass die Möglichkeit der Verbesserung und Ergänzung bestand. Weiterhin wurden von den Teilnehmern Schaubilder am Flipchart bzw. an Metaplanwänden erstellt. Auch die Protokolle und Schaubilder der Fokusgruppen wurden in die Analyse integriert. Zudem wurden die Fokusgruppen zur Erstellung des Interviewleitfadens genutzt.

4.4 Datenanalyse

Die Datenanalyse orientierte sich an den Kodierregeln der Literatur, welche der Strömung von Strauss und Corbin folgt (Corbin & Strauss 2008; Corbin & Strauss 1990).

In einer ersten Phase wurden die Transkripte und weitere Materialien Absatz für Absatz bzw. Satz für Satz analysiert und kodiert (offenes Kodieren). Die Detaillierung des Kodierens erfolgte in Abhängigkeit von dem Inhalt der kodierten Textpassagen. So wurden beispielsweise Passagen über SCRM Ansätze und verwendete Instrumente Wort für Wort oder Satz für Satz kodiert, da sie den Kern der Forschungsfragen betreffen. Allgemeine Daten über die Unternehmen oder Risikodefinitionen dagegen wurden Absatz für Absatz und auf abstrakter Ebene kodiert, da diese Daten für die Entwicklung einer Theorie des SCRM zwar hilfreich sind, jedoch nicht im Fokus der Analyse stehen. Abbildung 21 zeigt ein Beispiel für das offene Kodieren anhand eines Auszugs aus einem der Interviewtranskripte.

In einer zweiten Phase, insbesondere bei der Ausgestaltung der Kategorien und ihrer Eigenschaften und Dimensionen, fokussierte das Kodieren auf ausgewählte Kategorien und damit bestimmte Textpassagen. Während in der ersten Phase die Transkripte nacheinander durchgearbeitet wurden, wurden in der zweiten Phase die

Textpassagen aller Interviews, die mit einem bestimmten Code kodiert wurden und damit thematisch zusammenhingen, analysiert und verglichen. Bei diesem Vorgehen werden große Datenmengen also thematisch gefiltert (Charmaz 2006, S. 57). Die Autorin spricht in Bezug auf diese beiden Phasen auch von initialem und fokussiertem Kodieren (Charmaz 2006, S. 42ff.).

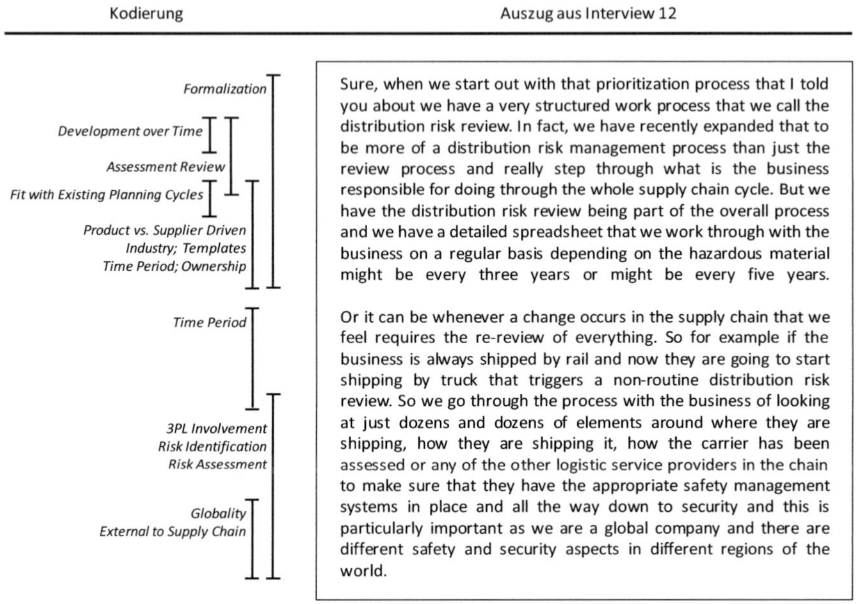

Abbildung 21: Beispiel für das offene Kodieren einer Textpassage

Im Verlauf der Datenanalyse erfolgten ständige Rückkopplungen zwischen diesen beiden Schritten. So wurden z. B. einige Passagen der ersten Interviews zunächst auf abstrakterer Ebene kodiert. Während des Kodierens weiterer Interviews wurden für einige Kategorien jedoch detaillierte Unterkategorien, d. h. Subcodes angelegt, da die Kategorie erst aus diesen Interviews als vielversprechende Analyseeinheit hervorging. In diesem Fall wurde die Kategorie auch bei den bereits kodierten Interviews im Detail untersucht und die entsprechenden Textstellen erneut kodiert.

Aufgrund des umfangreichen Datenmaterials und der daraus resultierenden hohen Anzahl an kodierten Textstellen wurden einige einzelne Konzepte direkt in übergeordneten Codes zusammengefasst. Für jeden Code und damit jede Kategorie, die für das fokussierte Kodieren ausgewählt wurde, wurde anschließend ein Diagramm mit

Eigenschaften, Dimensionen und Verbindungen zu anderen Kategorien erstellt, die sich direkt aus den Daten ergaben (Übergang zum axialen und selektiven Kodieren). Anschließend wurden die Diagramme miteinander verknüpft und Lücken durch erneutes Analysieren des Datenmaterials und ggf. der Literatur geschlossen, so dass die Diagramme kontinuierlich weiterentwickelt wurden. Während des axialen und selektiven Kodierens wurde das oben beschriebene Kodierparadigma von Strauss & Corbin als Analyseheuristik zu Grunde gelegt. Es wurde jedoch an einigen Stellen angepasst, um das von Glaser kritisierte „forcing the data" zu vermeiden.[26]

In verschiedenen Phasen der Auswertung wurde ein weiterer Forscher hinzugezogen. Dieser übernahm vor allem die Aufgabe, die vorgenommenen Kodierungen und Ergebnisse durchzusehen und kritisch zu hinterfragen. Diese Triangulation der Forscher (Denzin 1970, S. 301) erhöht die Glaubwürdigkeit und Verlässlichkeit der Beobachtungen, zudem werden Verzerrungen seitens der Forscher vermindert (Corbin & Strauss 1990, S. 11).

Zur Organisation des Datenmaterials und Unterstützung der Datenauswertung wird in der qualitativen Forschung vermehrt Software eingesetzt (Kuckartz 2007). Diese Computer-Assisted Qualitative Data Analysis (CAQDAS) genannte Auswertung vereinfacht insbesondere die Organisation und Strukturierung großer Datenmengen und erhöht somit die Effizienz und Systematik der Auswertung (Kelle u. a. 2008, S. 500). Die meisten auf dem Markt verfügbaren Softwarepakete unterscheiden sich in ihren Grundfunktionen kaum (Kelle u. a. 2008, S. 486f.). Aus Gründen der Benutzerfreundlichkeit und der angebotenen Visualisierungsmöglichkeiten wurde nach einem Vergleich verschiedener Programme in der vorliegenden Arbeit das Softwarepaket MAXQDA in der Version 9 herangezogen. Diese Software ist zudem international verbreitet (Corbin & Strauss 2008).

Die Software wurde insbesondere für folgende Funktionen verwendet:

- Kodierung des Datenmaterials,
- Text Retrieval, d. h. die Ausgabe von Textstellen, die mit einem bestimmten Code kodiert wurden,
- Erstellen von Memos,
- Organisation und Sortierung der Codes (Codebaum), Memos, etc.,

---

[26] Die Verwendung und Anpassung des Kodierparadigmas wird bei der Präsentation der Ergebnisse in Kapitel 5.2 beschrieben. Vereinfachte Versionen der Diagramme in der jeweiligen Endfassung werden je in den Kapiteln 5.3 bis 5.5 vorgestellt und erläutert.

- Visualisierung der Beziehungen zwischen Codes durch Diagrammdarstellungen,
- Weitere Visualisierungstools wie z. B. der Code-Relations-Browser. Dieser stellt dar, wie häufig welche Codes gemeinsam in einer Textpassage vorkommen.
- Historie des Forschungsprojektes. Sie macht den Forschungsprozess transparent, in dem z. B. dargestellt wird, zu welchem Zeitpunkt Codes und Memos angelegt wurden.

4.5 Forschungsvalidität

In der Literatur zur quantitativen Forschung existiert eine weitgehende Übereinstimmung zu Kriterien der Forschungsqualität, die jedoch auf qualitative Forschungsmethoden nicht ohne Weiteres übertragbar sind (Charmaz 2006, S. 179; Mayring 2002, S. 140ff.). Stattdessen müssen Gütekriterien an die Forschungsmethoden angepasst werden (Mayring 2002, S. 142). Einige Autoren argumentieren auch, dass Kriterien von der Forschungsdisziplin, vom Forscher und dem Zweck der Forschung abhängig sein sollten, und präsentieren eine Liste von möglichen Kriterien, die allerdings eher als Vorschläge oder Anregungen gedacht sind (Charmaz 2006, S. 182f.; Corbin & Strauss 2008, S. 306ff.).

Da diese Autoren allerdings wenig praktische Hilfestellung geben, in welchen Fällen welche Kriterien zu verwenden sind, werden im Folgenden daher zunächst sechs von Mayring (2002, S. 144ff.) entwickelte allgemeine Gütekriterien der qualitativen Forschung auf das Forschungsprojekt angewandt. Die Kriterien beziehen sich auf den Forschungsprozess. Glaser und Strauss betonen, dass ein Kriterium zur Beurteilung der Güte einer Theorie die Art und Weise ihrer Generierung ist und dass weitere Gütekriterien ebenfalls sehr stark vom Forschungsprozess abhängen (Glaser & Strauss 1967, S. 5). Diese werden anschließend um vier für die Grounded Theory genannten Kriterien (Glaser 1978, S. 4ff.) ergänzt, die sich auf das Forschungsergebnis, also die generierte Theorie selbst beziehen.

Tabelle 10 und Tabelle 11 zeigen die Gütekriterien, eine kurze Erläuterung sowie die während der Datenanalyse und -auswertung getroffenen Maßnahmen, um die Kriterien zu erfüllen.

Kriterium	Maßnahmen
Verfahrensdokumentation Detaillierte Beschreibung des Forschungsprozesses	• Detaillierte Dokumentation in dieser Arbeit: Datenerhebung, Auswertung, Entwicklung der Theorie • Aufzeichnung des Forschungsprozesses mit Hilfe der verwendeten Software MAXQDA (z. B. Verwendung der Historie)
Argumentative Interpretationsabsicherung Begründung statt reiner Nennung von Interpretationen	• Dokumentation und Begründung von Interpretationen • Belege anhand der Daten, soweit möglich • Einbeziehung von Negativfällen (Gegenbeispielen)
Regelgeleitetheit Systematisches Vorgehen	• Nutzung des Instrumentariums der Grounded Theory: Theoretisches Sampling; offenes, axiales und selektives Kodieren, etc. • Sequentielles Vorgehen mit Rückkopplungen
Nähe zum Gegenstand Forschung möglichst nah an der Alltagswelt des Forschungsobjekts	• Führung der Interviews vor Ort, wenn möglich • Einbezug der in den Unternehmen verwendeten Materialien wie Präsentationen
Kommunikative Validierung Diskussion der Ergebnisse mit den Befragten	• Die Ergebnisse der früheren Interviews wurden in späteren Interviews aufgegriffen und insbesondere mit Personen mit langer Berufserfahrung/Erfahrung in mehreren SCRM Projekten diskutiert
Triangulation Verbindung verschiedener Analysegänge	• Nutzung verschiedener Methoden (Interviews, Fokusgruppen) • Nutzung verschiedener Datenquellen (Interviewtranskripte, weitere Materialien wie Präsentationen) • Teilweise gemeinsame Durchführung und Auswertung der Interviews sowie Diskussion der Ergebnisse mit einem erfahrenen Forscher • Dadurch Minimierung von Verzerrungen seitens des Forschers/der Interviewpartner

Tabelle 10: Gütekriterien bezüglich des Forschungsprozesses

Kriterium	Maßnahmen
Passung (Fit) Kategorien der Theorie müssen den Daten und dem realen Phänomen entsprechen	• Kategorien entstehen aus den Daten selbst, nicht aus Vorüberlegungen oder der Literatur • Laufende Überarbeitung der Kategorien während des Forschungsprozesses • Abgleich mit existierenden Kategorien aus der Literatur • Diskussion der Ergebnisse mit den Interviewpartnern
Relevanz Adressierung von Kernpro-	• Diskussion und Bestätigung der Relevanz der Fragestellungen durch die Interviewpartner

Kriterium	Maßnahmen
blemen, mit denen Praktiker in ihrem Alltag zu tun haben	• Kategorien stammen direkt aus den Daten und besitzen somit eine Relevanz für die Interviewpartner
Funktionalität Erklärung, Vorhersage und Interpretation eines realen Phänomens/Geschehens	• Überprüfung der ersten Ergebnisse anhand der weiteren Interviews • Diskussion der Ergebnisse und Interpretationen mit den Interviewpartnern
Modifizierbarkeit Erweiterbarkeit und Anpassung der Ergebnisse	• Ständige Veränderung der Theorie während des Forschungsprozesses • Erweiterbarkeit/Modifizierung z. B. im Hinblick auf weitere Branchen möglich

Tabelle 11: Gütekriterien bezüglich des Forschungsergebnisses

Während der Datenerhebung und -analyse wurden damit sowohl Maßnahmen getroffen, welche die Güte des Forschungsprozesses positiv beeinflussen als auch Maßnahmen, welche zur Güte des Forschungsergebnisses beitragen. Insbesondere die Triangulation von Methoden und Datenquellen, die Dokumentation aller Forschungsschritte und die regelmäßige Diskussion von Ergebnissen mit Interviewpartnern tragen dazu bei, die aufgezeigten Gütekriterien zu erfüllen.

5 Auswertung und Ergebnisse der empirischen Erhebung

In diesem Kapitel werden die Ergebnisse der Grounded Theory Studie vorgestellt und mit den Erkenntnissen der Literaturanalyse verglichen.[27] Die wichtigsten Ergebnisse werden in einem Modell zusammengefasst, das die beiden ersten Forschungsfragen der Arbeit beantwortet: Welche Ansätze des SCRM existieren in Unternehmen und Supply Chains und welche Einflussgrößen determinieren diese Ansätze? Während der ursprüngliche Fokus der Arbeit auf diesen beiden Aspekten lag, entwickelte sich während der Datenanalyse eine weitere Fragestellung: Welche Faktoren führen dazu, dass in Unternehmen die Entscheidung getroffen wird, SCRM Aktivitäten ein- bzw. durchzuführen, d. h. was sind die Auslöser einer solchen Entscheidung? Daher besteht das Modell aus drei Hauptelementen: SCRM Ansätzen, Auslösern des SCRM sowie den Einflussfaktoren, die auf die Ansätze und die Auslöser wirken.

Im Folgenden werden zunächst einige allgemeine Erkenntnisse vorgestellt und ein Überblick über das Modell gegeben, bevor anschließend die einzelnen Modellbestandteile detailliert erläutert werden. Die Ergebnisse werden mit Originalzitaten aus den Experteninterviews (mit Verweis auf die jeweilige Interviewnummer) belegt.[28] Abschließend werden die Interdependenzen zwischen den einzelnen Elementen beschrieben und die wesentlichen Erkenntnisse noch einmal zusammengefasst.

5.1 Allgemeine Vorbemerkungen

Bevor das eigentliche Modell vorgestellt wird, soll auf zwei allgemeine Erkenntnisse eingegangen werden, die aus dem Datenmaterial gewonnen wurden. Diese betreffen zum einen das Forschungsziel der Arbeit sowie die diesem zu Grunde liegende Annahme, dass das SCRM unternehmensindividuell ausgestaltet sein sollte und es keine optimale Lösung für alle Unternehmen und Supply Chains gibt.[29] Zum anderen ist die Frage zu klären, ob ein weitgehend einheitliches Verständnis der wichtigsten Begrifflichkeiten vorliegt, damit die Ergebnisse untereinander vergleichbar sind.

Eine wichtige Erkenntnis ist die Bestätigung der These, dass es keine allgemeingültige Lösung für das SCRM geben kann, die für alle Unternehmen und Supply Chains gleichermaßen gut geeignet ist. So bemerkte einer der Interviewpartner (Interview 8):

---

[27] Vgl. Kapitel 3.

[28] Eine Übersicht der geführten Interviews findet sich in Kapitel 4.3.1.1.

[29] Vgl. Kapitel 2.4.

„I don't think that there is a 'one size fits all' approach. You still need to understand the nature of your business and what the impact of certain conditions is, preventing you from fulfilling the obligations that you have to your shareholders and your customers."

Zudem wird das Forschungsziel dieser Arbeit unterstützt. Ein Interviewpartner hob die Notwendigkeit hervor, zu untersuchen, wie SCRM zwischen unterschiedlichen Unternehmen und Supply Chains variiert, und die sich daraus ergebenen Muster besser zu verstehen (Interview 23):

„To say I consistently see patterns of how people address it, think about it, and mitigate it, it would be a mistake. It is clearly an area that needs a lot of work."

Des Weiteren kann festgestellt werden, dass alle Gesprächspartner die wesentlichen Charakteristika der Risikodefinition dieser Arbeit teilen.[30] So wird grundsätzlich von Risiko als einem Phänomen gesprochen, das negative Auswirkungen auf das Unternehmen hat, d. h., die positive Seite (Risiko im Sinne von Chance) wird nicht berücksichtigt. Ein Beispiel dafür ist die folgende Sichtweise (Interview 20):

„Risiko ist ja im Allgemeinen negativ behaftet, ein Ereignis mit einem negativen Einfluss."

Von einigen Gesprächspartnern wurde auch eine klare Verbindung zu Zielen des Unternehmens hergestellt (Interview 8):

„Anything that would prevent us from being able to deliver products to our customer and anything that would impact the value of the company would fall under the category of risk."

Lediglich die für den Gesprächspartner relevanten Risikokategorien variierten. Auch die allgemeine Definition des Risikomanagement-Begriffs – Risikomanagement als Umgang mit Risiken – wurde geteilt. Somit ist ein gleiches Verständnis der wesentlichen Begriffe in den Gesprächen sichergestellt und eine Vergleichbarkeit der Ergebnisse gegeben.

[30] Vgl. Kapitel 2.1.1.1.

5.2 Überblick über das Modell

Wie in Kapitel 4 dargestellt wurde, werden in einem Grounded Theory Ansatz Daten zunächst zerlegt, um die daraus entstehenden Fragmente anschließend neu zusammenzusetzen, zu kategorisieren und miteinander in Beziehung zu setzen. Das Abstraktionsniveau steigt mit zunehmendem Verlauf der Datenanalyse, von einzelnen Textbausteinen über Konzepte und Kategorien und ihren Beziehungen untereinander bis hin zu einem Gesamtmodell. Die einzelnen Schritte des Kodierens laufen in einem iterativen Prozess ab. Aus Gründen der Verständlichkeit und Nachvollziehbarkeit wird im Folgenden jedoch zunächst ein Überblick über das Gesamtmodell und dessen Entwicklung und Eingrenzung gegeben, bevor die einzelnen Modellbestandteile weiter detailliert werden (Top-Down Ansatz), auch wenn dies der umgekehrten Vorgehensweise des Forschungsprozesses entspricht.

5.2.1 Ableitung eines ersten SCRM Modells aus dem Datenmaterial

Während der Phase des initialen und fokussierten Kodierens entstanden über 2.900 einzelne Kodierungen (d. h. mit Codes versehene Textstellen) in dem Datenmaterial, organisiert in einem 136 Codes und Subcodes umfassenden Codebaum (in der verwendeten Software Codesystem genannt). In diesem werden die Codes zu Kategorien und Unterkategorien zusammengefasst. Auf der höchsten Ebene entstanden so sechs Kategorien. Aus Gründen der Übersichtlichkeit zeigt Abbildung 22 nur diese obere Ebene:

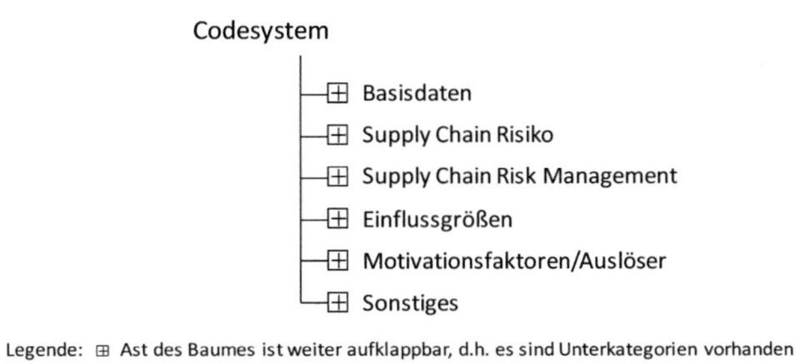

Abbildung 22: Codesystem – Höchste Ebene

Die Basisdaten umfassen zum einen allgemeine Informationen zum Unternehmen, in dem der Interviewpartner tätig ist, wie z. B. Umsatz und Mitarbeiterzahl, Informationen zum Produkt und der Zulieferstruktur; zum anderen Informationen zur Person des Gesprächspartners, wie z. B. Abteilung, Position und Berufserfahrung. Die Kategorie „Risiko/Supply Chain Risiko“ umfasst alle Codes, die Aussagen zum Risiko/Supply Chain Risiko selbst zulassen und nicht zu dessen Management. Dazu gehören Risikodefinitionen und Abgrenzung von anderen Begriffen sowie Risikokategorisierungen und Risikobeispiele. Die darauf folgende Kategorie „Risikomanagement/ SCRM“ enthält verschiedene Aspekte zum Risikomanagement/Supply Chain Risk Management: Allgemeine Aspekte wie Ziele, Erfolgsfaktoren und Hindernisse des Risikomanagements; Ablauf des SCRM; Informationen zu Verfahren und Instrumenten sowie technischen Hilfsmitteln; sowie eher organisationsbezogene Aspekte. Die Kategorie „Einflussgrößen“ enthält alle allgemeinen Faktoren, die auf die Gestaltung des Risikomanagements einwirken können. Davon abzugrenzen sind „Motivationsfaktoren/Auslöser“. Darunter sind Faktoren zu verstehen, die Manager in Unternehmen und Supply Chains dazu veranlassen, SCRM Aktivitäten zu starten. Die Kategorie „Sonstiges“ enthält alle Codes zu Textstellen, die zwar als möglicherweise wichtig eingeschätzt wurden, aber keiner der anderen Kategorien zuzuordnen waren.

Während des selektiven Kodierens wurden im nächsten Schritt die Kategorien und Unterkategorien auf höherem Abstraktionsniveau weiter vernetzt und miteinander in Beziehung gesetzt (Abbildung 23). Dafür wurde das Kodierparadigma nach Strauss & Corbin (1998; 1990) als Analysehilfsmittel verwendet.[31]

Als zentrales Phänomen, also die Kategorie, auf die sich alle anderen Kategorien direkt oder indirekt beziehen lassen, wurde die Kategorie „Supply Chain Risiko“ ausgewählt.[32] Das Supply Chain Risiko wird durch seinen Kontext, die Eigenschaften des Risikos, näher beschrieben. Dies kann z. B. die Risikokategorie oder die Eintrittswahrscheinlichkeit eines Risikos sein. Diese Eigenschaften kamen in den Interviews durch Unterkategorien der Kategorie „Supply Chain Risiko“ zum Ausdruck.

Kausale Bedingung für Risiken allgemein ist unvollkommene Information über künftige Ereignisse und Entwicklungen. Diese Kategorie aus dem Datenmaterial ist konsistent mit der verwendeten Risikodefinition (Interview 15):[33]

---

[31] Vgl. Kapitel 4.2.2.

[32] Dass dies auch für die Interviewpartner zentral war, zeigt eine Analyse der Worthäufigkeiten in den Interviewtexten. Abgesehen von den in der Sprache häufig verwendeten Wortarten wie Artikeln, Pronomen und Präpositionen, ist „risk“ das am häufigsten vorkommende Wort in den Interviewtranskripten. Bei einer Gesamtzahl von ca. 153.000 Wörtern traten folgende Häufigkeiten auf: „Risk“/„Risiko“ 1.235 bzw. 142 Nennungen, „Risks“/„Risiken“: 211 bzw. 198 Nennungen. Die Analyse wurde mittels der Funktion „Codehäufigkeiten“ der Software MAXQDA durchgeführt.

[33] Vgl. Kapitel 2.1.1.1.

„In der Praxis ist es leider so, dass man nicht ansatzweise über die Informationen verfügt, die man gerne hätte. […] Es ist in der Regel so: Es kommt eine Information, die man vorher nicht hatte, die dazu führt, dass man sagt: ‚Da ist ein potenzielles Risiko.' […] Das ist das größte Manko, dass man nicht über die Informationen verfügt."

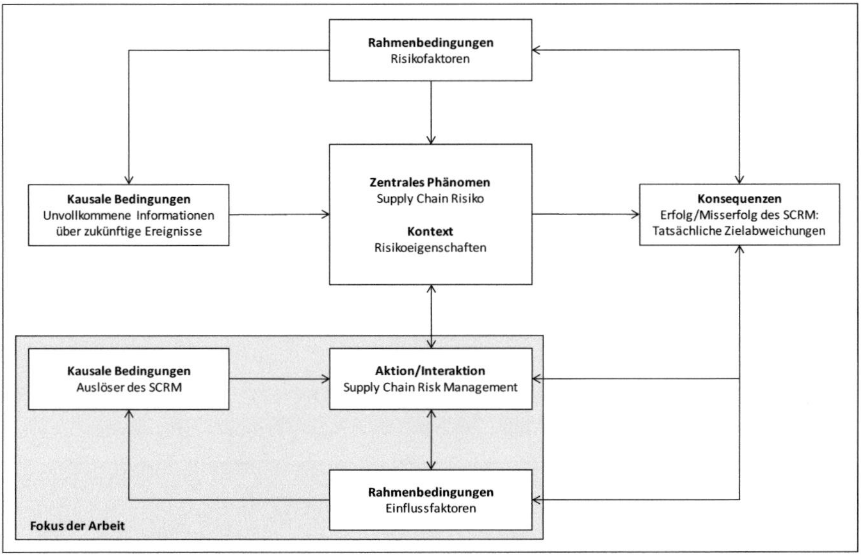

Abbildung 23: Gesamtmodell zum Supply Chain Risk Management

Die Aktion/Interaktion ist das Supply Chain Risk Management, mit dem Manager in Unternehmen und Supply Chains auf das Risiko reagieren. Diese Aktionen hängen u. a. von den Risikoeigenschaften ab. Die Konsequenzen beschreiben die Folgen dieser Aktionen, d. h. den Erfolg oder Misserfolg des SCRM, der sich im Eintritt/Nicht-Eintritt von Risiken und den daraus resultierenden tatsächlichen Zielabweichungen im Unternehmen widerspiegelt. Neben dem Supply Chain Risiko gibt es weitere Faktoren, die die Initialisierung von SCRM Aktivitäten auslösen. Daher wurde dem Modell eine weitere Kategorie „Kausale Bedingungen" hinzugefügt, die sich speziell auf das SCRM und nicht auf das Risiko selbst beziehen: die Auslöser des SCRM.

Schließlich werden die Modellelemente von Rahmenbedingungen beeinflusst, die für mögliche Aktionen förderlich oder hinderlich wirken können. Sie beziehen sich auf verschiedene Ebenen, wie z. B. das Unternehmen (z. B. die Unternehmensgröße), die Supply Chain (z. B. die Zulieferstruktur) und das Umfeld (z. B. politische Rahmenbedingungen). Diese Bedingungen beeinflussen sowohl das Supply Chain Risiko mit seinen kausalen Bedingungen und Konsequenzen als auch das Management dieser Risiken. Die dafür jeweils relevanten Bedingungen können, müssen aber nicht identisch sein. Daher werden sie unterteilt in Bedingungen, welche vor allem für das Risiko von Bedeutung sind (im Folgenden Risikofaktoren genannt), sowie Bedingungen, welche vor allem das SCRM und die Auslöser des SCRM beeinflussen (im Folgenden Einflussfaktoren genannt).

Zu beachten ist, dass die Inhalte der einzelnen Kategorien dynamisch sind. So können sich z. B. Risiken im Zeitablauf verändern und die Konsequenzen einer Aktion die Rahmenbedingungen beeinflussen, die wiederum die Aktionen verändern, etc. Durch diese Dynamik entsteht ein fortlaufender Prozess (zum Prozesscharakter des Kodierparadigmas im Allgemeinen vgl. auch Strauss & Corbin 1990, S. 247ff.).

5.2.2 Eingrenzung des Modells für die weitere Detaillierung

In dem beschriebenen Modell wurden alle Kategorien der höchsten Ebene des Codesystems miteinander in Beziehung gesetzt. Um den Rahmen der Analyse einzugrenzen und die Forschungsfragen dieser Arbeit zu beantworten, konzentriert sich die Arbeit auf die grau hinterlegten Bestandteile des Modells.

Daher erfolgte eine Auswahl der Kategorien für eine vertiefte Analyse, während derer der Prozessschritt des fokussierten Kodierens nochmals durchlaufen wurde. Hierfür wurden die Kategorien „Supply Chain Risk Management", „Einflussgrößen" und „Motivationsfaktoren/Auslöser" ausgewählt. Die Basisdaten wurden nur als Hintergrundinformation genutzt, um die Aussagen der Gesprächspartner besser verstehen und einordnen zu können. Diese Kategorie wurde folglich nicht weiter berücksichtigt. Bezüglich des Risikos ist ein einheitliches Begriffsverständnis wichtig. Da Risiken im Allgemeinen und Supply Chain Risiken im Besonderen aber nicht im Fokus der Untersuchung stehen, sondern vielmehr das entsprechende Supply Chain Risk Management, wurde die Kategorie „Risiko/Supply Chain Risiko" ebenfalls nicht weiter analysiert. Auch die Kategorie „Sonstiges" wurde von der weitergehenden Untersuchung ausgeschlossen, da sie Aspekte enthält, die nicht unmittelbar mit dem Forschungsziel der Arbeit in Verbindung stehen. Das Ergebnis der vertieften Analyse ist ein detailliertes Modell der Initialisierung und Durchführung von SCRM Aktivitäten, das aus drei Hauptelementen besteht (Abbildung 24).

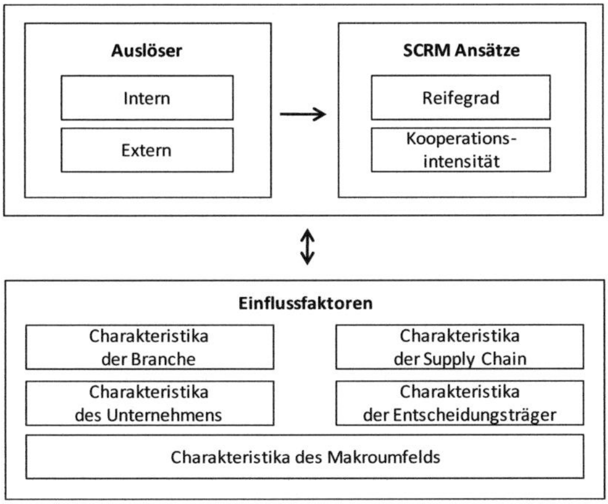

Abbildung 24: Modell der Initialisierung und Durchführung von SCRM

Die drei genannten Modellelemente werden im Folgenden weiter detailliert und ihre Interdependenzen diskutiert. Das erste Element sind „SCRM Ansätze" (Kapitel 5.3). Basierend auf den Daten wird hier zwischen dem Reifegrad und der Kooperationsintensität des Risikomanagements unterschieden. Das zweite Element wird „Auslöser" genannt (Kapitel 5.4). Diese repräsentieren unternehmensinterne oder -externe Ereignisse oder Situationen, welche Manager veranlassen, SCRM Aktivitäten zu initialisieren.

Das dritte und letzte Element sind „Einflussfaktoren" (Kapitel 5.5). Dieses sind Faktoren auf unterschiedlichen Ebenen, welche die bereits in der Literatur identifizierten Aspekte bestätigen, kombinieren und erweitern (z. B. Hallikas u. a. 2005; Kajüter 2003a; Lichtenstein 1996; Manuj & Mentzer 2008b; Ritchie & Brindley 2004). Im Einzelnen sind dies die Charakteristika des Makroumfelds, der Branche, der Supply Chain, des Unternehmens und der betroffenen Entscheidungsträger.[34] Diese Faktoren beeinflussen zum einen die Wahl des SCRM Ansatzes, zum anderen aber auch die Auslöser.

Die drei Abschnitte 5.3 bis 5.5 sind dabei wie folgt aufgebaut: Zunächst werden die Beobachtungen aus den Interviews erläutert. Dies geschieht gemäß der Vorgehensweise der Grounded Theory, indem die Kategorien „SCRM Ansätze", „Auslöser" und

[34] Als Entscheidungsträger werden hier alle Personen im Unternehmen bezeichnet, die Entscheidungen treffen können, die Supply Chain Risiken mittelbar oder unmittelbar tangieren. Die Begriffe „Manager" und „Entscheidungsträger" werden synonym verwendet.

„Einflussfaktoren“ anhand von Unterkategorien, d. h. den Eigenschaften und Dimensionen der untersuchten Kategorie, weiter ausgearbeitet werden.[35] Die Ergebnisse werden direkt mit Erkenntnissen aus der Literatur verknüpft (Corbin & Strauss 1990, S. 9; Glaser & Strauss 1967, S. 167ff.). Dieser Prozess der Integration von Ergebnissen der Datenanalyse mit existierenden Theorien in der Literatur wird auch als „systematic combining“ bezeichnet (Dubois & Gadde 2002, S. 555ff.; Wagner u. a. 2010, S. 9).

Abschließend folgt eine zusammenfassende kritische Würdigung der Beobachtungen des jeweiligen Abschnitts. Dabei werden die Ergebnisse in den Kontext der Literatur eingeordnet und mit dieser verglichen.

5.3 Ansätze des Supply Chain Risk Managements

In diesem Kapitel wird der erste Baustein des entwickelten SCRM Modells vorgestellt, die SCRM Ansätze (Abbildung 25). Dabei werden auf Basis der Interviewdaten verschiedene Ansätze des SCRM diskutiert und die Frage beantwortet, wie diese Ansätze beschrieben und kategorisiert werden können, so dass Unterschiede zwischen den Ansätzen deutlich werden.

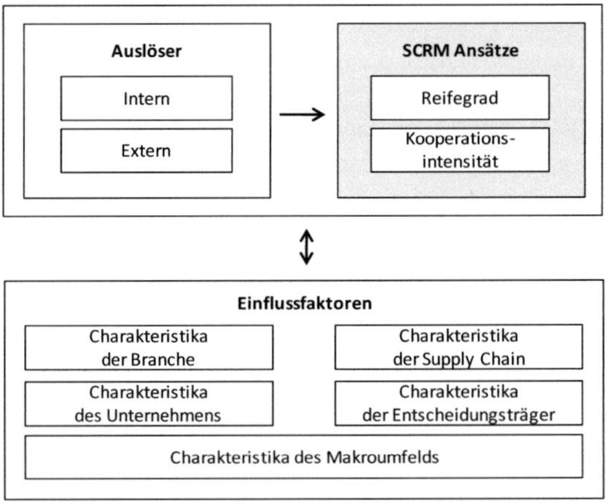

Abbildung 25: Modell des SCRM – Fokus SCRM Ansätze

---

[35] Gemäß der obigen Definition bezeichnet eine Dimension die Spanne der möglichen Ausprägungen. Die möglichen Ausprägungen können oft auf einem Kontinuum angeordnet werden, werden aber in dieser Arbeit der Einfachheit halber als dreistufige Skala dargestellt. Vgl. dazu auch Kapitel 4.

In Bezug auf den SCRM Ansatz werden zwei Kategorien unterschieden, die aus den Interviews hervorgingen. Dies sind der Reifegrad sowie die Kooperationsintensität des SCRM. Der Reifegrad bezieht sich auf Aktivitäten, die überwiegend innerhalb eines betrachteten Unternehmens durchgeführt werden können, während die Kooperationsintensität die Zusammenarbeit mit Supply Chain Partnern im Hinblick auf das SCRM beschreibt und damit die unternehmensübergreifende Perspektive einbezieht. Beide können anhand eines Kontinuums von niedrig bis hoch beschrieben werden. Ein SCRM Ansatz kann somit als Kombination des Reifegrads mit der Kooperationsintensität des Risikomanagements eines Unternehmens zu einem bestimmten Zeitpunkt beschrieben werden. Abbildung 26 zeigt die Einteilung in die beiden Kategorien sowie deren weitere Untergliederung.

Damit ergeben sich zwei Ebenen: die organisationsinterne und die organisationsübergreifende Ebene, die auch von anderen Autoren verwendet werden (Shi 2004, S. 220ff.). Die beiden Ebenen Reifegrad und Kooperationsintensität sind nicht vollständig unabhängig voneinander, sondern weisen einige Interdependenzen auf. So können beispielsweise intern genutzte Instrumente auch für ein kooperatives Risikomanagement verwendet werden. Umgekehrt kann ein Unternehmen, das zusätzliches Know-how durch seine Supply Chain Partner generiert, dieses Wissen auch für das interne Risikomanagement einsetzen. Ein Beispiel hierfür sind Best Practices zur Risikoidentifikation oder -bewertung, die zwischen den Unternehmen ausgetauscht werden.

Im Folgenden werden diese Möglichkeiten, ein SCRM zu gestalten, näher beschrieben. Dabei werden zunächst der Reifegrad und dessen weitere Unterkategorien beschrieben (Kapitel 5.3.1), bevor die Kooperationsintensität (Kapitel 5.3.2) erläutert wird. Der Detaillierungsgrad nimmt innerhalb der Kapitel jeweils zu, indem die weiteren Unterkategorien erläutert werden.

5.3.1 Reifegrad des Risikomanagements

Eine Reihe von aus dem Datenmaterial hervorgegangenen Codes der Kategorie „Supply Chain Risk Management“ lässt sich zu einer wesentlichen Entscheidung zuordnen, die ein Unternehmen zu treffen hat, und zwar eine Entscheidung über (Interview 11)

> *„that spectrum, the level of sophistication and depth of this risk management”.*

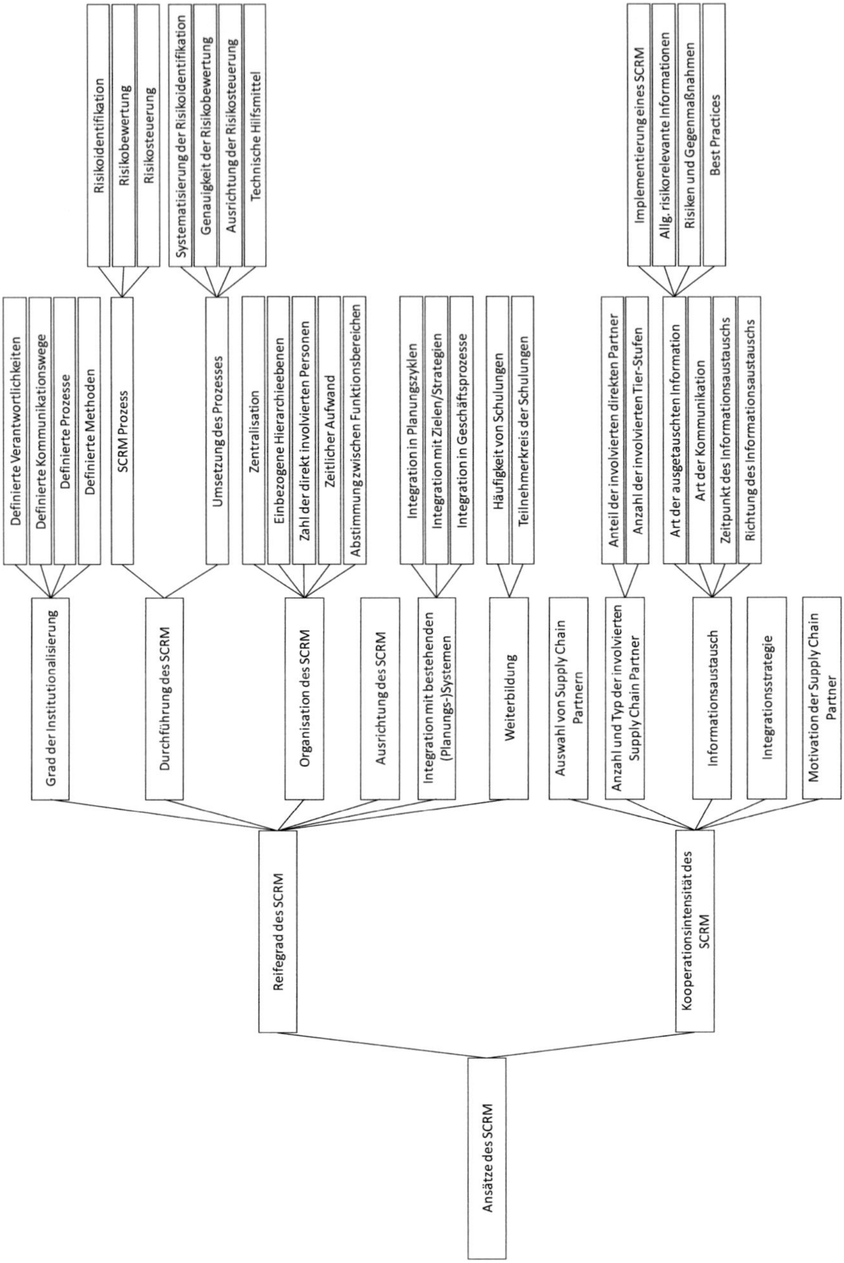

Abbildung 26: Strukturierung von SCRM Ansätzen

Dieselbe Entscheidungssituation beschreiben auch Vertreter deutscher Unternehmen als problematisch (Interview 19):

> *„Die Frage, die man sich sicherlich stellen muss, und jedes Unternehmen tickt da bestimmt anders und für sich individuell angepasst: Wie weit geht man da? Was macht man da?"*

Dieses Spektrum kann als „Reifegrad des Risikomanagements" bezeichnet werden. Diese Kategorie setzt sich aus sechs Unterkategorien zusammen, die deren Eigenschaften bilden (Abbildung 27) und zum Teil noch weiter untergliedert werden können.[36] Jede dieser Unterkategorien wird im Folgenden in einem Unterkapitel weiter erläutert.

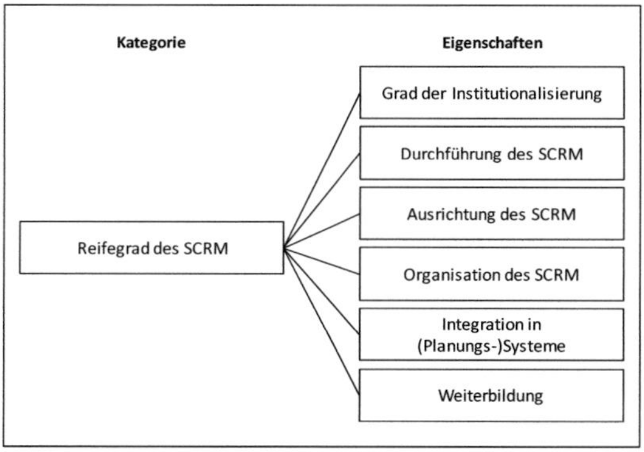

Abbildung 27: Eigenschaften der Kategorie „Reifegrad des SCRM"

5.3.1.1 Grad der Institutionalisierung

Bei der Beschreibung der implementierten oder geplanten SCRM Aktivitäten in ihren Unternehmen verwendeten die Gesprächspartner häufig Begriffe wie *„predetermined", „strict", „systematic", „structured", „standardized", „formalisiert"* oder *„festgelegt"*. Diese Aspekte können in der Kategorie „Grad der Institutionalisierung" zusammengefasst werden und sich auf unterschiedliche Objekte beziehen: Verantwortlichkeiten, Kommunikationswege, Prozesse und Methoden (Abbildung 28). Die Vorteile von Vorgaben und Standards liegen in einer einheitlichen, vergleichbaren Vorgehensweise und einem vereinfachten Informationsaustausch (Wildemann 2005,

[36] Die Unterkategorien entsprechen der dritten Ebene in Abbildung 26.

S. 103 u. 111). Standardisierte Prozesse führen zudem zu geringeren Kosten und weniger Störungen in den Prozessen (Bergener 2006, S. 149).

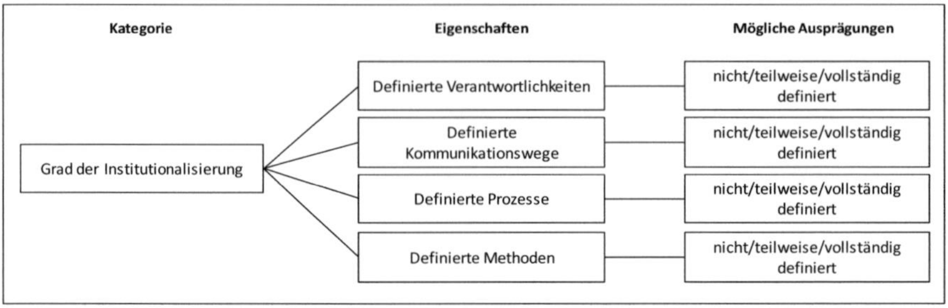

Abbildung 28: Eigenschaften und Ausprägungen der Kategorie „Grad der Institutionalisierung"

Häufig wird in inhaltlicher und zeitlicher Hinsicht ein Prozess für das Gesamtunternehmen vorgegeben. In der Ausführung des Prozesses und Auswahl der verwendeten Methoden – sofern vorhanden – scheinen die einzelnen Unternehmensbereiche hingegen überwiegend autonom zu sein. Auch Verantwortlichkeiten und Kommunikationswege sind in den befragten Unternehmen in der Regel festgelegt. Daneben wird auch die Notwendigkeit betont, dass Risikomanagement in die tägliche Arbeit jedes Mitarbeiters integriert werden sollte und Risikoaspekte häufig intuitiv mitberücksichtigt werden. Ein rein auf Intuition beruhendes SCRM ist jedoch weder aus Unternehmenssicht noch aus Sicht der Literatur wünschenswert.

So betont z. B. Fiege (2006, S. 233) die Notwendigkeit einer vor allem organisatorischen Institutionalisierung, da langfristig nur so eine regelmäßige und gewissenhafte Ausführung des Risikomanagements gewährleistet ist. Aus Unternehmenssicht sollte es zwar ein Ziel bleiben, Flexibilität und Kreativität der Mitarbeiter im Umgang mit Risiken zu erhalten. Die Vorteile eines systematischen Vorgehens liegen aber in der Verfügbarkeit und Weitergabe des impliziten Know-hows der Mitarbeiter und der Vergleichbarkeit von Angaben, wie das folgende Zitat zeigt (Interview 19):

> *„Das Wissen in den Köpfen der Mitarbeiter ist bis zu einem gewissen Grad gewünscht, auch erforderlich natürlich, um flexibel und schnell reagieren zu können; aber auf der anderen Seite muss es für das Unternehmen verfügbar bleiben, auch mit Weggang des Mitarbeiters. Das ist der Punkt, den ich an strukturiertem Arbeiten, festgelegten Prozessen als größten und wichtigsten Punkt für das Unternehmen sehe. Und natürlich auch die Vergleichbarkeit untereinander. […] Zuviel macht keinen Sinn, gar nichts ist*

auch schlecht; wenn jeder in Freitext seine Meinung hinschreibt, kann ich es nicht auswerten."

5.3.1.2 Durchführung des Supply Chain Risk Managements

SCRM wird in den befragten Unternehmen üblicherweise anhand eines Prozesses durchgeführt, wie er auch in der Literatur beschrieben wird, und der durch verschiedene Vorgehensweisen und Instrumente umgesetzt werden kann (Kersten u. a. 2009b, S. 21ff.).[37] Damit sind die in den Interviews genannten Gestaltungsfelder des SCRM mit den in der Literatur diskutierten konsistent.

Der SCRM Prozess weist in den befragten Unternehmen grundsätzlich die gleichen Schritte auf wie der in der Literatur etablierte Prozess: Risikoidentifikation, -bewertung, -steuerung (Abbildung 29) und -kontrolle, die letztlich eine Aktualisierung der ersten drei Prozessschritte bedeutet.

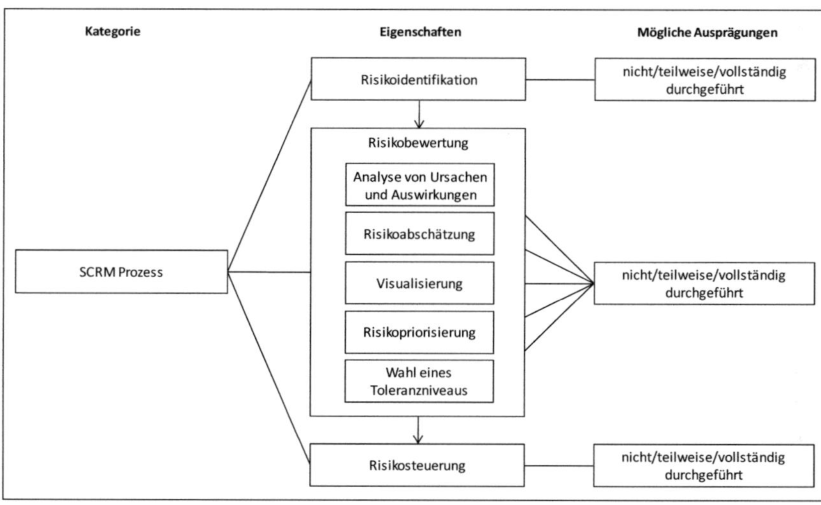

Abbildung 29: Eigenschaften und Ausprägungen der Kategorie „SCRM Prozess"

Das folgende Zitat gibt eine typische Beschreibung des Prozesses wider (Interview 4):

„The first thing that happened was, everybody went through and identified various risks that could occur and then we rated them as low, medium and high. Then we went through and anything that had a high likelihood or

[37] Vgl. Kapitel 3.3.1.

could have a higher risk involved, we had to document the whole [mitigation] plan on it."

Allerdings haben viele Unternehmen nicht explizit einen Prozess definiert, auch wenn alle Schritte in dieser oder ähnlicher Reihenfolge durchgeführt werden.

Eine weitere Detaillierung scheint für den Schritt der Risikobewertung angebracht, da sich dieser aus mehreren einzelnen Aktivitäten zusammensetzt und hier die größten Unterschiede zwischen den Unternehmen liegen. Aus den Interviews kristallisierten sich folgende fünf Aktivitäten heraus:

- Analyse der Ursachen und Auswirkungen, d. h. eine Beurteilung, zu welchen Konsequenzen das Eintreten eines Risikoereignisses führen kann und ggf. welche Unternehmens- und Supply Chain Ziele (z. B. Qualität oder Lieferfähigkeit) negativ betroffen sein könnten,
- Risikoabschätzung, d. h. eine qualitative oder quantitative monetäre Abschätzung dieser Ereignisse und Entwicklungen,
- Visualisierung der Risiken, z. B. in einer Risk Map,
- Risikopriorisierung, d. h. eine Gegenüberstellung verschiedener Risiken und Erstellung einer Rangfolge, welche Risiken priorisiert behandelt werden müssen sowie
- Wahl eines Toleranzniveaus, d. h. Auswahl der Risiken, die akzeptiert werden bzw. bei denen gegengesteuert werden muss.

In der Unternehmenspraxis sind diese Aktivitäten stark miteinander vermischt und nicht klar gegeneinander abzugrenzen, wie die Schilderung eines Interviewpartners zeigt (Interview 9):

> *„For example procurement has just started at the request of our board a separate project to identify the top three risks posed by suppliers. It could be because they are single sourced, it could be because the supplier itself seems unstable, it could be a critical component [...]. There is a lot of different ways of defining risk in that scenario and that is left up to the individual unit to work on."*

Hier werden die Identifikation, die Analyse möglicher Ursachen und die Priorisierung („top three risks") miteinander vermischt, eine Risikoabschätzung wird nur implizit vorgenommen, um die drei wichtigsten Risiken bestimmen zu können. Zudem werden nicht in jedem Unternehmen alle Aktivitäten durchgeführt. So ist z. B. eine Visualisierung von Risiken in einer Risk Map optional. Je mehr Schritte jedoch durchgeführt werden, desto höher ist der Reifegrad des Risikomanagements einzuschätzen. Eine Risikoaggregation als Teil der Risikobewertung, wie sie von einigen Autoren gefordert wird (z. B. Deutsche Gesellschaft für Risikomanagement e.V. 2008), wurde von keinem der Unternehmen explizit genannt.

Wie die Umsetzung des Prozesses in den Unternehmen erfolgt, wird anhand der Prozessschritte Risikoidentifikation, -bewertung und -steuerung diskutiert. Zudem wird der Einsatz von technischen Hilfsmitteln wie Softwaretools beschrieben.

Risikoidentifkation und -bewertung

Zur Umsetzung eines Supply Chain Risk Management Prozesses werden in den befragten Unternehmen zahlreiche Instrumente und Hilfsmittel verwendet, um Risiken zu identifizieren und zu bewerten. Auffällig ist, dass es in den wenigsten Unternehmen durchgängig verwendete Instrumente gibt, sondern viele Bereiche autonom agieren. So berichtete ein Interviewpartner (Interview 9):

> *„I wouldn't say that there is a consistent tool that is applied. Each area has different things."*

Ein Gesprächspartner merkte zudem an, es sei wichtig, verschiedene Instrumente zu kombinieren, um z. B. Ergebnisse durch ein zweites Verfahren verifizieren zu können.

Der Risikomanagement-Prozess und Instrumente zu seiner Umsetzung werden zwar als nützliche Hilfsmittel angesehen; insgesamt wird ihnen jedoch eine untergeordnete Rolle beigemessen. Insbesondere wurde stattdessen die Wichtigkeit hervorgehoben, in funktionsübergreifenden Teams zusammenzuarbeiten (Interview 11):

> *„80% of that battle is getting the right people in the right room and talking about it. [...] Whatever process you do to get there shouldn't be cumbersome and shouldn't be very complicated. [...] There are some better tools that allow you to analyze things in a better way, make the right choices, that sort of thing. But sales and operations planning, if you get the right people in the room, you have won more than half the battle."*

Ähnlich äußerte sich ein Gesprächspartner eines deutschen Unternehmens (Interview 15):

> *„Ich glaube, das ist nicht eine Frage der Tools oder Verfahren, [...] sondern eine Frage, wie man zusammenarbeitet."*

Um die Instrumente zu systematisieren, werden Kriterien aus der Literatur herangezogen[38], da sich aus den Interviews keine eindeutigen Kategorien herausgebildet haben. Grundsätzlich ist zwischen Instrumenten der Risikoidentifikation und Instrumenten der Risikobewertung zu unterscheiden, wobei nicht immer eine eindeutige Abgrenzung möglich ist (Abbildung 30).

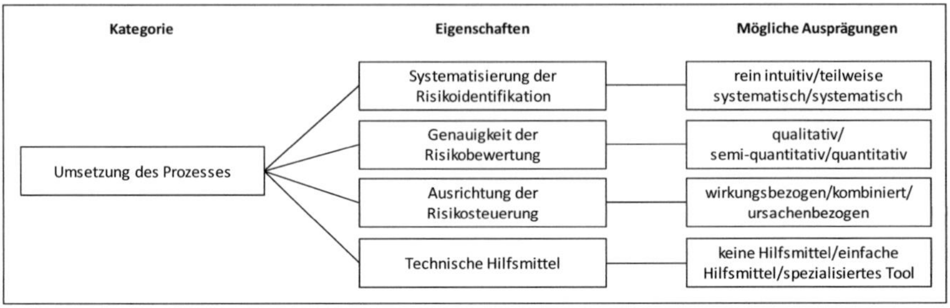

Abbildung 30: Eigenschaften und Ausprägungen der Kategorie „Instrumente des Prozesses"

Bei der Risikoidentifikation wird zwischen kreativ-intuitiven und analytisch-strukturierenden Instrumenten unterschieden. Obwohl der Einsatz von kreativ-intuitiven Techniken in vielen Situationen sinnvoll ist, sollten diese in einem ausgereifteren Risikomanagement auch von analytisch-strukturierenden Techniken unterstützt werden. Bei den Instrumenten der Risikobewertung ist zwischen qualitativen und quantitativen Techniken zu unterscheiden.

Tabelle 12 zeigt die von den befragten Unternehmen vorrangig genannten Instrumente sowie ihre Einsetzbarkeit für die Risikoidentifikation und -bewertung. Die Einsetzbarkeit wurde anhand der Beschreibung der Interviewpartner erstellt, ergänzt durch Einschätzungen aus der Literatur, wenn es notwendig war. Die Tabelle zeigt die Bandbreite der genannten Instrumente, dabei werden die Instrumente hervorgehoben, die vorwiegend zum Einsatz kommen.

Häufig erwähnte Instrumente, die von fast allen Gesprächspartnern angeführt wurden, sind Lieferantenbewertungen, z. B. Lieferantenaudits oder Scorecards. Derartige Instrumente wurden in der Literatur bereits detailliert untersucht (z. B. Blackhurst u. a. 2008; Slobodow u. a. 2008; Zsidisin u. a. 2004). Auch einfach einzusetzende Instrumente wie Brainstorming kommen häufig zum Einsatz.

[38] Vgl. Kapitel 3.3.1.2.

Methode	Risiko-identifikation intuitiv	Risiko-identifikation strukturiert	Risiko-bewertung qualitativ	Risiko-bewertung quantitativ
5 „whys“		x	x	x
Bewertungsskalen			**x**	**x**
Brainstorming	**x**			
Checklisten		x		
Dokumentenanalysen		x		
Fehlerbaumanalyse		x	x	x
Flussdiagramme		x	x	x
FMEA		x	x	x
Frühwarnsysteme		x		
HAZOP		x	x	x
Informationen Dritter		x		
Interviews	**x**	**x**	**x**	**x**
Konsens-Meetings			**x**	**x**
Lieferantenaudits	**x**	**x**	**x**	**x**
Lieferantenscorecards			x	x
Prozessanalysen		x	x	x
Risikoportfolios			x	x
Schlüsselindikatoren		x		
Sensitivitätsanalysen				x
Statistische Modelle				x
Subjektive Schätzungen			**x**	
Szenarioplanung		x	x	x
Ishikawa-Diagramme		x	x	x
Value Stream Maps		x	x	x

Tabelle 12: Instrumente des Risikomanagements in den befragten Unternehmen

Große Unterschiede ergeben sich bei den eingesetzten Bewertungsskalen. Zum einen betrifft dieser Unterschied die Art der Skalierung, diese kann qualitativ (meist in der Form „hoch – mittel – niedrig“ oder ähnlich) oder quantitativ sein. Zum anderen unterscheiden sich auch die Dimensionen der Skalen. Bei Weitem am häufigsten verwendet werden die Dimensionen „Eintrittswahrscheinlichkeit“ (in den US Unternehmen „Probability“ oder „Frequency“) und „Schadenshöhe“ (in den US Unternehmen meist als „Impact“ bezeichnet), die auch in der Literatur häufig verwendet werden (z. B. Hallikas u. a. 2004, S. 53). Als Vorstufen einer monetären Bewertung werden Dimensionen eingesetzt, um die operativen Zielabweichungen zu beschreiben, wie z. B. „Time to recover from disruption“, „Dauer des Produktionsausfalls“, „Gesamtbeschaffungsvolumen/Umsatz“ oder „Vertragsstrafen“. Als weitere Dimensionen werden „Seriousness“, „Urgency“ und „Growth“ verwendet. Die in der Literatur vielfach vorgeschlagene Dimension „Entdeckungswahrscheinlichkeit“, die z. B. in der FMEA verwendet wird (Deutsches Institut für Normung 2006), wurde dagegen nicht genannt.

Bei der Bewertung kommen häufig Konsens-Meetings zum Einsatz, in denen die Risiken von einer Gruppe von Mitarbeitern subjektiv bewertet werden. Diese Vorgehensweise bietet zwar den Vorteil, verschiedene Sichtweisen zu integrieren, es können jedoch auch Probleme entstehen, wenn immer ein Konsens erzielt werden muss. So wurde in einem Unternehmen ein Durchschnitt der Einschätzungen der einzelnen Mitarbeiter gebildet, was dazu führte, dass die einzelnen Einschätzungen zwar zum Teil stark variierten, viele Risiken aber am Ende des gemeinsamen Workshops als „mittel“ eingestuft wurden. Dadurch können wertvolle Informationen verloren gehen.

Insgesamt dominieren kreativ-intuitive Verfahren bei der Identifikation und qualitative, auf subjektiver Einschätzung beruhende Verfahren bei der Risikobewertung. Dies ist selbst in Unternehmen der Fall, die viele monetäre und personelle Ressourcen in das Risikomanagement investieren (Interview 6):

> *„But it's still a subjective rating at the end that's consensed upon.“*

Das Zitat macht auch deutlich, dass die Identifikation und Bewertung oftmals durch Gruppen erfolgt. Das folgende Zitat beschreibt ein solches Vorgehen detaillierter (Interview 14):

> *„In diesen Meetings konnte jeder [...] auf Post-it seine Risiken aufschreiben, die einem so in den Sinn kommen, ein Brainstorming. Dann wurden sie auf*

eine Tafel übertragen und sortiert und diskutiert. Jeder hat sein Risiko vorgestellt. Der letzte Schritt war, dass man gemeinsam versucht hat, nach einer ersten Clusterung die Risiken nach Themen auf dem Risk Picture zu platzieren."

Eine vollständig quantitative, monetäre Bewertung wird nur selten und eher bei Finanzrisiken durchgeführt, aber weniger bei Risiken, die in der direkten Supply Chain liegen. Der geringe Einsatz von strukturierenden und quantitativen Instrumenten dürfte zum einen dadurch zu erklären sein, dass vor allem in kleinen und mittleren Unternehmen nicht genügend Ressourcen und Daten vorhanden sind, um detailliertere Analysen durchführen zu können (Kersten u. a. 2009b, S. 15ff.). Zum anderen wurde von den Gesprächspartnern aber auch oft keine Notwendigkeit gesehen. Zudem wurde darauf hingewiesen, dass bei einer quantitativen Bewertung die Gefahr einer Scheingenauigkeit bestehe.

Erschwert wird eine Untersuchung von Risikomanagement-Instrumenten dadurch, dass viele Instrumente von Unternehmen für einen anderen Zweck eingesetzt und nicht explizit als Risikomanagement bezeichnet oder für das Risikomanagement genutzt werden. Dazu gehören z. B. Techniken des Qualitätsmanagements wie die FMEA oder Lean Management Instrumente. Hier würde sich aber eine Übertragung auf das Risikomanagement anbieten, da die Verantwortlichen bereits mit den jeweiligen Instrumenten vertraut sind (Interview 15):

> *„Es gibt natürlich gewisse Verfahren, die wir auch einsetzen, FMEA zum Beispiel. [...] Ich kenne aber sehr wenige Fälle, wo wir das von diesen sehr technischen, dokumentationslastigen Anwendungen in die wirtschaftliche oder Risikobetrachtung im klassischen Sinne übernommen hätten. [...] Bei einer Prozess FMEA halte ich es für sinnvoll, die auch mal gezielt bei Lieferanten einzusetzen."*

Risikosteuerung

Da wie erwähnt die Risikosteuerung bereits ausführlich in der Literatur untersucht wurde, lag der Schwerpunkt der Datenanalyse nicht auf diesem Prozessschritt. Daher sollen an dieser Stelle nur die wichtigsten Beobachtungen genannt werden.

Auffällig ist, dass Maßnahmen fast immer in Zusammenhang mit einem konkreten Risikobeispiel genannt wurden. Dies zeigt sich u. a. in der hohen Anzahl der Überschneidungen von zwei während der Datenanalyse entwickelten Codes: „Risikosteuerung" und „Risikobeispiel". Diese Codekombination weist die meisten Überschneidungen von allen Codekombinationen auf. Eine Überschneidung bedeutet, dass eine Textstelle mit beiden Codes kodiert wurde.[39] Ein Grund hierfür ist, dass sehr viele Einzelmaßnahmen existieren, die für eine bestimmte Risikosituation eingesetzt werden können.[40] Sie wurden daher auch oft mit dem entsprechenden Risiko genannt. Generalisierte Maßnahmenkategorien sind dagegen auf einem höheren Abstraktionsniveau angesiedelt und wurden seltener genannt. Zur Kategorisierung von Maßnahmen muss daher auf die Literatur zurückgegriffen werden (z. B. Manuj & Mentzer 2008a; Rogler 2002).

Zwei wesentliche Maßnahmengruppen, die sich aus den Daten herausgebildet haben, sind das Business Continuity Management (in den Interviews auch als Backup plans, Response plans oder Notfallpläne bezeichnet) sowie vertragliche Regelungen. Beides sind zwar proaktive Maßnahmen, da sie bereits vor Eintreten eines Risikos geplant bzw. implementiert werden. Sie zielen jedoch auf eine Reduktion des Schadens ab und setzen damit an der Wirkung des Risikos statt an dessen Ursache an.

Technische Hilfsmittel

Der Reifegrad der eingesetzten technischen Hilfsmittel ist auch ein Indikator für den Reifegrad des Risikomanagements insgesamt. Die Nutzung technischer Hilfsmittel kann dabei helfen, Informationen systematisch zu erfassen, aufzubereiten und zu dokumentieren. Zudem wird der Aufbau eines Informationssystems empfohlen, um den Informationsaustausch und die Kommunikationsbereitschaft im Unternehmen zu fördern (Diederichs 2004, S. 73). Das Spektrum reicht von einfachen Listen oder Formblättern, die z. B. mit Hilfe von Microsoft Excel geführt werden, bis hin zu Datenbanken und Softwarelösungen, die speziell für das Risikomanagement entwickelt wurden. Wird das Risikomanagement eher in andere Aktivitäten integriert, kann es auch vorkommen, dass Risikoinformationen in Systeme einbezogen sind, die dem allgemeinen Supply Chain Management dienen, wie z. B. in Tools zur Lieferantenbewertung oder dem ERP System. So unterstützt z. B. das ERP System der Firma SAP einzelne Schritte des SCRM Prozesses (SAP 2010). Obwohl auch zahlreiche Softwarelösungen am Markt angeboten werden, dominieren in den Unternehmen einfache Lösungen wie Microsoft Office-Produkte oder selbst erstellte Softwarelösungen. Einen guten Überblick über bestehende Software sowie Kriterien zu deren Auswahl findet sich bei Jonen u. a. (2005) und der Cranfield University (2002, S. 26).

---

[39] Die Analyse der Überschneidungen wurde mittels der Funktion „Code-Relations-Browser" der Software MAXQDA durchgeführt.

[40] Vgl. Kapitel 3.3.1.2.

Daneben ist auch an Tools zu denken, die einzelne Schritte gezielt unterstützen, wie z. B. Simulationstools zur Bewertung von Risiken, die allerdings in den befragten Unternehmen kaum eine Rolle spielen.

5.3.1.3 Ausrichtung des Supply Chain Risk Managements

Auch die Entscheidung, inwieweit ein Risikomanagement proaktiv oder reaktiv betrieben wird, ist eine Eigenschaft des Reifegrads. Die Kategorie wird nicht in weitere Eigenschaften unterteilt, sondern kann allein durch die Ausprägung proaktiv oder reaktiv beschrieben werden (Abbildung 31).

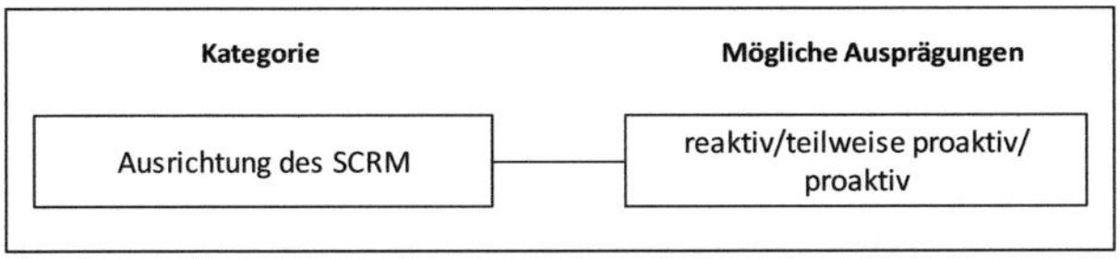

Abbildung 31: Ausprägungen der Kategorie „Ausrichtung des SCRM“

Die Bedeutung eines proaktiven Handelns zeigt sich u. a. im häufig zitierten Fall des Feuers in einer Fabrik in Albuquerque, New Mexico (Latour 2001; Sheffi & Rice 2005, S. 48) und wird auch in den Unternehmen erkannt (Interview 17):

> *„Das Risikomanagement interessiert manchmal erst, wenn es zu spät ist. Wobei das auch besser geworden ist, weil man sich inzwischen darüber im Klaren ist, dass es einfacher und günstiger ist, Risiken von vornherein zu analysieren und eventuell zu minimieren, als hinterher den Schaden aufzuräumen.“*

Eine fehlende vorausschauende Planung wurde daher von vielen Gesprächspartnern, in deren Unternehmen bisher nur wenig Risikomanagement praktiziert wurde, als großes Defizit benannt. Proaktives Handeln hat sich also bisher nicht in allen Unternehmen durchgesetzt. Strukturierte Frühwarnsysteme wurden nur von einem Unternehmen explizit erwähnt. Hier sind es vor allem Gefahrgut-Bereiche, in denen proaktiv gehandelt wird (Interview 11):

> *„The environmental health and safety responsible care, that has been proactive for a long time. But I think outside of that it has been more reactive.“*

Einen Ansatzpunkt bieten allerdings auch in Unternehmen mit eher reaktivem Risikomanagement Lieferantenaudits (Interview 15):

„Das Einzige, wo wir proaktiv mit dem Lieferanten etwas machen, sind die Lieferantenbewertung, die Lieferantenaudits."

5.3.1.4 Organisation des Supply Chain Risk Managements

Die organisatorische Einbettung von SCRM Aktivitäten ist ebenfalls ein Merkmal zur Beschreibung des Reifegrads. Abbildung 32 zeigt die Eigenschaften und Ausprägungen der Kategorie. Die ersten drei Eigenschaften beziehen sich auf die in Kapitel 3.3.2 aufgeworfenen Fragen, wie zentralisiert das Risikomanagement sein sollte und auf welcher Hierarchieebene das Risikomanagement angesiedelt ist.

Zentralisation und einbezogene Hierarchieebenen

In allen Unternehmen waren dezentrale Elemente eines Risikomanagements vorhanden, d. h., die operativen Einheiten waren explizit oder implizit in SCRM Aktivitäten involviert, auch wenn dies nicht ausdrücklich als Risikomanagement bezeichnet wurde. In einigen Unternehmen waren zusätzlich zentrale Einheiten für die Koordination der Aktivitäten zuständig.

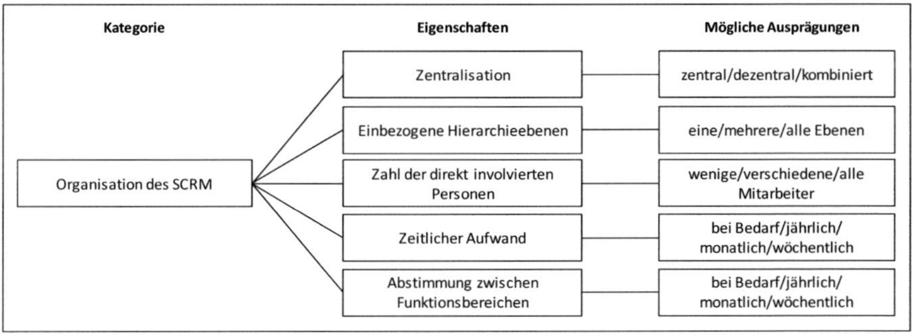

Abbildung 32: Eigenschaften und Ausprägungen der Kategorie „Organisation des SCRM"

Häufig erfolgt diese Koordination durch einen Risikomanagement-Beauftragten oder Mitglieder des höheren Managements, die lose in einem Komitee zusammenarbeiten, d. h., es gibt keine übergeordnete, hierarchisch etablierte Abteilung. Mehr als die Hälfte der amerikanischen Unternehmen erwähnte ein solches Komitee (Interview 4):

„That was pretty much handled on a departmental basis and then each department took the risks to the risk management committee and they talked it over as a group there."

In den in Deutschland befragten Unternehmen existieren ähnliche Einrichtungen unter anderen Namen. Die Vorteile einer solchen flexiblen Lösung werden auch in der Literatur diskutiert. So diskutiert z. B. Diederichs (2004, S. 212ff.) die Vorteilhaftigkeit und Implementierung eines Risikomanagement-Ausschusses.

Als weitere beteiligte zentrale Einheiten in den Unternehmen wurden der Vorstand, das Corporate Planning oder Finanzabteilungen genannt. Das häufige Auftreten der Kombination zentraler und dezentraler Elemente und die Verbindung unterschiedlicher Hierarchieebenen bestätigen auch Ergebnisse anderer empirischer Arbeiten zum SCRM (z. B. Thom 2008, S. 108ff.).[41] Vorteile dieses Vorgehens aus Unternehmenssicht liegen darin, dass die Personen involviert werden, die über das größte Wissen in ihrem Kompetenzbereich verfügen. Entscheidungsträger des oberen Managements werden dagegen entlastet und erhalten gefiltert nur die für sie relevanten Informationen.

Anzahl/Anteil der involvierten Mitarbeiter

Ein Indikator für den Reifegrad des Risikomanagements ist auch die Zahl bzw. der Anteil direkt involvierter Mitarbeiter. Nur wenige Unternehmen haben Mitarbeiter oder Abteilungen, die sich explizit nur mit Risikomanagement-Aktivitäten beschäftigen. Meist sind ein oder wenige Mitarbeiter mit einem geringen Prozentsatz ihrer täglichen Arbeitszeit für das SCRM verantwortlich. So bildet das folgende Zitat eher eine Ausnahme (Interview 25):

> *„For supply chain risk management we have a dedicated team. It's a small team of around ten people focusing on risk management. But given the scope of the problem we definitely leverage the organization, and then we've got many more folks involved in risk management than just our team."*

Zeitlicher Aufwand

Die für das Risikomanagement aufgewendete Zeit ist eine der Variablen, die zwischen den Unternehmen am stärksten variieren. Zeitliche Aspekte betreffen zum einen den zeitlichen Aufwand, zum anderen die Häufigkeit des Risikomanagements. Der zeitliche Aufwand variiert zwischen wenigen Stunden und Tagen im Jahr bis hin zu Personen, die Vollzeit mit Risikomanagement beschäftigt sind (Interview 9 bzw. Interview 16):

---

[41] Vgl. Kapitel 3.3.2.

„Basically, we have twice a year meetings that we sit down at and we identify what potential risks are within the supply chain at a high level."

„Damit sind Heerscharen von Mitarbeitern beschäftigt."

Auch bezüglich der Häufigkeit bzw. Regelmäßigkeit treten große Unterschiede auf. Aufwand und Häufigkeit sind außerdem sehr von der jeweiligen Aktivität abhängig (Interview 4):

„We have different things in place that should happen at different times. We manage a lot by exception, if those key indicators don't happen, that's when we start doing research."

Weitgehende Übereinstimmung besteht bei den Unternehmen dahin gehend, dass verschiedene Meetings, in denen auch Risikothemen besprochen werden, regelmäßig einmal oder mehrmals pro Jahr stattfinden, und dass bei Bedarf gehandelt wird, wie auch das obige Zitat deutlich macht. Bei Bedarf bedeutet für einige Unternehmen, dass bereits ein Risikoereignis eingetreten ist. Andere Unternehmen sehen Bedarf, wenn Veränderungen auftreten, z. B. in der Lieferantenstruktur oder wenn neue Projekte gestartet werden.

Abstimmung zwischen Funktionsbereichen

Des Weiteren spielt auch die Kooperation zwischen den einzelnen Unternehmensfunktionen eine Rolle und beeinflusst den Reifegrad. Im Abschnitt über Supply Chain Management wurde bereits darauf hingewiesen, dass die Koordination firmeninterner Aktivitäten eine Voraussetzung für das Supply Chain Management ist (Lambert u. a. 1998, S. 10). Dies gilt auch für den Spezialfall des Supply Chain Risk Managements. Viele Unternehmen berichteten von funktionsübergreifenden Teams, die auf vielen Gebieten zusammenarbeiten und auch für Risikomanagement eingesetzt werden. Oftmals scheint diese Zusammenarbeit allerdings erst stattzufinden, wenn ein Risiko bereits eingetreten ist (Interview 15):

„Was bei uns sehr beliebt ist, sind sogenannte Cross-functional Teams, wo verschiedene Vertreter aus verschiedenen Bereichen beteiligt sind. Und in der Regel ist es dann so, wenn man zu einem solchen Team geht, findet das in Krisenmeetings statt, wenn z. B. ein Lieferant insolvent ist."

Eine weitere Möglichkeit der Zusammenarbeit besteht durch Risikomanagement-Verantwortliche in einzelnen Abteilungen, die sich abteilungsübergreifend vernetzen und so eine regelmäßige Kommunikation sicherstellen. Dennoch scheint oft keine interne Abstimmung zwischen Funktionen wie Supply Chain Management, Vertrieb, Qualitätsmanagement und Projektmanagement vorhanden zu sein, so dass das Wissen über Aktivitäten in anderen Bereichen, wie z. B. Qualitätsmanagement oder Projektmanagement, gering ist, wie die folgenden Zitate belegen (Interview 16, 24 und 19):

> *„Das ist Qualitätsmanagement, das hat mit Risikomanagement nichts zu tun. Da gehen wir davon aus, dass wir immer zu 100% Gutteile bekommen."*

> *„Almost all of the requests for this type of information does get funneled through our sales department. Of course they just forward the email or request to purchasing. Sometimes they have got involved in preparation for the response to our customer. For the most part, it just goes from sales to purchasing and from purchasing back to the customer."*

> *„Der Bereichsleiter [des Projektmanagements] ist da schon weiter, es gibt zumindest einen theoretischen Ansatz [...]. Einzelne Detailpunkte kann ich Ihnen nicht nennen."*

5.3.1.5 Integration in bestehende Planungssysteme

Ein weiterer Indikator für den Reifegrad des Risikomanagements ist die Integration von SCRM Aktivitäten in verschiedene bestehende Planungssysteme und Prozesse des Unternehmens (Abbildung 33). Häufig erwähnte Beispiele sind die Integration von Risikomanagement in Lieferantenaudits und der Austausch von risikorelevanten Informationen in Meetings mit anderem Themenschwerpunkt. Aber auch die Integration in die allgemeine Geschäftsplanung bietet Vorteile (Interview 6):

> *„What we are trying to do is, for the risk management project to tie that into our business planning process. [...] Every chance we get we try to not put risk management off to the side. Where it can be incorporated into a business plan, where it can be part of someone's role and responsibility, where it's part of the regular, daily process, I think it's much better than risk management off to the side."*

Auch die direkte Verknüpfung mit Strategien und Zielen ist aus der Perspektive der Gesprächspartner sinnvoll. So berichtete ein Unternehmen, dass Risikomanagement-Aspekte in die Jahreszielvereinbarungen von Managern aufgenommen wurden. Überlegungen dieser Art wurden in der SCRM Literatur bisher nur wenig behandelt (eine Ausnahme bildet z. B. Mikus (2001)).

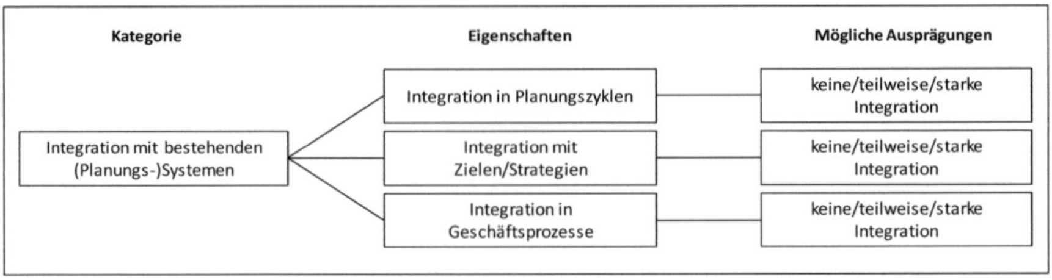

Abbildung 33: Eigenschaften und Ausprägungen der Kategorie „Integration mit bestehenden (Planungs-)Systemen"

5.3.1.6 Weiterbildung

Die Voraussetzung für einen hohen Reifegrad des Risikomanagements sind das Wissen und die Fähigkeiten der Mitarbeiter. Ein Verständnis für das Gesamtsystem, potenzielle Störungen und robuste Planung auf der Ebene einzelner Mitarbeiter zu schaffen, stellt eine der größten organisatorischen Herausforderungen dar, so dass Schulungen und Weiterbildungen eine große Bedeutung zukommt (Rice & Caniato 2003b, S. 4).

Weiterbildung kann charakterisiert werden durch die Häufigkeit von Schulungen einerseits und den Teilnehmerkreis andererseits (Interview 9; Abbildung 34):

> *„The general managers themselves in each of the units attend a training session each year and risk is usually covered as one of the topics. And so they get additional training every year on risk topics."*

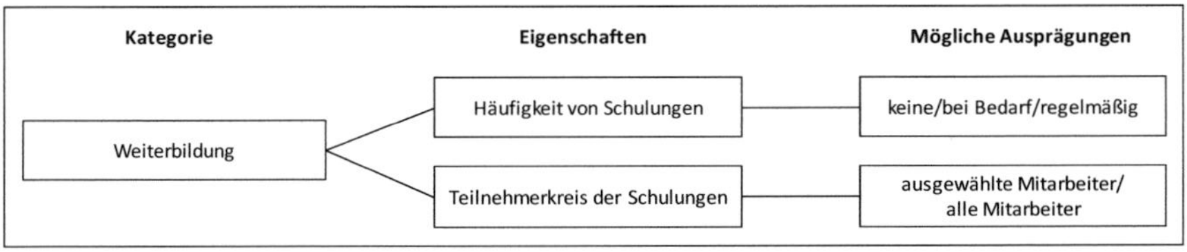

Abbildung 34: Eigenschaften und Ausprägungen der Kategorie „Weiterbildung"

Die Vorteilhaftigkeit von Risikomanagement-Schulungen wird auch in der Literatur hervorgehoben, da die Effektivität und Qualität des Risikomanagements signifikant erhöht werden kann (Cranfield University 2003, S. 24; Diederichs 2004, S. 72; Wildemann 2006, S. 72). Eine wesentliche Bedeutung scheinen Schulungen jedoch nur in Branchen zu haben, in denen Gefahrguttransporte durchgeführt werden. Nur wenige

Interviewpartner aus anderen Branchen erwähnten Schulungen oder Trainings. Die wenigen Aussagen der Teilnehmer zu diesem Thema weisen ebenfalls eher auf eine geringe Bedeutung in der Praxis hin (Interview 3):

> *„I've never seen any formalized training at any of the organizations I've been in."*

Auch andere Studien kommen zu dem Ergebnis, dass Schulungen bisher keine große Rolle spielen. Gemäß einer Studie von Wildemann (2006, S. 52) führen nur 28% der Unternehmen regelmäßig Schulungen zum leistungswirtschaftlichen Risikomanagement durch. Diederichs (2004, S. 73) stellt eine starke Abhängigkeit der Durchführung von Risikomanagement-Schulungen und dem Börsenindex fest, in dem das Unternehmen gelistet ist.

5.3.2 Kooperationsintensität

Als zweite Hauptkategorie, mit der sich SCRM Ansätze charakterisieren lassen, wurde die Kooperationsintensität identifiziert. Diese Kategorie beschreibt das Ausmaß, in dem Unternehmen mit ihren Supply Chain Partnern in Bezug auf das SCRM zusammenarbeiten. Während der Reifegrad des Risikomanagements primär auf SCRM Aktivitäten innerhalb eines betrachteten Unternehmens fokussiert, steht hierbei also der Austausch mit externen Parteien im Vordergrund. Abbildung 35 zeigt die Unterkategorien bzw. Eigenschaften der Kategorie, die im Folgenden jeweils in einem Unterkapitel weiter detailliert werden.[42]

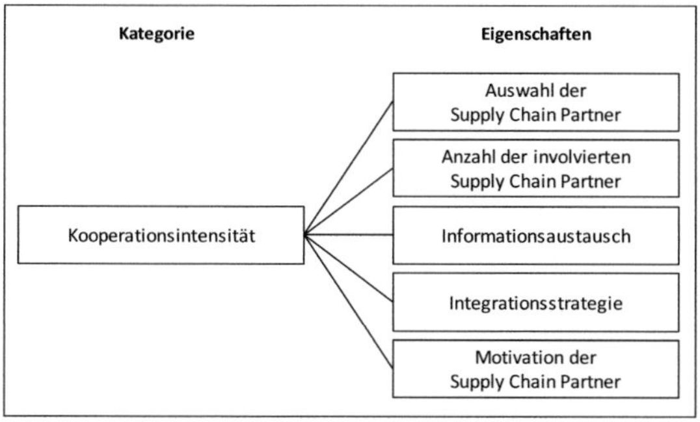

Abbildung 35: Eigenschaften der Kategorie „Kooperationsintensität"

[42] Die Unterkategorien entsprechen der dritten Ebene in Abbildung 26.

Die Eigenschaft „Auswahl der Supply Chain Partner“ bezieht sich auf den Zeitpunkt, bevor eine Geschäftsbeziehung eingegangen wird. Die übrigen Eigenschaften beziehen sich auf die Zusammenarbeit in bereits bestehenden Geschäftsbeziehungen.

Supply Chain Partner, die in das SCRM involviert werden können, sind – gemäß der Supply Chain Abgrenzung dieser Arbeit – Zulieferer, Kunden sowie Logistikdienstleister. Da die Ausprägung des SCRM für jede Gruppe unterschiedlich ausfallen kann, ergibt sich für die Datenanalyse die Notwendigkeit, alle drei Gruppen zu untersuchen. Den Schwerpunkt der folgenden Erläuterungen bildet die Gruppe der Zulieferer, da hier die meisten kooperativen SCRM Aktivitäten, aber auch die größten Unterschiede zwischen den Unternehmen zu verzeichnen sind.

5.3.2.1 Wahl der Supply Chain Partner

SCRM sollte bereits bei der Auswahl der Supply Chain Partner anfangen, indem Risikomanagement Aspekte in die Bewertung von Lieferanten, Logistikdienstleistern oder Kunden einbezogen werden (Abbildung 36). Vor allem die Lieferantenauswahl nach Risikogesichtspunkten ist eine Möglichkeit, die Eintrittswahrscheinlichkeit von Supply Chain Risiken zu senken und somit möglichen Risikoursachen entgegenzuwirken (Micheli 2008, S. 918; Norrman & Jansson 2004, S. 439). Dazu können zwei verschiedene Kriterien genutzt werden:

- Wie risikobehaftet ist der Lieferant? Wie hoch sind das Insolvenzrisiko, das Lieferrisiko, etc.?
- Hat der Lieferant ein eigenes (Supply Chain) Risikomanagement implementiert? Existieren Notfallpläne, falls Risiken eintreten?

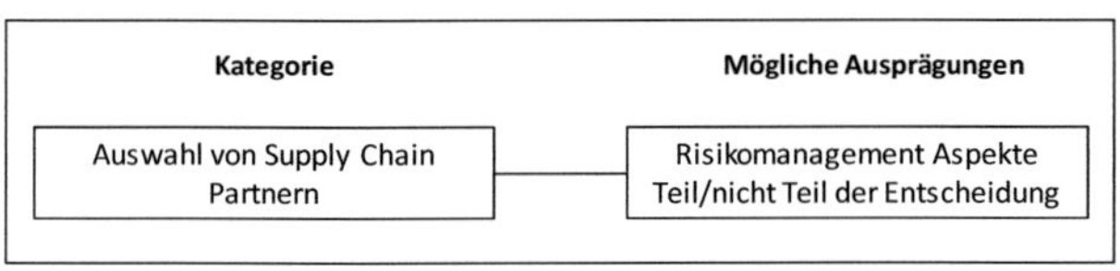

Abbildung 36: Ausprägungen der Kategorie „Auswahl von Supply Chain Partnern“

In der Literatur existieren zahlreiche Kriterien zur Lieferantenbewertung und -auswahl (Ho u. a. 2010; Kannan & Tan 2003). Unter diesen Kriterien sind auch Risikoaspekte oder Kriterien, die Einfluss auf das Risiko haben, wie z. B. Flexibilität eines Zulieferers, die in der Literatur vertieft behandelt werden (Cardozo & Cagley 1971; Micheli

2008; Tullous & Munson 1991). Kriterien dieser Art werden von einem Teil der Unternehmen zur Bewertung ihrer Lieferanten herangezogen (Interview 1):

> *„We have minimum requirements before we even talk to people."*

Logistikdienstleistern kommt in diesem Zusammenhang eine Doppelrolle zu. Sie werden vermehrt wie Lieferanten behandelt und ebenfalls nach Risikokriterien ausgewählt (Interview 2):

> *„Risk is becoming more and more a part of our selection criteria for our carriers."*

Des Weiteren werden Logistikdienstleister aber auch gerade dafür eingesetzt, bestimmte Aufgaben wahrzunehmen und Risiken in ihren Kernbereichen wie z. B. Transport zu minimieren. SCRM ist insofern auch eine spezielle Serviceleistung, die sie als Dienstleister anbieten können.

So gut wie alle Unternehmen führen eine Form der Lieferantenbewertung durch, bevor sie eine Geschäftsbeziehung eingehen, einige auch eine Bewertung der Logistikdienstleister. Dies scheint jedoch je nach Branche bzw. Produkt zu variieren. Die Wichtigkeit nimmt in Branchen zu, in denen die Sicherheit des Produkts von besonderer Relevanz ist, z. B. bei Gefahrgütern und Lebensmitteln. Sofern die Kunden überhaupt ausgewählt werden können, scheinen Risikoaspekte bei der Auswahl keine größere Rolle zu spielen.

Eine Evaluation von Risikomanagement-Aspekten geschieht meist in Form von Lieferantenaudits, die aus unterschiedlichen Verfahren bestehen, wie etwa Betriebsbesichtigungen, Selbstauskunftsbögen und Einholen von Auskünften Dritter, wie z. B. Wirtschaftsauskunfteien. Eine Studie von Zsidisin u. a. (2008, S. 412) zeigt, dass Unternehmen in den USA und Deutschland gleichermaßen Lieferantenauswahl als eine der am häufigsten eingesetzten Maßnahmen des Risikomanagements nutzen.

Aus den Interviews gingen keine Hinweise hervor, die auf eine positive oder negative Korrelation zwischen der Zeit und den Kosten, die ein Unternehmen in die Auswahl von Zulieferern investiert, sowie dem in den folgenden Abschnitten behandelten Risikomanagement in bestehenden Beziehungen hindeuten. Fallstudien in italienischen Unternehmen deuten hingegen darauf hin, dass Unternehmen unter bestimmten Bedingungen zwischen der Lieferantenauswahl und einem Lieferantenrisikomanagement wählen (Micheli u. a. 2008, S. 858f.). Investieren sie mehr in die Lieferantenauswahl, werden also weniger Ressourcen in Risikomanagement bestehender Beziehungen investiert und vice versa. Die Autoren weisen jedoch darauf hin, dass sowohl in der Wissenschaft als auch in der Praxis ein Konsens darüber besteht, dass sich Lieferantenbewertung und -risikomanagement nicht gegenseitig ausschließen sollten, sondern beide Aktivitäten implementiert und koordiniert werden sollten (Micheli u. a. 2008, S. 861).

5.3.2.2 Anzahl und Typ der involvierten Supply Chain Partner

In Bezug auf die in das SCRM einbezogenen Supply Chain Partner sind zwei Indikatoren von Bedeutung: Zum einen ist dies der Anteil der Supply Chain Partner auf derselben Wertschöpfungsstufe, zum anderen die Anzahl der involvierten Wertschöpfungsstufen (Abbildung 37).

Abbildung 37: Eigenschaften und Ausprägungen der Kategorie „Anzahl und Typ der involvierten Supply Chain Partner"

Allgemein gilt für das Supply Chain Management, dass nicht alle Beziehungen gleichermaßen intensiv gemanagt werden sollten (Cooper u. a. 1997, S. 9). Diese Überlegung gilt auch für das SCRM, so dass nicht alle Supply Chain Partner gleich stark in das SCRM eingebunden sein müssen. Dennoch ist der Anteil der in das SCRM involvierten Supply Chain Partner – gemessen als Anteil der involvierten Partner an der Gesamtzahl der Partner – ein Indikator für die Kooperationsintensität des Risikomanagements. In den befragten Unternehmen werden Zulieferer und vermehrt auch Logistikdienstleister in das SCRM einbezogen, wohingegen mit Kunden nur in geringem Maße zusammengearbeitet wird. Das SCRM findet also überwiegend materialflussaufwärts statt.

Die Auswahl von intensiver involvierten Unternehmen kann entweder anhand der Unternehmen (z. B. je nach Beschaffungsvolumen oder strategischer Wichtigkeit, möglich ist etwa eine Klassifizierung von Zulieferern auf Basis einer ABC-Analyse) oder aber auf Basis der Produktart (z. B. nach Umsatzanteil, strategischer Relevanz, Risikopotenzial) erfolgen, für welche die Zulieferer oder Logistikdienstleister verantwortlich sind. Die folgenden zwei Beispiele verdeutlichen die beiden Möglichkeiten (Interview 16 und 21):

> *„Wir haben eine Logistik-FMEA, und wir führen für die A- und B-klassifizierten Lieferanten Analysen durch und haben von jedem Lieferanten Konzepte. [...] Das ist ein Teil des Audits, das wir beim Lieferanten abfragen."*

> *„[We work with our supplier companies] quite a bit. As we are going to use them for handling either high value or dangerous goods, we will require them to make sure that their processes and procedures are up to what we specify and we order them very rigorously to ensure that they maintain those processes and procedures."*

Die Einteilung von Lieferanten erfolgt in den befragten Unternehmen zum großen Teil unabhängig von Risikomanagement-Überlegungen. Der Nachteil eines solchen Vorgehens ist allerdings, dass Risiken bei Unternehmen und Produkten, die nicht näher analysiert werden, unerwartet eintreten, so dass ein Gegensteuern schwierig ist. So berichtete ein Gesprächspartner von unvorhergesehenen Entwicklungen im Bereich von Preisrisiken bei Produkten, deren Risiken nicht aktiv gesteuert wurden und damit das Jahresergebnis deutlich negativ beeinflussten (Interview 1):

> *„In 2008 we had some issues that surprised us from a value analysis perspective. When you do a value analysis, 80% which is made up of 20% of your items for example, and the other 80% that make up 20% of the value, you don't really pay attention to. We got surprised on a few items. Raw material Alpha, for example, has never been a huge item that we managed, because it was a low spend, it was so cheap. And the price of Alpha went up 450%."*

Ebenso kam es 2008 bei den Flugzeugherstellern Boeing und Airbus zu Problemen, weil einige Zulieferer Produkte wie Sitze und Bordküchen nicht rechtzeitig liefern konnten, was wiederum teilweise auf Probleme bei den Sublieferanten zurückzuführen war (Michaels & Lunsford 2008). Dabei handelte es sich also um Produkte, die weder sehr komplex sind und einen hohen finanziellen Wert haben noch von strategischer Wichtigkeit sind. Dennoch führten die Lieferschwierigkeiten bei diesen Produkten zu Produktionsverzögerungen bei den beiden Flugzeugherstellern.

Die direkte Einbeziehung von Kunden wurde von den Interviewpartnern kaum angesprochen, und lediglich ein Unternehmen ging auf die eigene Position als Kunde ein (Interview 5):

„We want to be their best customer, so we want them to bring us their best ideas, best approaches, and we will listen to them as they have ideas and then we will implement those. It isn't always happy like that, but that is our intention."

Eine besondere Schwierigkeit des SCRM besteht darin, Risiken erkennen und bewerten zu können, die nicht im Bereich der direkten Zulieferer liegen, sondern in den vorgelagerten Stufen. Aus diesem Grund spielt es auch eine Rolle, wie viele vertikale Stufen der Supply Chain in das SCRM involviert sind. Gemäß einer Studie halten 70% der befragten Supply Chain Executives Supply Chain Transparenz für wichtig oder sehr wichtig und damit für die größte Herausforderung der Zukunft (IBM 2009, S. 11).

Obwohl Transparenz in der Supply Chain eine unablässige Voraussetzung für das Erkennen von Verwundbarkeit darstellt (Svensson 2004, S. 743f.), besteht in der Praxis Transparenz meist jedoch über wenige Wertschöpfungsstufen. Zu diesem Ergebnis kommen auch andere Studien (Jüttner 2005, S. 135). Die meisten Unternehmen erwarten, dass ihre Zulieferer für die Sublieferanten und deren Risikomanagement verantwortlich sind, wie das folgende Zitat zeigt (Interview 6):

„Our expectation is that our tier ones have early warning type systems in place to be monitoring their suppliers."

Die zweite Stufe der Zulieferer wird nur in Ausnahmefällen direkt in das SCRM einbezogen (Interview 25):

„We want to see the suppliers reaching back and doing the same processes that we are doing. So that's one piece, we would extent back in tier two the supply chain further. The other piece is, when folks are using some contractors and those are in the main locations, then that does filter into our program and into our dataset. So yes, the second tier is involved in those cases directly."

Für Kunden und Logistikdienstleister geht aus den Daten nicht hervor, dass mehr als eine Stufe in das SCRM involviert ist. Hier liegt also noch weniger Transparenz vor als bei Zulieferern.

5.3.2.3 Informationsaustausch

Als wesentlicher Bestandteil der Kooperationsintensität hat sich in den Interviews die Kategorie „Informationsaustausch" herauskristallisiert. Der Informationsaustausch setzt sich wiederum aus vier Eigenschaften zusammen: der Art der ausgetauschten Information, der Art der Kommunikation, dem Zeitpunkt des Informationsaustauschs sowie der Richtung des Informationsaustauschs (Abbildung 38).

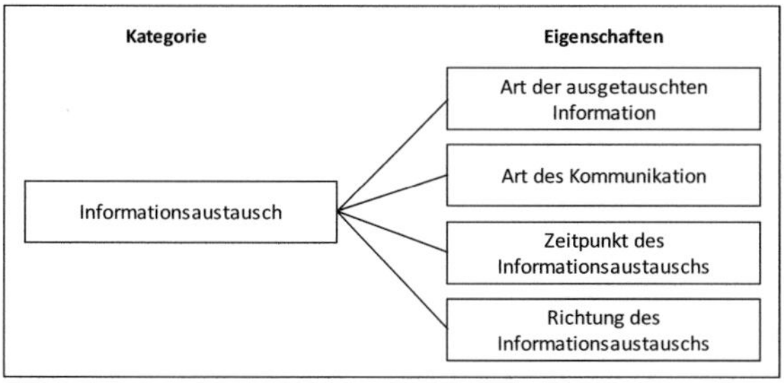

Abbildung 38: Eigenschaften der Kategorie „Informationsaustausch"

Diese Kategorien, die aus den Interviews hervorgingen, stimmen mit den Gestaltungsvariablen eines allgemeinen Berichtssystems überein, die Seiter (2006, S. 160f.) auf ein Berichtsystem im Rahmen der Risikosteuerung in Unternehmenskooperationen überträgt: inhaltliche Aspekte, formale Aspekte, zeitliche Aspekte und institutionale Aspekte.

Der Informationsaustausch wird auch in der Literatur als wesentliche Grundlage einer Kooperation im SCRM gesehen (Faisal u. a. 2006, S. 545ff.; Jüttner u. a. 2003, S. 207). Er hilft, Vertrauen zu schaffen, reduziert Unsicherheit und erhöht die Transparenz in der Supply Chain. Vertrauen der Supply Chain Partner ineinander ist gleichzeitig aber auch unabdingbare Voraussetzung für den Informationsaustausch. Es ist integraler Bestandteil zum Aufbau von Beziehungen (Wilson 1995, S. 337) und kann definiert werden als „die freiwillige Erbringung einer riskanten Vorleistung unter Verzicht auf explizite vertragliche Sicherungs- und Kontrollmaßnahmen gegen opportunistisches Verhalten, in der Erwartung, dass sich der andere, trotz Fehlen solcher Schutzmaßnahmen, nicht opportunistisch verhalten wird" (Ripperger 2003, S. 45).

Einerseits müssen Unternehmen Vertrauen in die Richtigkeit der Informationen ihrer Supply Chain Partner setzen können, andererseits müssen Unternehmen, die risikorelevante Informationen preisgeben, darauf vertrauen können, dass diese Informationen nicht opportunistisch ausgenutzt werden, z. B. um Preise neu zu verhandeln. Dieses Problem stellt sich allgemein für den Informationsaustausch im Supply Chain Management (Kaluza u. a. 2003, S. 2), wurde aber auch für das SCRM bereits in der Literatur diskutiert (Pfohl u. a. 2008a, S. 75ff.). Knapp die Hälfte der Unternehmen erwähnte mangelndes Vertrauen als Hindernis für den Informationsaustausch. Ein Beispiel ist folgendes Zitat, welches das Problem prägnant zusammenfasst (Interview 6):

„Somehow that trust is still a barrier."

Daher werden Angaben meist kontrolliert, z. B. durch Betriebsbesichtigungen. Als weitere Mechanismen zur Stärkung des Vertrauens wurden z. B. der Aufbau langfristiger Beziehungen und Reputation genannt.

Art der ausgetauschten Informationen

Kern der Kategorie „Informationsaustausch" ist die Art der ausgetauschten Information. Vier Unterkategorien gingen aus den Interviews hervor (Abbildung 39). Diese lassen sich anhand des SCRM Prozesses verdeutlichen, da je nach Art der Information die Kommunikation zwischen den Partnern zu unterschiedlichen Zeitpunkten des Prozesses stattfindet.

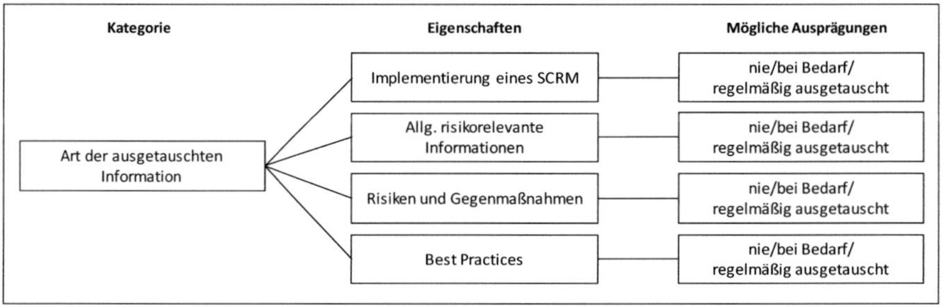

Abbildung 39: Eigenschaften und Ausprägungen der Kategorie „Art der ausgetauschten Information"

Die erste Kategorie bezieht sich auf die Information, dass ein Risikomanagement implementiert ist und ggf. Informationen zu dessen Ausgestaltung. Sie bezieht sich auf den SCRM Prozess als Ganzes, ohne jedoch in die Details zu gehen.

Eine zweite Kategorie bezieht sich auf risikorelevante Informationen, anhand derer das fokale Unternehmen die Risiken seiner Supply Chain Partner selbst identifiziert, bewertet und ggf. Maßnahmen zu deren Steuerung trifft. Beispiele für diese Art von Informationen sind z. B. Auskünfte über die Lieferantenstruktur und Produktionsprozesse der eigenen Lieferanten. Die Schnittstelle zu den Supply Chain Partnern liegt hier also vor der Risikoidentifikation und damit vor der Durchführung des SCRM Prozesses.

Eine dritte Kategorie umfasst den Austausch von bereits identifizierten und evtl. bewerteten Risiken und/oder Gegenmaßnahmen, wie z. B. Notfallplänen. Hier werden die einzelnen Prozessschritte von den Supply Chain Partnern durchgeführt und die Ergebnisse der Schritte ausgetauscht. Der zeitliche Schwerpunkt des Informationsaustauschs liegt somit nach der Durchführung einzelner Schritte. Vor allem Notfallpläne sind für die Kunden von Bedeutung, wie ein Supply Chain Manager berichtet (Interview 11):

> *„The first question always is what your business continuity plan is."*

Aber auch Risiken werden oft von Kunden abgefragt, wohingegen methodische Fragen eher im Hintergrund stehen (Interview 20):

> *„Kunden laden auch uns als Unter-Unternehmer ein, genau wie alle beteiligten Firmen. Dort sitzt man zusammen und bespricht anhand des vorweggenommenen Projektablaufes, welche Risiken auftreten können. [...] Es kommt auch manchmal vor, aber das ist eher im Zuge eines Firmenaudits oder eines Bereichsaudits, dass wir gefragt werden, welche Methoden wir implementiert haben."*

Die vierte Kategorie bezieht sich schließlich auf die Prozessdurchführung selbst und umfasst den Austausch von Vorgehensweisen und Methoden im Sinne eines Best Practice Sharing. Diese Informationen werden zwar von einigen Unternehmen ausgetauscht (Interview 6); die Mehrheit der Unternehmen nutzt diese Möglichkeit, Know-how zu gewinnen und das eigene SCRM zu verbessern, jedoch nicht oder nur in geringem Maße.

> *„For the early warning system this past year, we went out to fifteen different suppliers – large, medium, small – and reviewed what we do and then asked them to share their practices, too. And in some cases some of our large global suppliers, we learned a lot: ways that they do it, some templates that they use, how they measure the risk."*

Abbildung 40 zeigt anhand eines vereinfachten SCRM Prozesses noch einmal die verschiedenen Arten des Informationsaustauschs zwischen den Supply Chain Partnern und den jeweiligen zeitlichen Schwerpunkt im Prozessablauf.

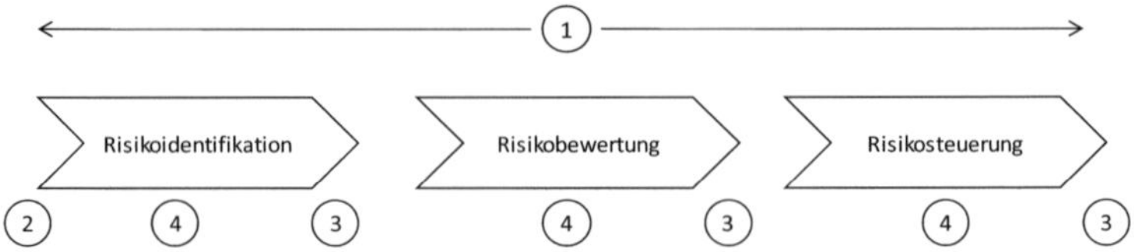

1	Keine Schnittstelle während des Prozesses	Austausch der Information, dass der Supply Chain Partner ein Risikomanagement implementiert hat
2	Schwerpunkt vor der Durchführung des SCRM Prozesses	Austausch von Informationen, die es dem fokalen Unternehmen ermöglichen, die Risikosituation der Supply Chain Partner einzuschätzen
3	Schwerpunkt nach der Durchführung der einzelnen Prozessschritte	Austausch von Risiken/Risikoeinschätzungen und ggf. Gegenmaßnahmen
4	Schwerpunkt Durchführung des SCRM Prozesses	Austausch von Best Practices

Abbildung 40: Mögliche Arten des Informationsaustauschs im SCRM Prozess

Art der Kommunikation

Eine weitere Eigenschaft des Informationsaustauschs sind die eingesetzten Kommunikationsmittel. Der Informationsaustausch kann entweder über Dritte stattfinden, in einem der befragten Unternehmen wird z. B. ein Buying Agent eingesetzt, oder der Kontakt besteht unmittelbar zwischen den Supply Chain Partnern (Abbildung 41). Der unmittelbare Kontakt kann über Lieferantenportale oder aber direkt zwischen einzelnen Mitarbeitern erfolgen, z. B. über Telefon, Email oder persönlich.

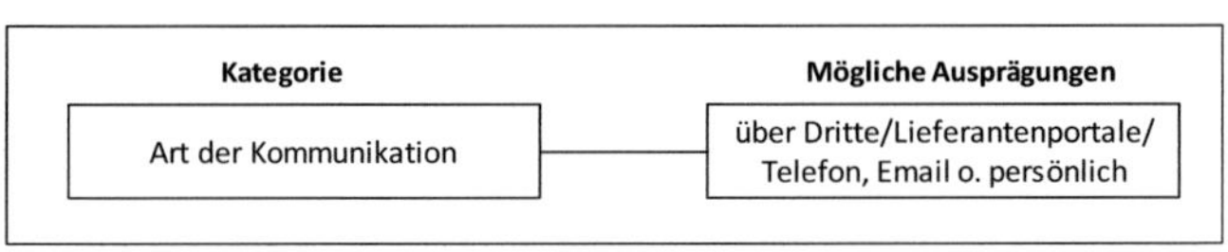

Abbildung 41: Ausprägungen der Kategorie „Art der Kommunikation"

Wiederholt wurde hervorgehoben, dass der persönliche Kontakt vor allem für kleine und mittlere Unternehmen von besonderer Bedeutung ist und einer reinen Kommunikation z. B. über Email oder Telefon vorzuziehen ist. Die Bedeutung von persönlichen Besuchen für die Beziehung hebt das folgende Zitat hervor (Interview 17):

> *„Es gibt die wiederkehrenden Besuche, es besteht ausdrücklich der Wunsch, dass wir Einkäufer einen engen Kontakt haben und den Lieferanten besuchen. [...] Das ist eine gute Mischung: langfristige Lieferantenbeziehungen, relativ enge Lieferantenbeziehungen, ohne Druck wie in anderen Branchen, sondern auf Gegenseitigkeit und Fair Play ausgerichtet."*

Zeitpunkt des Informationsaustauschs

Wesentlich ist auch der Zeitpunkt des Informationsaustauschs. Hierbei kristallisierten sich drei unterschiedliche Strategien heraus. Eine Strategie ist es, nur bei einem konkreten Hinweis auf das Eintreten eines Risikos die eventuell betroffenen Supply Chain Partner zu informieren. Eine zweite Strategie ist es, situationsabhängig zu Beginn einer Geschäftsbeziehung und anschließend bei Veränderungen in der Supply Chain Informationen auszutauschen, z. B. bei der Einführung eines neuen Produkts oder einer Änderung in der Lieferantenstruktur. Eine dritte Möglichkeit besteht schließlich darin, in regelmäßigen Abständen kontinuierlich risikorelevante Informationen auszutauschen, etwa bei regulären Treffen zwischen Kunden und Lieferanten (Abbildung 42).

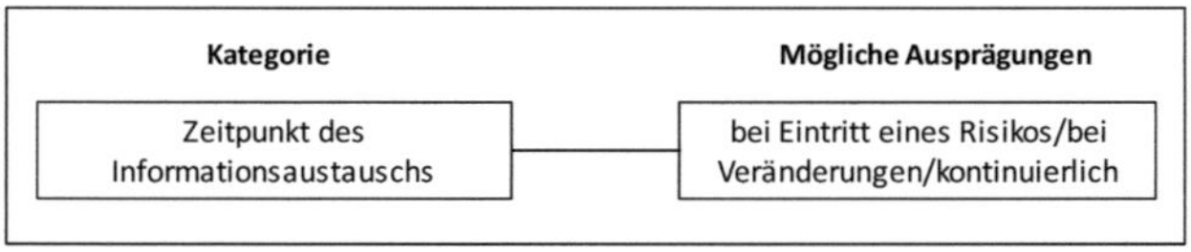

Abbildung 42: Ausprägungen der Kategorie „Zeitpunkt des Informationsaustauschs"

In der Praxis ist eine Kombination dieser drei Strategien zu beobachten, wobei ein regelmäßiger Austausch von Risikoinformationen nur selten stattfindet und vor allem auf allgemeine Informationen beschränkt ist, die nur indirekt auch die Risikosituation beeinflussen. Während ein solcher proaktiver Austausch vorteilhaft, aber offensichtlich aus Kundensicht nicht zwingend notwendig ist, ist es unabdingbar, über mögliche Lieferprobleme frühzeitig informiert zu werden. Die Probleme, die jedoch dabei auftreten, beschreibt ein Interviewpartner wie folgt (Interview 6):

> *„We went out and did our assessment with our supply base and said: 'When do you feel you need to notify your costumer that there might be a problem?' And they said: 'If it's imminent that we will cause an impact to production, we'll notify you, other than that, we don't'. That was pretty consistent, and we would like to know obviously earlier than that. So one of those [things that we learned] is setting a clear expectation and then starting to educate our suppliers on when is it appropriate to notify us, and how do they notify us."*

Die Vorteilhaftigkeit einer solchen frühen Kenntnis von Problemen und damit die Möglichkeit, frühzeitig reagieren zu können, wird in der Literatur anhand des bereits erwähnten Falls des „Feuers in Albuquerque" demonstriert (Norrman & Jansson 2004).

Richtung des Informationsaustauschs

Das Interviewzitat des vorigen Abschnitts wurde durch eine weitere Aussage ergänzt (Interview 6):

> *„And likewise, what is our responsibility to notify our suppliers when there is a problem that could impact them financially or operationally and how do we do that.“*

Diese Aussage weist auf eine weitere Eigenschaft des Informationsaustauschs hin, und zwar ob dieser einseitig oder beidseitig vorgenommen wird (Abbildung 43).

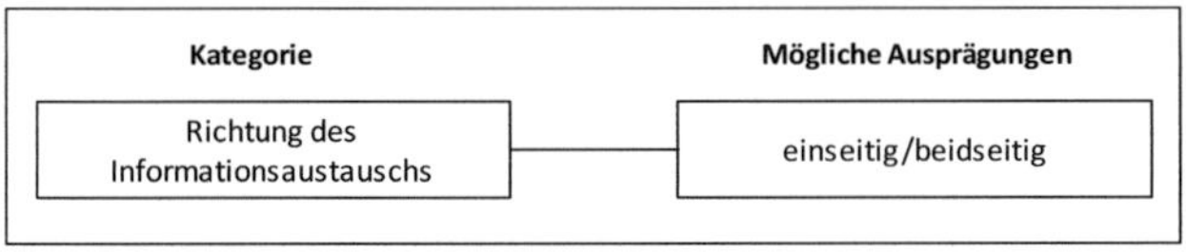

Abbildung 43: Ausprägungen der Kategorie „Richtung des Informationsaustauschs“

Das Zitat bildet eine Ausnahme insofern, als in den meisten Interviews ein anderer Fokus deutlich wurde: Der Informationsfluss führt im Regelfall nur einseitig vom Zulieferer oder Logistikdienstleister zum Kunden, die Gegenseite wird hingegen weitgehend vernachlässigt.

5.3.2.4 Integrationsstrategie

Neben dem Informationsaustausch ist auch die Verwertung der Informationen von Bedeutung. Die wesentliche Frage ist hierbei, ob die Informationen genutzt werden, um eine gemeinsame Risikoidentifikation und -bewertung und ein koordiniertes Strategie- und Maßnahmenprogramm zur gezielten Steuerung der Supply Chain Risiken zu implementieren, oder ob das SCRM isoliert voneinander durchgeführt wird. Erst wenn das Risikomanagement durchgängig koordiniert ist, ist die dritte und höchste Stufe des SCRM nach Kajüter (2003a; 2003b) erreicht (vgl. Kapitel 2.3.2.1). Diese Entscheidung wird in der Kategorie „Integrationsstrategie“ zusammengefasst (Abbildung 44).

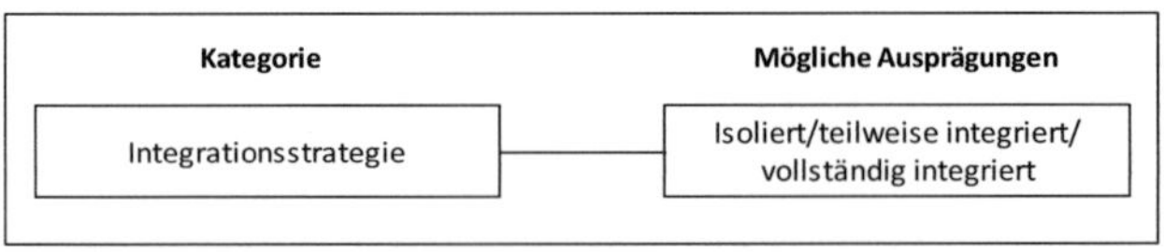

Abbildung 44: Ausprägungen der Kategorie „Integrationsstrategie“

Selbst wenn in den meisten Unternehmen risikobezogene Informationen ausgetauscht werden, wird das SCRM dennoch weitgehend isoliert voneinander betrieben. Ein Beispiel hierfür ist das folgende Zitat (Interview 15):

> *„Da gibt es keine Aktivitäten, die zusammen mit Lieferanten oder Kunden oder jemand anderem passieren, das passiert nur intern. Wir machen unsere Bewertung, unsere Analysen, daraus ziehen wir unsere Schlüsse und starten vielleicht ein paar Aktionen. Aber es ist nicht so, dass man diese Ergebnisse […] mit jemandem teilt und überlegt, was man verändern kann. Das soll sich aber zukünftig ändern."*

Das Zitat zeigt auch, dass die Vorteile eines gemeinsamen Risikomanagements durchaus erkannt werden und mehr Zusammenarbeit angestrebt wird. Findet eine Zusammenarbeit statt, bezieht sich diese jedoch häufig auf allgemeine Prozessverbesserungen, die das Risikomanagement eher indirekt betreffen, wie z. B. ein anderes Unternehmen berichtet (Interview 17):

> *„Der Lieferant bekommt im Regelfall auch einen Auditbericht und kennt insofern auch seine Schwächen, die Probleme aus unserer Sicht. Und wenn das ein aktiver Lieferant ist, würde der dazu Stellung nehmen und man würde eventuell gemeinsam einen Verbesserungsprozess starten."*

Ein durchgehend mit mehreren Unternehmen koordiniertes SCRM ist in der Unternehmenspraxis bisher also nicht umgesetzt.

5.3.2.5 Motivation der Supply Chain Partner

Für Unternehmen, die mit ihren Supply Chain Partnern stärker zusammenarbeiten möchten, stellt sich die Frage, wie sie ihre Partner zu einer stärkeren Kooperation im SCRM motivieren können. Dabei lassen sich grundsätzlich zwei Vorgehensweisen unterscheiden. Eine Möglichkeit ist es, auf die Einsicht zu setzen, dass eine enge Zusammenarbeit und der Austausch von Informationen ökonomisch messbare Vorteile bringen, z. B. durch zusätzliches Know-how oder gemeinsame Prozessverbesserungen, so dass eine für beide Seiten vorteilhafte „Win-win"-Situation entsteht und keine weiteren Anreize genutzt werden. Die zweite Möglichkeit liegt darin, direkte Anreize zu setzen, die sowohl positiv als auch negativ wirken können (Abbildung 45).

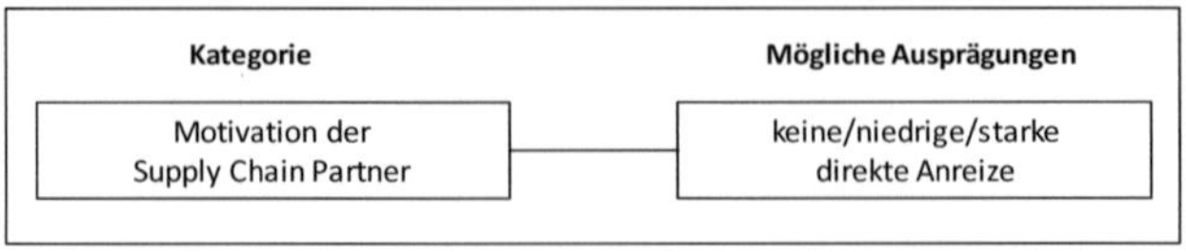

Abbildung 45: Ausprägungen der Kategorie „Motivation der Supply Chain Partner"

Solche Anreize können allgemeiner finanzieller Art sein, etwa wenn Unternehmen für bestimmte Leistungen zahlen müssen (Interview 4):

> *„The factories pay for the audit, so they want to be compliant, because it's their money that they save."*

Daneben können bestimmte Anforderungen in den Verträgen festgeschrieben werden, die ein Lieferant hinsichtlich des Risikomanagements zu erfüllen hat. Werden die Anforderungen nicht erfüllt, drohen Vertragsstrafen oder eine Beendigung der Geschäftsbeziehung (Interview 6):

> *„If there are problems that are incurred as a result of that, it can be a serious reason for us not to continue to do business with the suppliers."*

Diese Art von Anreizen dürfte eine sehr starke Auswirkung haben. Insgesamt scheinen solche „Punish & Reward"-Systeme jedoch eher für klassische Performance-Messungen wie Kosten und Qualität eingesetzt zu werden und weniger für SCRM Aktivitäten. Daneben kann es aber auch eine Reihe positiver Anreize geben. So erwähnte z. B. ein Unternehmen, dass es seinen Zulieferern die Möglichkeit bietet, bestimmte Tools, Trainings oder Informationen, wie z. B. von Wirtschaftsauskunfteien, zu vergünstigten Konditionen nutzen zu können. Eine weitere Möglichkeit ist es, besonders gute Zulieferer auszuzeichnen.

Im Vergleich zwischen freiwilliger Zusammenarbeit und direkten Anreizen scheinen durch Kunden gesetzte Anforderungen und Verpflichtungen der Lieferanten zu dominieren, wie auch die beiden obigen Zitate zeigen. Diese Beobachtung wurde in dem Interview mit dem Vertreter einer Unternehmensberatung bestätigt (Interview 23):

> *„They require their suppliers to do certain things. [...] You can see examples of both cases, but I think that the majority of companies that are thinking about their suppliers regarding supply chain risk are more and more dictating the requirements as opposed to collaborating with them."*

5.3.3 Zusammenfassende Würdigung der Ergebnisse zu den Ansätzen des SCRM

Aus der Systematisierung von SCRM Ansätzen in dem Datenmaterial sind zwei Hauptkategorien hervorgegangen: Der Reifegrad des Risikomanagements, der sich primär auf Aktivitäten des betrachteten Unternehmens bezieht, sowie die Kooperationsintensität, die die Zusammenarbeit innerhalb der Supply Chain beschreibt. Ein SCRM Ansatz wird also durch die Ausprägung dieser beiden Kategorien festgelegt, die ihrerseits durch mehrere Variablen beschrieben werden.

Abstufungen der SCRM Ansätze weisen Ähnlichkeiten zu Reifegradmodellen des SCRM auf (IBM 2008, S. 20; Monahan u. a. 2003, S. 10; Rice & Caniato 2003b, S. 48f.). Auf eine einzige Abstufung der SCRM Ansätze auf Basis sämtlicher Eigenschaften, wie es in den Reifegradmodellen der genannten Literatur üblich ist, soll hier jedoch verzichtet werden, da in den Interviews in vielen Fällen große Unterschiede zwischen einzelnen Eigenschaften bestanden. So hatten einige Eigenschaften zwar einen hohen Reifegrad erreicht, andere Eigenschaften hingegen wiesen nur eine niedrige Ausprägung auf. Eine einzige Abstufung der SCRM Ansätze (z. B. Basic – Medium – Advanced) würde daher mit einem Informationsverlust einhergehen und wird daher als nicht zweckmäßig betrachtet.

Während in der Literatur vor allem Fragen des Risikomanagement-Prozesses, der Instrumente und der Organisation des SCRM im Vordergrund stehen, stellen sich die Interviewpartner oft pragmatischere Fragen, z. B. wie viel Risikomanagement angemessen ist, wie formal das SCRM ausgestaltet sein sollte oder wie viel Zeit investiert werden sollte. Dagegen ist die methodische Ausgestaltung in vielen Unternehmen eher nachrangig.

Die Beobachtung, dass in Unternehmen sehr unterschiedliche Ansätze vorherrschen, konnte bestätigt werden.[43] Jedes Unternehmen hat verschiedene SCRM Aktivitäten implementiert, selbst wenn diese nicht explizit als Risikomanagement bezeichnet werden. Letzteres erschwert jedoch die Analyse von Risikomanagement-Instrumenten. Ähnlich stellen etwa Zsidisin u. a. (2004, S. 400) fest, dass im Rahmen der Bewertung von Versorgungsrisiken viele Instrumente verwendet werden, die nicht als Risikobewertung klassifiziert werden, aber dennoch das Verständnis für die Risikosituation erhöhen. Dies spricht dafür, SCRM in Unternehmen differenziert zu betrachten. Standardisierte Fragebögen können dem oft nur schwer gerecht werden, vor allem wenn pauschalisierende Fragen wie „Hat Ihr Unternehmen ein Supply Chain

[43] Vgl. Kapitel 1.1.

Risk Management/eine Risikoidentifikation/eine Risikobewertung implementiert?“ gestellt werden.

Unternehmen in Deutschland und den USA unterscheiden sich weder im Hinblick auf den Reifegrad noch im Hinblick auf den Grad der Kooperation systematisch. Zusammenfassend ist festzuhalten, dass sowohl in Bezug auf den Reifegrad als auch in Bezug auf die Kooperationsintensität ein erhebliches Verbesserungspotenzial besteht. Die Ursachen dafür können vielfältig sein, da zahlreiche mögliche Barrieren für die Implementierung eines SCRM existieren, wie die Diskussion in Kapitel 2.3.2.3 gezeigt hat.

Nicht zuletzt wird auch von den Interviewpartnern selbst bestätigt, dass sie sich oftmals mehr SCRM Aktivitäten wünschen, diesen Wunsch aber aus unterschiedlichen Gründen nicht umsetzen können (Interview 15):

> *„Ich bin der Meinung, dass es ein breites Portfolio an Maßnahmen gibt, die man mit beschränktem Aufwand sicherlich gut einführen könnte; einzig fehlen die Muße und die Zeit, sich hinzusetzen und das auch wirklich zu machen.“*

Vor allem im Hinblick auf die Zusammenarbeit zwischen Supply Chain Partnern ist zu konstatieren, dass oftmals eher ein einseitiger Informationsfluss vom Zulieferer zum Kunden stattfindet und Unternehmen dazu tendieren, ihre Zulieferer und deren Risiken zu bewerten, statt mit ihnen zu kooperieren. Die von Tang (2006a) oder Kajüter (2003a) geforderte Koordination und Zusammenarbeit im SCRM findet nur in wenigen Fällen statt. Bezüglich des Reifegrads liegen Defizite u. a. in der internen, funktionsübergreifenden Zusammenarbeit sowie in der Vergleichbarkeit von SCRM Aktivitäten vor, die zumindest zum Teil in einer fehlenden Formalisierung und Strukturierung begründet sind. Die Erkenntnis, dass eine der Hauptbarrieren für das Supply Chain Management in funktionalen Silos innerhalb eines Unternehmen liegt und damit intern begründet ist[44], scheint also auch für das SCRM zu gelten.

Auffällig ist auch, dass ein in der Literatur identifiziertes Problemfeld von den Interviewpartnern nicht thematisiert wurde: die Frage nach einem SCRM Koordinator in der Supply Chain.[45] Dies kann verschiedene Gründe haben: Zum einen ist die Kooperation in den Supply Chains der befragten Unternehmen nicht sehr stark ausgeprägt und geht nur über wenige Wertschöpfungsstufen, so dass die geringe Zusammen-

[44] Vgl. Kapitel 2.2.2.3.
[45] Vgl. Kapitel 3.3.2.

arbeit auch nur ein geringes Maß an Koordination erfordert. Zum anderen werden häufig Anforderungen hinsichtlich des SCRM von Seiten des Kunden gestellt, die der Zulieferer zu erfüllen hat, und der Informationsaustausch findet nur vom Zulieferer zum Kunden statt. In diesem Fall geht die Initiative direkt vom Kunden aus, so dass eine weitere Koordination ebenfalls nicht notwendig ist. Die in der Literatur vorgeschlagene Lösung eines Logistikdienstleisters als Koordinator eines Supply Chain weiten SCRM wurde auf konkrete Nachfrage weder von produzierenden Unternehmen noch von Logistikdienstleistern selbst als derzeit realistisch eingeschätzt.

Weiterhin ist zu beobachten, dass je nach Situation verschiedene SCRM Ansätze in einem Unternehmen koexistieren können (Interview 12):

> *„Sometimes you do need to drive down to a very specific situation and get data and analysis that is very specific to that situation. But other times you can still make very good decisions with less specific information. I would say usually we operate somewhere in between those two. If you get too broad in your data, then the people tend to make sweeping generalizations that don't really apply to specific situations. And if you get too precise, just the opposite happens. So it's really a combination."*

Auch der Grad der Zusammenarbeit mit unterschiedlichen Supply Chain Partnern kann variieren, was durch konzeptionelle Überlegungen in der Literatur unterstützt wird (Kajüter 2003a, S. 116). Es gibt also nicht den einen für das Unternehmen optimalen SCRM Ansatz, sondern verschiedene Verfahren des SCRM können flexibel je nach Situation eingesetzt werden.

Um zu erklären, warum verschiedene Unternehmen unterschiedliche SCRM Ansätze aufweisen, werden in den beiden folgenden Unterkapiteln 5.4 und 5.5 Faktoren diskutiert, die den SCRM Ansatz in Unternehmen und Supply Chain beeinflussen können. Da eine Analyse auf Basis der Unterkategorien eine Untersuchung sehr vieler einzelner Beziehungen erfordern würde und eine Aussage nicht für alle Unterkategorien möglich ist, wird dabei überwiegend der Einfluss auf die beiden Hauptkategorien, also Reifegrad des Risikomanagements und die Kooperationsintensität, betrachtet.

5.4 Auslöser des Supply Chain Risk Managements

Aus dem Datenmaterial ging eine Gruppe von Faktoren hervor, die auf den Reifegrad des Risikomanagements und die Kooperationsintensität Einfluss haben, sich aber von den übrigen Einflussfaktoren insofern unterscheiden, als sie SCRM Aktivitäten unmittelbar initialisieren. Diese Faktoren wurden zur Kategorie „Auslöser des SCRM“ zusammengefasst und bilden das zweite Element des SCRM Modells (Abbildung 46).

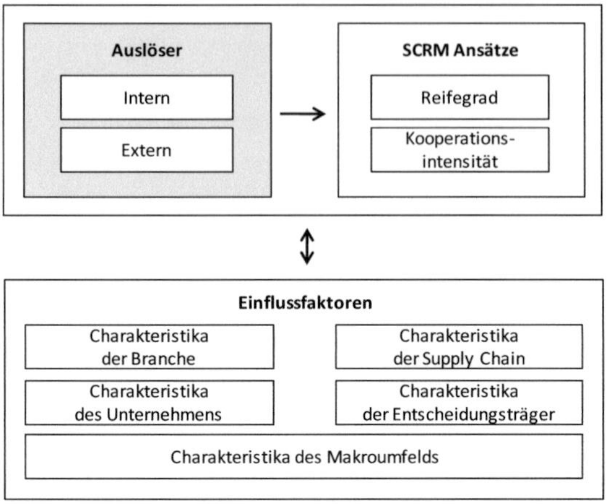

Abbildung 46: Modell des SCRM – Fokus Auslöser

Diese Kategorie lässt sich auch theoretisch begründen: Obwohl viele Unternehmen grundsätzlich die Auffassung teilen, dass SCRM zunehmend an Bedeutung gewinnt (Kersten u. a. 2006, S. 11), bedeutet dies nicht, dass diese Unternehmen tatsächlich beginnen, Zeit und Ressourcen auf diesem Gebiet zu investieren. Auch die Veränderung der allgemeinen Rahmenbedingungen, wie verstärkte Internationalisierung, Outsourcing und intensiverer Wettbewerb, treffen zahlreiche Unternehmen, von denen nicht alle ein aktives SCRM betreiben. Ein Grund hierfür ist, dass es Barrieren gibt, die die Implementierung von SCRM Ansätzen erschweren, vor allem für kleine und mittlere Unternehmen.[46] Daher müssen neben der allgemeinen Erkenntnis der Vorteilhaftigkeit eines SCRM „Auslöser” existieren, die Entscheidungsträger in Unternehmen und Supply Chains motivieren, bewusst SCRM Aktivitäten einzuführen.

Innerhalb der Kategorie „Auslöser des SCRM“ lassen sich zwei Arten von Faktoren unterscheiden (Abbildung 47): Externe Auslöser, deren Ursprung außerhalb des Unternehmens liegt, z. B. in der Supply Chain oder im weiteren Umfeld, sowie interne Auslöser, die ihren Ursprung im Unternehmen selbst haben. Beide Gruppen werden in diesem Kapitel weiter detailliert sowie ihre Auswirkungen auf das SCRM erläutert.

[46] Vgl. Kapitel 2.3.2.3.

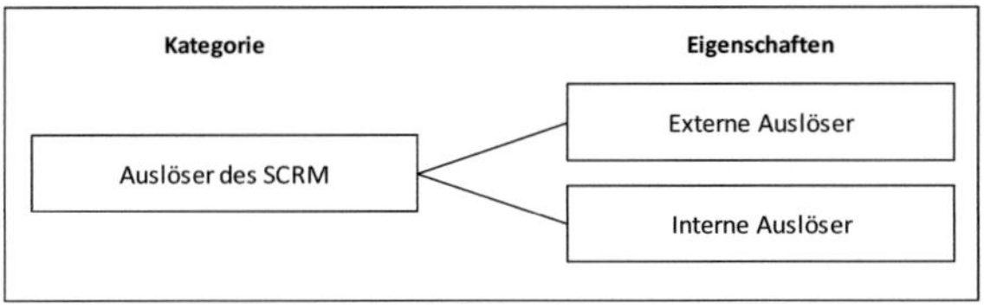

Abbildung 47: Eigenschaften der Kategorie „Auslöser des SCRM“

5.4.1 Externe Auslöser

Externe Auslöser liegen außerhalb des betrachteten Unternehmens und können verschiedenen Ursprungs sein (Abbildung 48). Sie können beispielsweise in den Beziehungen der Supply Chain begründet sein. Eine starke Motivation für einen Lieferanten oder Logistikdienstleister ist es z. B., wenn ihr Kunde explizit die Implementierung eines Risikomanagements fordert und dieses zur Bedingung für das Eingehen oder die Fortführung der Geschäftsbeziehung macht.

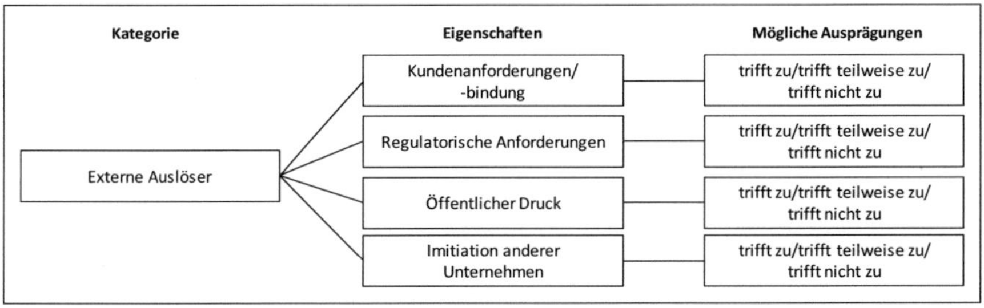

Abbildung 48: Eigenschaften und Ausprägungen der Kategorie „Externe Auslöser“

Risikomanagement kann als Kriterium für die Auswahl von Lieferanten und Logistikdienstleistern und als Element der Lieferantenbewertung herangezogen werden. Eine Studie unter deutschen Unternehmen zeigt, dass ca. 40% der Befragten Risikomanagement-Aspekte als ein Kriterium in ihrer Lieferantenbewertung einsetzen (Czaja u. a. 2009, S. 123).

Aber auch wenn die Durchführung eines SCRM keine explizite Bedingung für die Geschäftsbeziehung ist, kann es vorteilhaft sein, Kunden Fähigkeiten auf dem Gebiet des Risikomanagements zeigen zu können und zu signalisieren, dass eventuell auftretende Probleme schnell behoben werden können. Als Marketing-Argument hat sich Risikomanagement jedoch bisher in den meisten Unternehmen nicht durchgesetzt. Das folgende Zitat beschreibt die Anforderung der Kunden eines Unternehmens und wie dieses damit umgeht (Interview 24):

> *„I wouldn't say we use it as a selling point, but probably every customer we deal with has asked the question: 'Are you performing any type of risk analysis on your supply base?' [...] Whenever we tell them what we are doing, they usually ask us to give them a presentation. And we have several in-depth presentations that are customer-specific. Then we show the customers exactly what we do on a weekly and monthly basis. It's not really a selling point, but I guess – you know, maybe it is."*

Während sich das vorangegangene Zitat auf das SCRM insgesamt bezieht, können Kundenanfragen auch Auslöser einzelner Aktivitäten sein, welche den Grad der Kooperation in der Supply Chain positiv beeinflussen. Dies wird im folgenden Zitat verdeutlicht (Interview 8):

> *„I think right now the flow is more customers coming to us and asking us about certain things, certain areas of concern. [...] As those things start coming to us, we start going outside to our suppliers. So that process is becoming greater and greater, the level of communication is becoming greater and greater. But typically it starts from the customer and flows to us, in order to answer these questions beyond our four walls that require you to go outside to your suppliers."*

Ein weiterer externer Auslöser ist es, wenn ein Unternehmen durch industriespezifische oder allgemeine gesetzliche Vorgaben wie dem Sarbanes-Oxley Act in den USA und dem KonTraG in Deutschland gezwungen ist, bestimmte Risikomanagement-Aktivitäten durchzuführen (Dobler 2005; Zhang 2007). Diese allgemeinen Gesetze gelten jedoch nur für bestimmte Gruppen von Unternehmen. Zudem enthalten sie keine spezifischen Vorgaben zu einem unternehmensübergreifenden Risikomanagement.[47] Unternehmen, die bei Nichteinhaltung der Regularien ernsthafte Konsequenzen wie z. B. Strafzahlungen befürchten müssen, haben starke Anreize, in Risikomanagement zu investieren. Diese Anreize werden noch verstärkt durch öffentlichen Druck, z. B. für Unternehmen, die mit Gefahrgütern handeln. Fehler in diesem Bereich, welche die Sicherheit von Menschen gefährden, können im Fall eines Unfalls neben den gesetzlichen Konsequenzen auch zu einem großen Imageverlust führen. Gerade in Branchen mit solchen Gütern sind daher intensivere SCRM Aktivitäten zu beobachten.

---

[47] Vgl. dazu ausführlicher Kapitel 2.1.2.3.

Ein letzter externer Auslöser, der aus den Interviews hervorging, ist ein tatsächlich vorhandener oder gefühlter Druck, andere Unternehmen imitieren zu müssen. SCRM hat in den letzten Jahren als Thema an Bedeutung gewonnen und wird vermehrt auf Industrietagungen oder in der einschlägigen Wirtschaftspresse diskutiert, so dass Druck auf Unternehmen entsteht, welche kein SCRM implementiert haben. Die Daten ergaben jedoch wenige Hinweise darauf, dass dies eine starke Motivation für SCRM Aktivitäten ist. Das lässt darauf schließen, dass Imitation anderer keinen primären Auslöser für die Einführung eines SCRM darstellt.

5.4.2 Interne Auslöser

Interne Auslöser umfassen jegliche ökonomischen, ethischen oder sonstigen Aspekte innerhalb des betrachteten Unternehmens, die dazu motivieren, SCRM Aktivitäten ein- und durchzuführen (Abbildung 49).

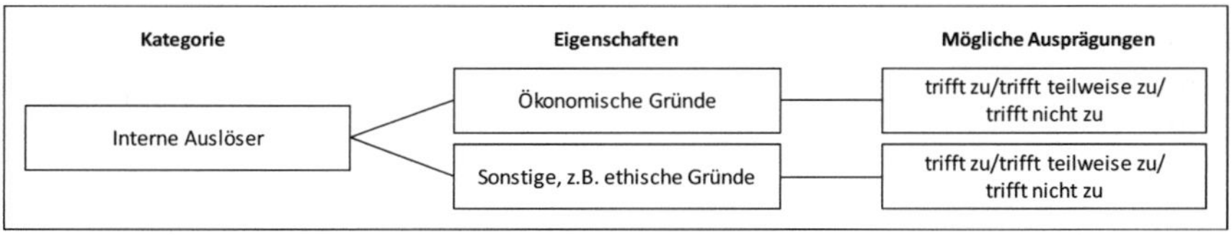

Abbildung 49: Eigenschaften und Ausprägungen der Kategorie „Interne Auslöser"

Eine starke Motivation kommt aus der Erkenntnis, dass Risikomanagement messbare ökonomische Vorteile hat. Oft folgt diese Erkenntnis aus einer negativen Erfahrung durch den Eintritt eines Risikos, das signifikante negative Konsequenzen für das Unternehmen hatte. Norrman & Lindroth (2004, S. 15) unterscheiden als Risikotypen operative Zwischenfälle, operative Katastrophen (also Risiken mit hohem Schadenspotenzial) und strategische Unsicherheiten. Ereignisse oder Entwicklungen, die der Gruppe der strategischen Unsicherheiten als Auslöser für das SCRM zugeordnet werden können, ergaben sich aus den Interviews nicht. Ein Grund dafür kann darin liegen, dass die meisten Interviewpartner eher operative Positionen bekleideten. In den USA kristallisierten sich operative Katastrophen als besonders wichtige Auslöser heraus (Interview 23):

> *„In the United States, certainly what comes top of mind for a lot of people are the major disruptions like from Hurricane Katrina. I think that was a wakeup call for a number of companies."*

Naturkatastrophen wie z. B. Hurrikane spielen in den deutschen Unternehmen eine wesentlich geringere Rolle. Während mehr als die Hälfte der befragten Unternehmen in den USA Hurrikane oder Tornados als große Risiken nannten, wurden Ereignisse dieser Art in keinem der Interviews mit deutschen Unternehmen erwähnt. Da Deutschland mit wesentlich geringerer Wahrscheinlichkeit von Risiken dieser Art betroffen ist (United Nations Development Program 2004, S. 39), sind deutsche Unternehmen nur indirekt von den Auswirkungen tangiert, wenn sich Teile ihrer Supply Chain in Regionen der Welt befinden, die mit einer hohen Wahrscheinlichkeit von Naturkatastrophen bedroht sind. Die Daten weisen daher darauf hin, dass in Deutschland operative Zwischenfälle, also Risiken mit geringerem Schaden aber höherer Häufigkeit, die wichtigeren Auslöser sind. Dies zeigt ein Zitat eines Managers, dessen Unternehmen bisher im Supply Chain Bereich kein Risikomanagement implementiert hat, dieses aber in Zukunft einführen möchte (Interview 19):

> *„Ich habe ein klassisches Beispiel: Ich habe heute mit meinem Einkäufer für Gussteile gesprochen, der mir davon berichtete, dass ein spanischer Lieferant, mit dem wir schon lange zusammenarbeiten, wieder ein Teil mit Fehlstellen gefertigt hat. […] Da haben wir uns angeguckt und haben uns gesagt, dass das schon vorauszusehen war, weil die das immer wieder falsch machen. […] Solche Punkte wollen wir angehen […], dieses Risiko zu erkennen und entsprechend daran zu arbeiten.“*

Neben rein ökonomischen Vorteilen spielen auch weitere Überlegungen eine Rolle, z. B. die Sicherheit von Mitarbeitern oder Nachhaltigkeit. Während die Sicherheit von Mitarbeitern in mehreren Unternehmen von Bedeutung ist und explizit erwähnt wurde, insbesondere bei Unternehmen, die mit Gefahrgütern handeln, gab es auch ein Unternehmen mit einem Ansatz der Corporate Social Responsibility, der sich auch im SCRM niederschlägt (Interview 6):

> *„It ties back into one of our visions which is to be a company that society wants to exist. We can only be a company that society wants to exist if we are good corporate citizens. […] [There are] six major areas that we look at within this activity, and that's environment, diversity, government relations, community involvement, health and safety, ethics and compliance."*

5.4.3 Zusammenfassende Würdigung der Ergebnisse zu den Auslösern des SCRM

Die Auslöser des SCRM haben sich als eine wichtige Kategorie aus dem Datenmaterial herauskristallisiert. Es handelt sich um Faktoren, welche Entscheidungsträger in Unternehmen und Supply Chains motivieren, SCRM Aktivitäten zu implementieren. Die

Auslöser sind abhängig von den im folgenden Kapitel beschriebenen Einflussfaktoren, sie sind Teil dieser Faktoren und/oder werden von ihnen beeinflusst.

Auslöser wurden in interne und externe Faktoren unterteilt, die einzeln oder in Kombination die Implementierung eines SCRM motivieren können. Interne Faktoren scheinen in den Unternehmen zunehmend an Bedeutung zu gewinnen, vor allem wird die ökonomische Bedeutung des SCRM erkannt (Interview 19):

> *„Wir sind an einem Punkt aus uns selbst heraus, nicht aufgrund der aktuellen interessanten Themen, dass wir sagen, wir haben erkannt, es gibt Dinge, die immer wieder schief laufen, die immer wieder ein starkes Risiko mit sich bringen. Und das möchten wir gerne in irgendeiner Weise strukturierter angehen."*

Insgesamt weisen die Daten darauf hin, dass interne Faktoren mit einer höheren Wahrscheinlichkeit SCRM Aktivitäten auch tatsächlich auslösen und den Reifegrad des Risikomanagements sowie die Kooperationsintensität erhöhen. Externe Auslöser hingegen verdeutlichen zwar häufig die Notwendigkeit und Vorteilhaftigkeit eines SCRM, führen aber nicht unbedingt zu einer hohen Priorisierung des Risikomanagements. So beschreibt z. B. ein Unternehmensvertreter die Situation nach einer Tagung zum SCRM (Interview 9):

> *„It's not that it's not on our radar screen, it probably has been since about four years ago. We are going to Council for Supply Chain Management, and Yossi Sheffi was the speaker there and pretty much triggered everybody. And we came back and we said: 'Yes, we will do this.' And priority wise it was just not on the top of the list."*

In der Literatur wurden Auslöser und Motivationsfaktoren für das SCRM bisher weitgehend vernachlässigt. In einer Studie untersucht Peck (2006a, S. 11ff.) Einflussfaktoren auf das Bewusstsein für Supply Chain Risiken, die den in den Interviews identifizierten Auslösern ähnlich sind. Sie zieht jedoch keine direkte Verbindung zu der Frage, ob ein höheres Risikobewusstsein auch den SCRM Ansatz verändert und wie die einzelnen Faktoren auf das SCRM wirken. Da auch der Schwerpunkt dieser Untersuchung nicht auf den Auslösern lag, besteht hier weiterer Forschungsbedarf.

5.5 Einflussfaktoren des Supply Chain Risk Managements

Das dritte wesentliche Modellelement umfasst Einflussfaktoren, die nicht notwendigerweise SCRM Aktivitäten auslösen, sondern allgemeine Rahmenbedingungen darstellen (Abbildung 50). Diese Faktoren beeinflussen sowohl den SCRM Ansatz direkt als auch die Auslöser von SCRM Aktivitäten.

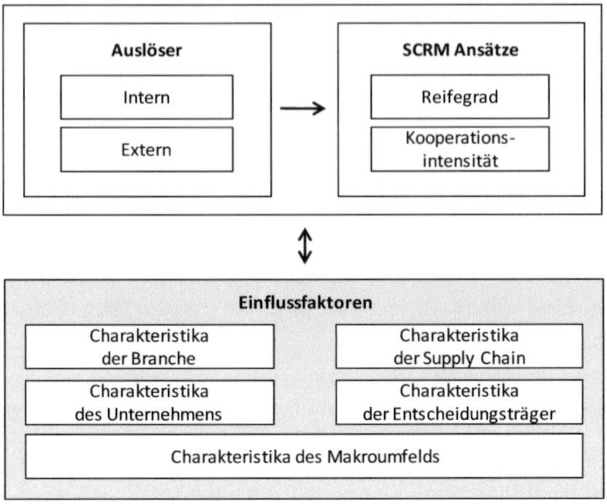

Abbildung 50: Modell des SCRM – Fokus Einflussfaktoren

Um die Faktoren zu strukturieren, wurde als Hilfsmittel die in Kapitel 4.2.2 vorgestellte Conditional/Consequential Matrix von Strauss/Corbin verwendet (Corbin & Strauss 2008, S. 93ff.; Strauss & Corbin 1990, S. 158ff.). Anhand dieses Diagramms lassen sich verschiedene Ebenen von Bedingungen unterscheiden (in diesem Fall Einflussfaktoren genannt), die das Phänomen und die Aktionen/Interaktionen beeinflussen. Die Matrix wurde dabei so adaptiert, dass sie auf die vorliegende Problemstellung angewendet werden kann. Durch die Verknüpfung der Idee der verschiedenen Bedingungsebenen sowie dem Datenmaterial wurden fünf Ebenen identifiziert, in denen die Einflussfaktoren ihren Ursprung haben können (Abbildung 51):

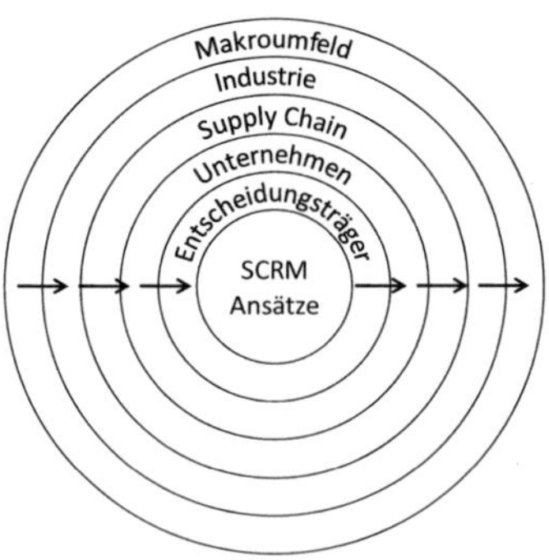

Abbildung 51: Conditional/Consequential Matrix für das SCRM

Dementsprechend sind der Kategorie „Einflussfaktoren“ fünf Eigenschaften zuzuordnen, die jeweils noch weiter untergliedert werden können (Abbildung 52). Dass eine solche Einteilung zur Strukturierung sinnvoll ist, zeigen auch die in der Literatur für ähnliche Fragestellungen verwendeten Ebenenmodelle (Baird & Thomas 1985, S. 237; Ritchie & Brindley 2004, S. 36).[48]

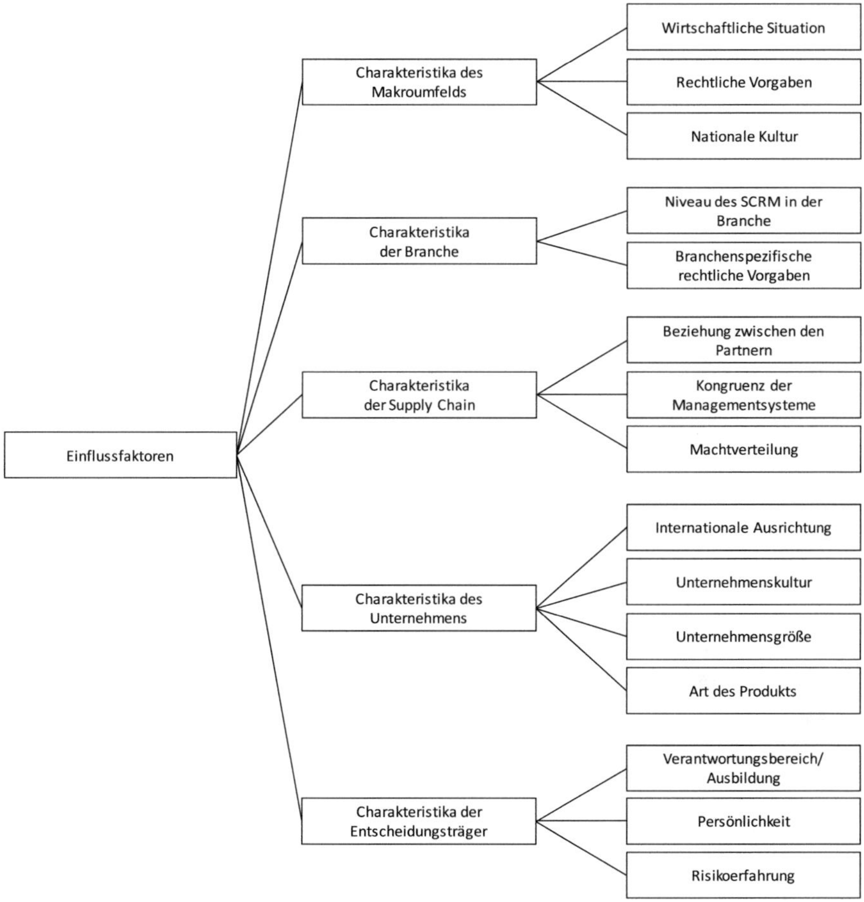

Abbildung 52: Strukturierung der Einflussfaktoren des SCRM

---

[48] Baird & Thomas (1985) verwenden fünf Ebenen zur Strukturierung von Variablen, die das Risikoverhalten bei strategischen Entscheidungen beeinflussen. Ritchie & Brindley (2004) definieren ein Framework aus verschiedenen Ebenen, welche die Risiken determinieren, die auf ein Unternehmen wirken, und damit auch das SCRM beeinflussen.

- Die höchste Ebene ist das Makroumfeld und bezieht sich z. B. auf politische und kulturelle Faktoren auf nationaler und internationaler Ebene. Sie stellen externe Rahmenbedingungen dar und entziehen sich dem Einfluss des Managements.
- Die nächste Ebene sind Eigenschaften der Branche, in der das betrachtete Unternehmen agiert.
- Die dritte Ebene sind Charakteristika der Supply Chain bzw. der Beziehungen zwischen den Unternehmen, die diese Supply Chain bilden.
- Die vierte Ebene bezieht sich auf Eigenschaften des betrachteten Unternehmens selbst.
- Die fünfte und letzte Ebene sind die Charakteristika der Personen, die in dem Unternehmen risikorelevante Entscheidungen treffen.

Die Ebenen sind nicht vollständig unabhängig voneinander. So entstammen z. B. rechtliche Vorgaben für bestimmte Produkte dem Makroumfeld, können jedoch je nach Branche und Unternehmensgröße variieren. Die einzelnen Ebenen, ihre Unterkategorien und ihre Wirkungen auf den SCRM Ansatz werden im Folgenden detaillierter beschrieben.

5.5.1 Charakteristika des Makroumfelds

In Bezug auf das Makroumfeld entwickelten sich drei wesentliche Faktoren aus dem Datenmaterial, die das SCRM beeinflussen: die wirtschaftliche Situation, rechtliche Vorgaben sowie die nationale Kultur (Abbildung 53).

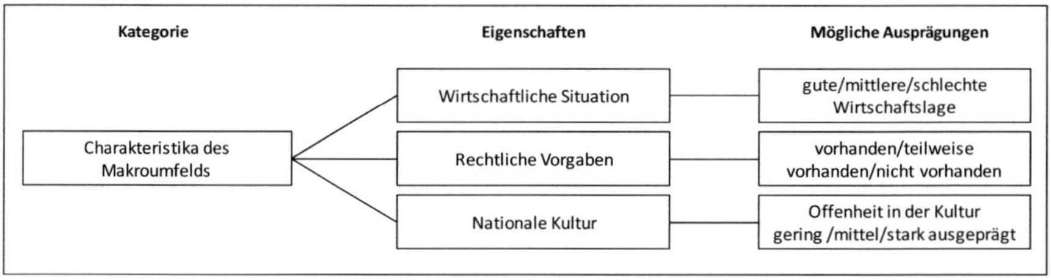

Abbildung 53: Eigenschaften und Ausprägungen der Kategorie „Charakteristika des Makroumfelds"

5.5.1.1 Wirtschaftliche Situation

Die gesamtwirtschaftliche Situation beeinflusst das SCRM auf verschiedene Art und Weise. Besonders deutlich wurde dies durch die ökonomische Krise, die im Jahr 2008 begann. Diese Krise hat die Bedeutung verschiedener Risiken, insbesondere von Finanzrisiken, hervorgehoben, was sich u. a. in der steigenden Anzahl an Insolvenzen zeigt (Statistisches Bundesamt 2010). Die Auswirkungen der Rezession auf das SCRM wurden bisher in der Literatur nicht untersucht. Es ist jedoch offensichtlich, dass durch die Wirtschaftskrise die Unsicherheit im Unternehmensumfeld gestiegen ist und sich auch die Risikosituation verändert hat. Diese Unsicherheit erhöht im Allgemeinen die Notwendigkeit für ein ausgereifteres Risikomanagement (Gordon u. a. 2009, S. 322; Trkman & McCormack 2009, S. 248).

Aus der Supply Chain Perspektive ist die wirtschaftliche Situation vor allem dann eine Herausforderung, wenn Kunden und/oder Zulieferer von der Krise signifikant betroffen sind und der Güter- und Materialfluss in Supply Chains unterbrochen wird. Ein Fokus des Risikomanagements in den befragten Unternehmen liegt derzeit zudem auf der Solvenz von Kunden bzw. Zulieferern. Die Krise hat die Bedeutung eines Risikomanagements mit Supply Chain Fokus aufgezeigt, so dass der Reifegrad des Risikomanagements tendenziell steigt und Mitarbeiter motivierter sind, SCRM Maßnahmen durchzuführen (Interview 25):

> *„If you talk about the financial situation and how that impacts our energy around risk management activities, I would say it actually increased it. We've increased our focus on this risk since right at the beginning of the downturn. We have an active program looking at financial risk. And if you look across the organization I would say people are pretty engaged on making sure we don't have a continuity of supply issue due to financial health."*

Zu den Maßnahmen, die von den teilnehmenden Unternehmen getroffen wurden, zählen z. B. regelmäßige Reviews, detailliertere Risikobewertungen, eine gezieltere Auswahl von Zulieferern und verbesserte Kommunikation zwischen den verschiedenen Funktionen im Unternehmen. Zudem verbessern sich auch die Bedingungen für eine stärkere Kooperation unter Supply Chain Partnern. Zulieferer weisen ein großes Verständnis für die Notwendigkeit von Risikoanalysen auf und zeigen eine erhöhte Bereitschaft, entsprechende angeforderte Informationen zur Verfügung zu stellen. Zugleich versuchen Zulieferer gezielt, die Kommunikation auf freiwilliger Basis zu verbessern, um Kunden ihre Zuverlässigkeit und Solvenz zu demonstrieren.

Es wurde jedoch auch eine Folge der Wirtschaftskrise identifiziert, die einen gegenteiligen Effekt hat. Aufgrund der wirtschaftlichen Situation treten viele kurzfristig zu lösende Risiken und Probleme auf, so dass Unternehmen aktuell viel Zeit und Ressourcen für deren Bewältigung aufwenden müssen. Dies hat zur Konsequenz, dass weniger Ressourcen für ein langfristig ausgelegtes, strategisches SCRM zur Verfügung stehen, wie das folgende Zitat zeigt (Interview 15):

> *„Das liegt nun auf Eis, weil wir doch eine ernste wirtschaftliche Situation haben und da gegengesteuert haben und ganz viele andere Themen auf der Tagesordnung hatten. Dafür ist im Moment weder Geld noch Zeit vorhanden."*

Während bestehende SCRM Verfahren und Maßnahmen also verstärkt genutzt werden und die Kommunikation sowie das Krisenmanagement verbessert werden, ist der langfristige Aufbau oder die Verbesserung eines SCRM Ansatzes in einer wirtschaftlich schlechten Phase eher nachrangig.

5.5.1.2 Rechtliche Vorgaben

Die Bedeutung von gesetzlichen Initiativen zur Einführung bzw. Verbesserung von Frühwarnsystemen und Risikomanagement-Systemen wurde bereits in Kapitel 2.1.2.3 erläutert. Keine gesetzlichen Vorgaben existieren spezifisch für unternehmensübergreifende Aspekte des Risikomanagements, daher haben Regularien keinen direkten Einfluss auf den Grad der Kooperation im Risikomanagement. In der Literatur weisen Studien eine Wirkung von gesetzlichen Vorhaben auf das Risikoverhalten von Unternehmen nach (Bargeron u. a. 2010, S. 9), und es stellt sich die Frage, ob dies auch das SCRM beeinflusst und somit möglicherweise indirekte Einflüsse vorliegen.

Die allgemeinen gesetzlichen Vorgaben wie der Sarbanes-Oxley Act in den USA und das KonTraG in Deutschland wurden explizit jedoch nur von einem Interviewpartner erwähnt. Dies zeigt, dass diese Art von Vorgaben für das SCRM offensichtlich eine geringe Rolle spielt. Eine größere Bedeutung wurde hingegen branchen- bzw. produktspezifischen Regularien zugewiesen.[49] Ein Grund hierfür kann die Position der befragten Gesprächspartner sein, da keine Vertreter der Unternehmensleitung befragt wurden und die Entscheidungsträger der operativen Funktionen wie der Beschaffung oder der Logistik einen anderen Fokus setzen. Zudem wurde auch mit kleineren Unternehmen gesprochen, für die KonTraG oder der Sarbanes-Oxley Act keine Bedeutung haben.

---

[49] Vgl. Kapitel 5.5.2.2.

Einflüsse bestehen allerdings durch die gesetzlichen Offenlegungspflichten. Da z. B. Unternehmen, deren Anteile an der Börse gehandelt werden, zur Offenlegung bestimmter Informationen, z. B. zu ihrer finanziellen Situation, verpflichtet sind, ist es für ihre Geschäftspartner einfacher, die finanzielle Stabilität einzuschätzen (Interview 24):

> *„Public companies, there's not really an issue; private companies, that's where the difficulty comes in. [...] Of all of our suppliers, probably 30% are public, therefore that information is readily available. Of the 70% private companies, we spend most of our time in this financial investigation."*

Neben diesen rechtsverbindlichen Gesetzen existieren Zertifizierungen wie beispielsweise C-TPAT. Diese sind nicht verpflichtend für Unternehmen, vereinfachen jedoch Geschäftsprozesse z. B. aufgrund von kürzeren Abfertigungszeiten am Zoll. Obwohl Studien auf einen positiven Einfluss von C-TPAT auf die Kooperation zwischen Supply Chain Partnern hindeuten (Sheu u. a. 2006, S. 371), gibt es in den Interviews nur wenige Hinweise bzgl. eines Einflusses auf das kooperative Risikomanagement.

5.5.1.3 Nationale Kultur

Kultur ist ein Faktor, der sowohl auf der Makroebene als auch auf der Mikroebene im einzelnen Unternehmen eine Rolle spielt. Im Hinblick auf die nationale Kultur konnten mehrere Faktoren identifiziert werden, die unterstützend oder hindernd auf SCRM Aktivitäten wirken.

Ein solcher Faktor, der von mehreren Unternehmen mit internationalen Geschäftsbeziehungen genannt wurde, ist eine Kultur, in der offene Diskussionen zugelassen werden. Eine solche Kultur erleichtert das Risikomanagement, da Risiken mit höherer Wahrscheinlichkeit innerhalb und zwischen Unternehmen kommuniziert werden. Am anderen Ende des Spektrums, in Kulturen, in denen Probleme weniger offen benannt werden, z. B. um das Gesicht zu wahren, stellt es sich zumindest für die Interviewpartner in den USA und Deutschland als schwierig heraus, ein proaktives SCRM zu implementieren. Dies trifft z. B. auf Geschäfte mit Unternehmen im asiatischen Kulturraum zu (Interview 9):

> *„It probably concerns us more in Asia than it does in other locations."*

Probleme werden in diesem Fall nicht frühzeitig kommuniziert und Unternehmen sehen sich der schwierigen Aufgabe gegenüber, die Aussagen und die Glaubwürdigkeit der Supply Chain Partner zu verifizieren, ohne ihnen das Gefühl eines mangelnden Vertrauens zu geben.

Die Offenheit betrifft auch die Kommunikation nach außen, z. B. mit Endkunden und der Öffentlichkeit. Ein Beispiel hierfür bietet das Unternehmen Toyota. So wurde dem Unternehmen nach mehreren Rückrufaktionen aufgrund von Sicherheitsproblemen bei Gas- und Bremspedalen Anfang des Jahres 2010 ein schlechtes Krisenmanagement sowie mangelnde, zu späte und fehlerhafte Kommunikation der Probleme vorgeworfen (Germis 2010; Reed 2010). Nach Auffassung einiger Autoren ist dies auf unterschiedliche Kulturen zurückzuführen. So habe das Unternehmen nach japanischen Kriterien richtig gehandelt, als es die Probleme zunächst intern lösen wollte und nach außen wenig kommunizierte. Kunden und die Öffentlichkeit in Europa und den USA seien jedoch dadurch verunsichert worden, weshalb ein technisches Problem erst zu einer Krise gewachsen sei (Germis 2010).

Auch die Rolle informeller Beziehungen in einer Kultur kann den SCRM Ansatz beeinflussen. Informelle Beziehungen erlauben auch ein informelleres SCRM, ohne dass wichtige Informationen verloren gehen. So berichtete beispielsweise ein Unternehmen in den USA über die Unterschiede im Umgang mit japanischen und US Zulieferern (Interview 6):

> *„With our Japanese suppliers, there is an informal channel of communication that happens through our Japanese associates; risk doesn't always hit our radar. We don't have that kind of same thing with our predominant, just US based suppliers".*

5.5.2 Charakteristika der Branche

Die nächste Ebene der Einflussfaktoren ist die Branche, in der das betrachtete Unternehmen agiert. Hier haben sich zwei Merkmale als wesentlich herausgestellt: zum einen das Niveau des SCRM in der Industrie insgesamt, zum anderen industriespezifische rechtliche Vorgaben (Abbildung 54).

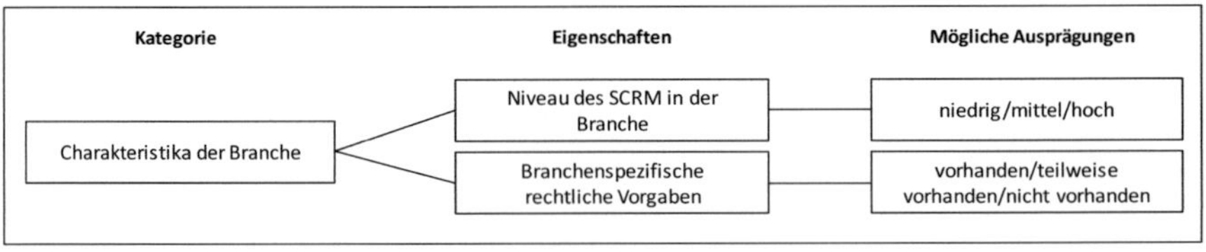

Abbildung 54: Eigenschaften und Ausprägungen der Kategorie „Charakteristika der Branche"

5.5.2.1 Niveau des Risikomanagements in der Branche

Als wichtige Determinante für den in einem Unternehmen verfolgten SCRM Ansatz hat sich das Niveau des SCRM in der Branche insgesamt herauskristallisiert. Durch formellen und informellen Informationsaustausch innerhalb der Branche können SCRM Standards entstehen. Zudem profitiert ein Unternehmen, wenn es beispielsweise mit einem Zulieferer mit einem hohem Reifegrad im Risikomanagement zusammenarbeitet, welchen dieser aus eigenen Anstrengungen heraus oder auch durch die Kooperation mit anderen Kunden – möglicherweise auch Wettbewerber des betrachteten Unternehmens – erreicht hat. Ein Beispiel hierfür zeigt das folgende Zitat (Interview 4):

> *„A lot of factories that we are buying from, they are selling to other retailers. Obviously Wal-Mart is out there a lot, so a lot of these factories have adopted practices and processes and requirements that Wal-Mart has put out there already."*

Der Reifegrad des SCRM eines Unternehmens korreliert also mit hoher Wahrscheinlichkeit mit dem Reifegrad, der in der Branche insgesamt vorliegt. Ähnlich wie in anderen Bereichen, wie z. B. dem Qualitätsmanagement oder dem Lean Management, scheint die Automobilindustrie auch in Bezug auf das SCRM Vorbild zu sein (Interview 17):

> *„Ich denke, in dieser Richtung ist unsere Branche noch rückständig. Und wenn ich im Moment versuche, etwas umzusetzen, zu optimieren, gucke ich in die Automobilindustrie. Die sind meiner Meinung nach Vorreiter."*

5.5.2.2 Branchenspezifische Regularien

Für einige Branchen gelten spezielle regulatorische Anforderungen seitens des Gesetzgebers (Fiege 2006, S. 267). Dazu gehören z. B. Transport, Umschlag und Lagerung von Gefahrgütern, die Luftfahrt oder die Medizintechnik. Diese Vorgaben beziehen sich oftmals auf Sicherheits- oder technische Aspekte, beeinflussen dadurch aber auch in verschiedener Weise das SCRM (Interview 15):

> *„Weil bei uns die medizinische Aufsichtsbehörde vorschreibt, dass wir für alle Produkte, die wir fertigen, genau wissen, welches Risiko in der Produktion vorliegt."*

Auch wenn Unternehmen, welche dieser Art von Regulierung unterworfen sind, bestimmte Minimalstandards in Bezug auf das Risikomanagement einhalten müssen, besteht auch die Gefahr, dass Unternehmen nur genau so viel tun, dass die gesetzlichen Anforderungen erfüllt werden. So berichtete beispielsweise ein Interviewpartner aus der chemischen Industrie (Interview 12):

> *„[...] and some companies will follow a strict regulatory approach, they will do what the regulations say, nothing less, nothing more."*

5.5.3 Charakteristika der Supply Chain

Supply Chain Strukturen, Prozesse und Verhaltensweisen determinieren in hohem Ausmaß das Supply Chain Risiko und SCRM Ansätze, um diese Risiken zu managen (Ritchie & Brindley 2004, S. 37f.). Auf der Supply Chain Ebene wurden drei Faktoren identifiziert, die vor allem die Kooperationsintensität des Risikomanagements und weniger dessen Reifegrad beeinflussen. Dies sind die Beziehung zwischen den Supply Chain Partnern, die Kongruenz von Managementsystemen sowie die Machtverteilung innerhalb der Beziehung (Abbildung 55).

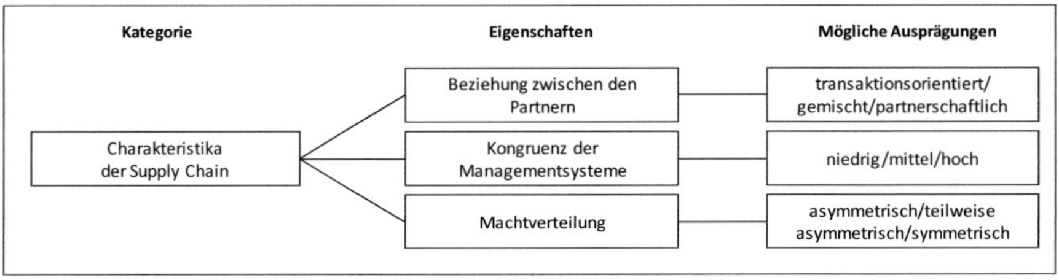

Abbildung 55: Eigenschaften und Ausprägungen der Kategorie „Charakteristika der Supply Chain"

5.5.3.1 Beziehung zwischen den Supply Chain Partnern

Die Art der Beziehung zwischen zwei Supply Chain Partnern wurde in den Interviews als einer der primären Faktoren angesehen, die den Grad der Kooperation des Risikomanagements bestimmen Interview 23):

> *„I really do believe that the primary reason why a company goes down the path of collaboration is because of the way a company has elected to work with their suppliers or others in doing business."*

Unternehmen mit engen Beziehungen zu ihren Supply Chain Partnern kooperieren mit höherer Wahrscheinlichkeit auch stärker im Risikomanagement. Dies wird durch konzeptionelle Überlegungen in der Literatur unterstützt. Gemäß Kajüter (2003b, S. 324) ist die Kooperationsintensität im SCRM zu einem großen Teil von der Stufe des Netzwerkdesigns bzw. von der Beziehung der Supply Chain Partner abhängig. Nur für etablierte Beziehungen in integrierten Netzwerken mit gemeinsamen Ziel- und Planungsprozessen ist demzufolge eine hohe Kooperationsintensität möglich und sinnvoll. Die Art der Beziehung hängt wiederum von verschiedenen Faktoren ab, vor allem der strategischen Bedeutung des Geschäftspartners, aber auch von der Unsicherheit des Umfelds. So argumentieren z. B. Stonebraker & Liao (2004, S. 1046), dass die Supply Chain umso integrierter ist, je größer die Unsicherheit ist. Andere Autoren weisen darauf hin, dass Zulieferer, mit denen ein hohes Beschaffungsvolumen erzielt wird und/oder die kritische Produkte liefern, höhere Investitionen in das SCRM erfordern (Giunipero & Eltantawy 2004, S. 707f.).

Indikatoren für enge Beziehungen sind z. B. Kommunikation und Vertrauen in der Supply Chain (Knemeyer u. a. 2003, S. 80ff.). Vor allem Vertrauen spielt eine wichtige Rolle, da sensitive Informationen ausgetauscht werden. Ohne dieses Vertrauen ist die Bereitschaft, Informationen preiszugeben gering, da die Möglichkeit einer Schwächung der eigenen Verhandlungsposition besteht.

Auch die physische Entfernung zwischen zwei Unternehmen ist von Relevanz, vor allem für kleine und mittlere Unternehmen (Interview 19):

> *„Mit Lieferanten, die wir lange kennen und die hier vor der Haustür sitzen, haben wir das schon, und wenn es nur ist: ‚Wir schicken Dir das vorab auf dem gelben Papier, damit das in Deinen Prozess passt‘, so Kleinigkeiten."*

Kurze Entfernungen fördern informelle Kommunikationskanäle (Porter 2008, S. 243), ohne dass Probleme zunächst formell durch verschiedene Hierarchiestufen weitergegeben werden müssen. Diese informelle Zusammenarbeit kann wiederum eine gute Grundlage für Vertrauen in der Beziehung bieten, was zu mehr Informationsaustausch und strukturierteren gemeinsamen SCRM Aktivitäten führen kann.

In den Interviews wurde auch deutlich, dass dieses nicht nur mit der Beziehung zu einzelnen Supply Chain Partnern, sondern auch mit dem Management der Supply Chain Beziehungen insgesamt zusammenhängt (Interview 9):

„There are different stages of maturity in any supply chain. And I would say we are probably mid to low at this point. And I would say until we get past mid and get to mid to high, supply chain risk will be a small portion if any."

5.5.3.2 Kongruenz der Managementsysteme

Die Kongruenz von Managementsystemen bezieht sich auf die Ähnlichkeit der internen Risikomanagement-Systeme der Supply Chain Partner, vor allem des Reifegrads des SCRM. Aus den Daten geht hervor, dass Supply Chain Partner, die beide einen hohen Reifegrad in ihrem SCRM aufweisen, mit höherer Wahrscheinlichkeit Best Practices und risikorelevante Informationen austauschen, und somit die Kooperationsintensität höher ist.

So berichtete ein Interviewpartner eines Unternehmens, das sich aktiv in einem Arbeitskreis von Unternehmen über Best Practices austauscht, über die Teilnehmer in dieser Gruppe (Interview 25):

„People who officially have programs. We are not a place for people that aren't practitioners, trying to figure out how to start programs."

Dies ist für den Austausch von Best Practices insofern einleuchtend, als in einer solchen Situation beide Supply Chain Partner profitieren. Auch in der Literatur zum Benchmarking[50] wird empfohlen, dass das Lernpotenzial der Benchmarking Partner möglichst ausgeglichen sein sollte, damit eine „Win-win-Situation entsteht (Luczak u. a. 2003, S. 132).

Im umgekehrten Fall, in dem das SCRM beider Unternehmen einen niedrigen Reifegrad aufweist, ist auch der Grad der Kooperation niedriger, da weniger Informationen und Best Practices zur Verfügung stehen, die auch dem Geschäftspartner nutzen. Für den dritten Fall, in dem ein Unternehmen einen hohen Reifegrad im SCRM aufweist, sein Supply Chain Partner jedoch nicht, gibt es keine klaren Hinweise in dem Datenmaterial, ob der Grad der Kooperation eher hoch oder niedrig ist, obwohl ein Partner in diesem Fall klar von dem Know-how des anderen profitieren könnte.

[50] Benchmarking kann definiert werden als „a search for the best practices which is intended to improve the performance of the company" (Elnathan & Kim 1995, S. 346).

5.5.3.3 Machtverteilung

Ein weiterer wesentlicher Faktor ist die Verteilung der Macht zwischen Supply Chain Partnern. Diese hängt von verschiedenen Determinanten ab, wie z. B. der Größe der Unternehmen, der Anzahl der Zulieferer und Kunden, der Wechselkosten etc. und damit der Abhängigkeit voneinander (Porter 2004, S. 24ff.). Wenn die Macht ungleich verteilt ist, besteht die Möglichkeit, dass ein Unternehmen Druck auf seinen Supply Chain Partner ausübt, risikorelevante Informationen offen zu legen, während eigene Informationen zurückgehalten werden. Diese Situation bietet für ein wirklich kooperatives SCRM jedoch eine schlechte Basis. Das folgende Zitat belegt die Probleme von relativ kleinen Unternehmen mit übermächtigen Lieferanten (Interview 17):

> *„Das Problem ist, um das beim Lieferanten vernünftig beurteilen zu können, muss man sich auf absoluter Augenhöhe mit ihm befinden. Sonst kann er einem etwas vorspielen und nicht die Wahrheit sagen. Und deshalb wird man nicht die richtigen Risiken finden."*

Eine Studie von Hallikas et al. (2005, S. 79) bestätigt dieses Ergebnis für Zulieferer-Abnehmer-Beziehungen. Gemäß der Studie spielen kooperative Risikomanagement-Aktivitäten eine große Rolle in Beziehungen mit starker gegenseitiger Abhängigkeit, aber nur eine geringe Rolle in Beziehungen, die durch asymmetrische Abhängigkeiten gekennzeichnet sind.

5.5.4 Charakteristika des Unternehmens

Auf der Ebene des Unternehmens konnten vier Faktoren identifiziert werden, die einen wesentlichen Einfluss auf den SCRM Ansatz haben. Diese sind die internationale Ausrichtung, die Unternehmenskultur, die Unternehmensgröße sowie die Art der Produkte, die das Unternehmen anbietet (Abbildung 56).

5.5.4.1 Internationale Ausrichtung

Dieser Einflussfaktor bezieht sich auf die Frage, wie global ein betrachtetes Unternehmen aufgestellt ist, d. h., ob es seine Produkte regional, national oder international einkauft, produziert und vertreibt. Die Internationalisierung von Geschäftsaktivitäten wird als einer der wichtigsten Risikotreiber angesehen, der ein SCRM notwendig macht (Jüttner 2005, S. 134; Jüttner et al. 2003, S. 205).

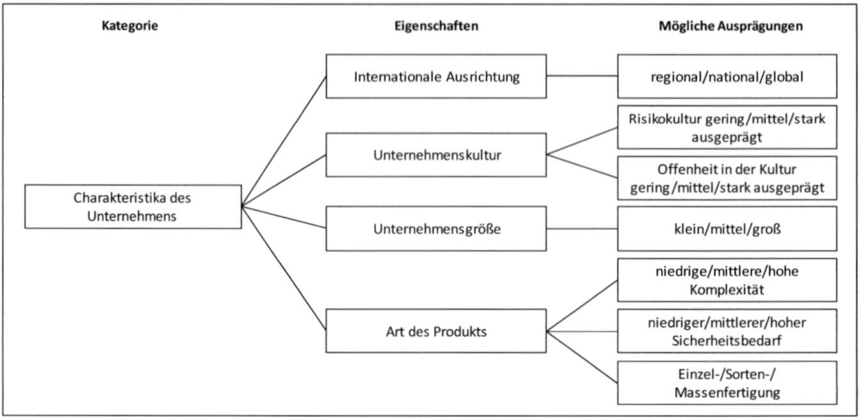

Abbildung 56: Eigenschaften und Ausprägungen der Kategorie „Charakteristika des Unternehmens"

Es existieren unterschiedliche gesetzliche Vorgaben und Kulturen, die zu länderspezifischen Risiken und ggf. Gegenmaßnahmen führen. Ein Interviewpartner beschreibt das Phänomen wie folgt (Interview 10):

> *„You have regional problems that you never would have thought about from sitting in your office in Central Ohio."*

Im Allgemeinen bedeutet eine internationale Ausrichtung auch mehr potenzielle Punkte, an denen Verzögerungen auftreten können und damit eine höhere Unsicherheit, was die Notwendigkeit für eine bessere Kommunikation und Koordination erhöht (Manuj & Mentzer 2008a, S. 134). Wie aus dem Datenmaterial hervorgeht, hat eine internationale Ausrichtung daher einen höheren Reifegrad des Risikomanagements sowie einen höheren Kooperationsgrad zur Folge (Interview 5):

> *„I would say it correlates to the size and the globality of the enterprise, although there are some global enterprises, that didn't really have much in the way of risk management."*

5.5.4.2 Unternehmenskultur

Ähnlich wie die nationale Kultur kann die Unternehmenskultur signifikante Auswirkungen auf den Reifegrad sowie den Kooperationsgrad des Risikomanagements haben (Christopher & Peck 2004, S. 9). So hob ein Gesprächspartner die Bedeutung von kulturellen Aspekten auf die Zusammenarbeit zwischen Unternehmen hervor (Interview 23):

„There's always value in collaboration that is being done with both interests in mind. […] It can be a very effective approach, but it depends on the situation, and it certainly depends on the culture of the company that you are dealing with."

Mehrere kulturelle Aspekte sind für das SCRM von Relevanz, vor allem die Existenz einer allgemeinen „Risikomanagement-Kultur". Damit ist hier die Bereitschaft von Mitarbeitern und anderen Stakeholdern eines Unternehmens gemeint, Risiken proaktiv zu identifizieren, zu bewerten und zu steuern. Eine solche Kultur kann sich nur durchsetzen, wenn die Akzeptanz der Mitarbeiter vorhanden ist, die ein kontinuierliches Problem in Unternehmen darstellt (Interview 15):

„Die Akzeptanz ist ein Riesenthema. Weil es [das Risikomanagement] eben sehr subjektiv ist, man kann es nicht hundertprozentig greifen."

Voraussetzung für eine Risikokultur ist die Einsicht, dass der proaktive Einsatz von Ressourcen sinnvoll ist, sowie eine starke Vorbildfunktion und der Einsatz des Top-Managements, der sich durch alle Hierarchieebenen und Funktionen fortsetzt (Interview 25):

„You have to have a management that's passionate about it. […] And then along with manager support comes a cross-functional support. Because if you look at a product and you want to build resiliency into a product line, you've got to touch a number of different organizations and people to build that resiliency. So you have to have those folks engaged and risk management be part of their things that are important."

Die Bedeutung der Unterstützung durch das Management wird auch in der Literatur bestätigt (Kleindorfer & Saad 2005, S. 55). Gefördert werden kann eine Risikokultur z. B. durch eine starke Qualitätsmanagementphilosophie, die die generelle Akzeptanz eines SCRM sowie die Sensibilität für potentielle Risiken erhöht (Interview 6):

„Part of our culture is that if there is a problem we analyze it to the nth degree, so the suppliers know, if they make us aware of a problem the expectation is that they have done that."

Das Argument, dass von Änderungen in der Managementphilosophie auf einem dieser Gebiete (z. B. Risikomanagement) auch andere Gebiete (z. B. Qualitätsmanagement) profitieren, wird auch in der Literatur unterstützt (Ritchie & Brindley 2007, S. 316). Gemäß einer Studie von Micheli u. a. (2008, S. 860) fördert zudem eine Projektorientierung und der Einsatz von Projektmanagement-Instrumenten im Supply

Chain Management eine höhere Risikomanagement-Kultur, die dazu führt, dass die untersuchten Unternehmen vermehrt in Lieferantenrisikomanagement investieren.

Dabei spielt es auch eine Rolle, inwiefern Mitarbeiter Verantwortung für einzelne Vorgehensweisen und Entscheidungen übertragen bekommen (Interview 19):

> *„Es soll nicht so weit gehen, dass man vorschreibt, mit welcher Bleistiftspitze etwas geschrieben werden muss, das wäre zu viel Einengung. Denn ich möchte schon von meinen Mitarbeitern Kreativität, eigenes Handeln und eigenes Denken haben."*

Ein Top-Down Ansatz mit detaillierten Instruktionen zur Durchführung des SCRM kann zwar zu einem durchgängigen, konsistenten Ansatz führen. Einen Teil der Verantwortung Mitarbeitern auf operativer Ebene zu überlassen, kann jedoch die Akzeptanz bezüglich des SCRM erhöhen, da Individuen die Verfahren und Tools nutzen können, mit denen sie vertraut sind und/oder die auf ihre Bedürfnisse angepasst sind. Zudem erlaubt diese Vorgehensweise Mitarbeitern, schnell auf unvorhergesehene Ereignisse zu reagieren, so dass das Unternehmen flexibler wird (Sheffi 2005, S. 258f.).

Eine offene Diskussionskultur spricht ebenfalls für einen höheren Reifegrad des Risikomanagements, da Mitarbeiter in diesem Fall eher gewillt sind, Probleme und Risiken innerhalb der Organisation zu kommunizieren. In einer Kultur, in der Probleme selten offen diskutiert werden, besteht die Gefahr, dass Risiken nicht gemeldet werden, da Mitarbeiter befürchten, entweder für Probleme bestraft zu werden oder aber zusätzliche Arbeit auferlegt zu bekommen, um das Risiko zu reduzieren. Angesprochen auf Faktoren, die ein SCRM erfolgreich machen, antwortete ein Interviewpartner (Interview 14):

> *„Offenheit für Probleme. [...] Dass man das nicht versucht, unter den Tisch zu kehren und man sagt: ‚Das muss ja nicht rauskommen, das ist erst in einem Jahr, vielleicht tritt das ja nicht ein, da sage ich lieber nichts. Da mache ich mir Probleme, weil daraus vielleicht eine Aktion folgt und ich etwas tun muss'. Das ist eine Voraussetzung, dass sich jeder dazu bereit erklärt, das offen zu kommunizieren, wo man Risiken sieht, auch wenn daraus hinterher eine Aktion folgt."*

Zudem sind offene Diskussionen innerhalb eines Unternehmens auch Voraussetzung für offene Diskussionen und Zusammenarbeit auf der Supply Chain Ebene. Der offenen Risikokommunikation und -kultur ist bei netzwerkweiter Zusammenarbeit eine noch größere Bedeutung beizumessen als bei einem rein internen Risikomanagement (Reichwald & Erben 2005, S. 183).

Welchen Einfluss die Kultur auf die Zusammenarbeit zwischen Unternehmen haben kann, zeigt das Beispiel der Firma Boeing. Boeing hatte zu Beginn der Entwicklung des neuen Flugzeugtyps 787 seine Supply Chain dahin gehend verändert, dass das Unternehmen einen höheren Anteil der Entwicklung und Produktion an externe Partner vergab und selbst nur noch mit ca. 50 Zulieferern der ersten Tier-Stufe kommunizierte. Diese strategischen Zulieferer dienten als „Integratoren" und waren für die Koordination mit ihren Lieferanten und Sublieferanten verantwortlich. Diese Supply Chain wies eine Vielzahl von Risiken auf, so dass die Kommunikation zwischen den einzelnen Stufen an Bedeutung gewann. Ein Großteil der erforderlichen Kommunikation und Koordination lief jedoch über ein webbasiertes Supply Chain Planungstool. Aufgrund von kulturellen Unterschieden trugen einige Zulieferer der zweiten und dritten Stufe nicht immer genau und zeitnah die relevanten Informationen ein. Dies führte dazu, dass Boeing nicht frühzeitig über auftretende Probleme informiert war und erst mit Zeitverzögerung reagieren konnte (Tang u. a. 2009, S. 79f.). Die Folgen waren erhebliche Verzögerungen in der Entwicklung und in der Produktion des neuen Flugzeugtyps. Der Erstflug fand Ende 2009 statt, mit mehr als zweijähriger Verspätung gegenüber den ursprünglichen Planungen (Sanders & Michaels 2009).

5.5.4.3 Unternehmensgröße

Ein weiterer Faktor, dem viele Interviewpartner einen großen Einfluss zuschreiben, ist die Unternehmensgröße, gemessen z. B. an der Mitarbeiterzahl. Die Unternehmensgröße ist ein Faktor, der in zahlreichen Untersuchungen der Kontingenztheorie analysiert wurde. So konnten Zusammenhänge mit verschiedenen Variablen nachgewiesen werden, wie z. B. mit einer auf Spezialisierung und Dezentralisierung ausgelegten Unternehmensorganisation (Child 1972, S. 7; für einen Überblick vgl. z. B. Kieser 2006, S. 223ff.).

Auch in Risikomanagement-Studien wird dieser Faktor immer wieder untersucht, und Einflüsse auf das Risikomanagement sind gut belegt (Gordon u. a. 2009, S. 322; Liebenberg & Hoyt 2003, S. 46; Zsidisin & Ellram 2003, S. 23). Große Unternehmen weisen tendenziell eine höhere Notwendigkeit für ein SCRM auf. Daraus resultiert ein höherer Reifegrad bzgl. des Risikomanagements, und sie sind auch stärker an kooperativen SCRM Aktivitäten wie Benchmarks beteiligt. Sie haben tendenziell mehr personelle und monetäre Ressourcen verfügbar, so dass es einfacher ist, Mitarbeiter oder sogar Abteilungen speziell für das SCRM abzustellen. In kleinen Unternehmen sind Mitarbeiter dagegen oft weniger vertraut mit Verfahren und Techniken des Risikomanagements und können sich nur schwer mit verschiedenen Ansätzen identifizieren, was die Akzeptanz der Einführung eines SCRM erschwert (zu den Besonderheiten und Schwierigkeiten des SCRM für kleine und mittlere Unternehmen vgl. auch Kersten u. a. 2009b, S. 16f.). Aus diesen Gründen wird allgemein erwartet, dass kleine Unternehmen einen niedrigeren Reifegrad aufweisen. Ein komplexerer Ansatz kommt dagegen eher selten vor und wird eher als überraschend empfunden (Interview 1):

> *„Considering the size of our company, we are actually pretty intricate."*

Zwei weitere Faktoren gingen aus den Daten hervor, die dafür sprechen, dass größere Unternehmen typischerweise einen höheren Reifegrad in ihrem Risikomanagement aufweisen. Große Unternehmen sind meist globaler aufgestellt als kleine Unternehmen, und sie sind strengeren gesetzlichen Vorgaben unterworfen, vor allem bei börsennotierten Unternehmen.

Es gibt jedoch auch einen Faktor, der eher gegen einen konsistenten SCRM Ansatz spricht. In Großunternehmen ist es oft schwierig, zentral einen Überblick über alle Risiken und Risikomanagement-Aktivitäten zu gewinnen. Daher steigt die Gefahr, dass jede Funktion oder Abteilung ihre eigenen Vorstellungen bzgl. des SCRM umsetzt. Eine solche Vorgehensweise war in vielen Unternehmen lange Zeit vorherrschend, dies ändert sich jedoch mit der vermehrten Umsetzung des Enterprise Risk Management Konzepts (Liebenberg & Hoyt 2003). Das Problem bleibt jedoch weiterhin bestehen, wie ein Gesprächspartner berichtet (Interview 10):

> *„So I guess in a company with the size of company Alpha - a lot of things are more silo, risk is more managed within certain groups and then all those risks get reported up."*

Im Gegensatz dazu zeigte die Datenanalyse aber auch, dass sich kleine Unternehmen einem Zwiespalt gegenübersehen. Sie haben weniger Ressourcen für proaktive Risikomanagement-Aktivitäten verfügbar, haben aber zugleich auch weniger Rücklagen, um im Notfall die Konsequenzen hoher Risiken abzufedern, was im schlechtesten Fall zur Insolvenz führen kann. Dies zeigt z. B. die Aussage eines Managers eines mittelständischen Unternehmens (Interview 19):

> *„Das ist ein Zwiespalt. [...] Das ist schon sehr, sehr wichtig, keinen falschen Schritt zu machen, weil eben auch ein kleiner Fehler schon das „Aus" bedeuten kann. Auf der anderen Seite hat natürlich ein kleines Unternehmen*

eben nicht diese Ressourcen und häufig auch nicht unbedingt die notwendigen Gelder, solche Themen in einem ähnlich vergleichbaren Stil wie die großen Unternehmen anzugehen."

Kleine Unternehmen haben daher einen Bedarf für einen strukturierten, aber zugleich einfachen SCRM Ansatz (Kersten u. a. 2009b, S. 19ff.). Zudem sollten sie als Maßnahmen zumindest Pufferbestände aufgebaut oder Notfallpläne implementiert haben. Eine Studie von Zsidisin & Ellram (2003, S. 23) zeigt, dass dies offenbar der Fall ist: Sie kommen zu dem Ergebnis, dass kleine Unternehmen in geringerem Maße als große Unternehmen in langfristige, verhaltens- oder prozessbasierte Instrumente investieren, um Lieferrisiken zu reduzieren. Hinsichtlich kurzfristiger, pufferbasierter Maßnahmen wie Bestandsmanagement konnten sie jedoch keinen Unterschied im Hinblick auf die Unternehmensgröße feststellen.

Neben der absoluten Größe ist für kleine und mittlere Unternehmen auch das Wachstum bzw. die Geschwindigkeit des Wachstums von Bedeutung für das Risikomanagement. So berichtet ein Manager von dem Problem, dass schnelles Wachstum auch dazu führen kann, dass SCRM in den Hintergrund gerät (Interview 19):

„Die Mitarbeiter, die dazu in der Lage sind, sich etwas zu überlegen, Risikomanagement zu implementieren, [...] das müssen die sein, die schon ein bisschen länger an Bord sind und das Unternehmen und die „Fettnäpfchen" auch kennen, [...] eben nicht die Personen, die ein halbes Jahr oder ein Jahr dabei sind. Das Problem ist nur, dass gerade die Mitarbeiter auch die Neuen, die ein halbes Jahr dabei sind, mit anlernen müssen und dementsprechend eine Art Doppelbelastung haben."

5.5.4.4 Art des Produkts

Die Art und der Grad der Standardisierung von Produkten, die ein Unternehmen herstellt, haben einen Einfluss sowohl auf den Reifegrad des Risikomanagements und die Kooperationsintensität als auch auf die Verfahren und Tools, die angewendet werden können. So resultieren z. B. aus komplexen Produkten oft auch komplexe organisatorische Strukturen, die eine stärkere Zusammenarbeit sowohl intraorganisational, also zwischen und innerhalb der Abteilungen im Unternehmen, als auch interorganisational erfordern (Interview 18):

„[Eine Herausforderung ist die] Integration: innerhalb der Wertschöpfungskette, also die vertikale Integration, aber auch die horizontale Integration. Das ergibt sich natürlich auch bei uns intern, wir haben höchst komplexe

Produkte, und da ist es wichtig, auch die horizontale Integration sicherzustellen."

Produkte mit niedrigen Stückzahlen aber einer hohen Variantenvielfalt – im Extremfall Einzelfertigung auf Projektbasis – erfordern ein sehr flexibles Risikomanagement, das der jeweils spezifischen Situation angepasst werden kann, da jedes Produkt bzw. Projekt anders gestaltet ist und auch andere Risiken aufweist. Klassische Risikomanagement-Methoden, wie historische Fehlerhäufigkeiten, können nicht genutzt werden, da keine ausreichenden statistischen Daten vorliegen. Vielmehr müssen Instrumente angewandt werden, welche die Komplexität der Produkte abdecken. Guinipero & Eltantawy (2004, S. 705f.) betonen zudem, dass die Notwendigkeit von SCRM Investitionen in Unternehmen mit Hightech Produkten höher ist, da häufige technologische Veränderungen auch eine neue Risikosituation zur Folge haben.

Ein weiterer wesentlicher Einflussfaktor, der im Bereich der Produktart liegt, ist der Sicherheitsbedarf des Produkts. Geschäftsbereiche mit Produkten, die die Gesundheit einzelner Personen oder die öffentliche Sicherheit gefährden können, weisen einen höheren Reifegrad des Risikomanagements auf, z. B. Gefahrgüter, Nahrungsmittel oder Pharmaprodukte. Auch dieser Faktor wird durch die Literatur bestätigt (Giunipero & Eltantawy 2004, S. 706).

5.5.5 Charakteristika der Entscheidungsträger

Die letzte Ebene von Einflussfaktoren sind die Eigenschaften der Personen, die im Supply Chain Management oder anderen Funktionen tätig sind und Entscheidungen treffen, die direkt oder indirekt Supply Chain Risiken beeinflussen. Auf dieser Ebene konnten drei wesentliche Eigenschaften identifiziert werden (Abbildung 57):

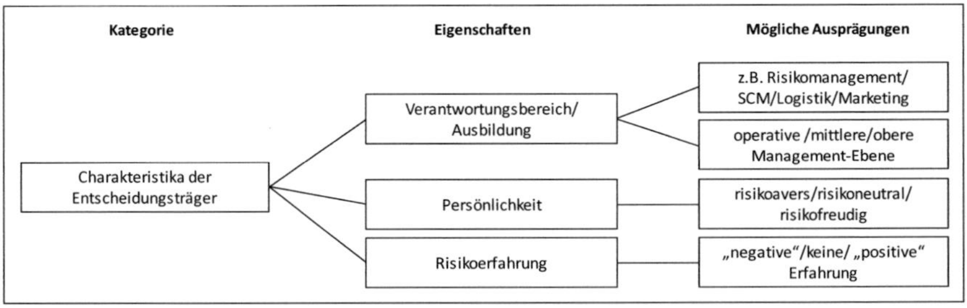

Abbildung 57: Eigenschaften und Ausprägungen der Kategorie „Charakteristika der Entscheidungsträger"

Erstens der Verantwortungsbereich des Entscheidungsträgers in Verbindung mit früheren Tätigkeiten und seiner Ausbildung, zweitens seine Persönlichkeit, insbesondere die Risikoeinstellung, und drittens die positiven oder negativen Erfahrungen, die im Umgang mit Risiken gemacht wurden.

5.5.5.1 Verantwortungsbereich/Ausbildung der Entscheidungsträger

Manuj & Mentzer (2008b, S. 212) heben die Bedeutung der Teamzusammensetzung für den Erfolg des SCRM hervor. Der Verantwortungsbereich und die Ausbildung der involvierten Mitarbeiter beeinflussen den SCRM Ansatz auf verschiedene Art und Weise.

Ein Faktor ist der funktionale Tätigkeitsbereich in Verbindung mit der Erfahrung aus früheren Positionen und dem Ausbildungshintergrund. Diese Aspekte determinieren das vorhandene methodische Know-how, das für das SCRM genutzt werden kann. Die Gesprächspartner merkten überwiegend selbstkritisch an, dass ihre Sichtweise auf das SCRM sehr begrenzt ist und der Fokus des SCRM je nach Person z. B. auf Kosten, Qualität, Sicherheit oder rechtlichen Aspekten liegt. Zum Teil wird Risikomanagement auch als eine Aufgabe angesehen, die mit operativen Funktionen wie Produktion oder Supply Chain wenig zu tun hat und einem Risikomanagement-Verständnis entspricht, in dem vor allem Finanz- und versicherbare Risiken eine Rolle spielen (Interview 6):

> *„Most of our presidents have a manufacturing background. They are here to run a manufacturing facility and they view risk management as a HR or a legal thing: 'Don't bother me with it, just make sure it gets done'."*

Da die meisten Interviews mit Managern aus Supply Chain Management Funktionen geführt wurden, wurde als generelles Problem ein unzureichendes Verständnis für Supply Chain Probleme von anderen Funktionen, wie z. B. der Rechts- oder Marketingabteilung, gesehen (Interview 23):

> *„Because I don't think they really understand it. It's just more pronounced if we have a problem among supply chain professionals, and people that are outside the domain, but trying to get a better sense of what it means I think is even harder for them. So the bottom line is there is a tremendous need for education."*

Auch hier bestätigen Beispiele aus der Unternehmenspraxis die Bedeutung der Erfahrung von Managern. So führen Tang u. a. (2009, S. 80f.) die Probleme bei der Entwicklung und Produktion der Boeing 787 unter anderem darauf zurück, dass in dem Führungsteam des 787-Programms keine Person vertreten war, die eine Expertise im SCRM vorweisen konnte, obwohl die Supply Chain Struktur so radikal umgestellt worden war und verschiedene Supply Chain Risiken zur Folge hatte. Die Probleme führten jedoch dazu, dass der Direktor des Programms durch einen Manager mit Erfahrung im Bereich Supply Chain Management ersetzt wurde (Tang u. a. 2009, S. 81).

Schulungen im Risikomanagement spielen ebenfalls eine wichtige Rolle (Sheffi 2005, S. 133). Wenn Manager an Schulungen teilnehmen und ihr spezifisches Know-how über Supply Chain Risiken und deren Management verbessern, kann dies die Sensibilität für Risiken erhöhen und funktionsübergreifend zu einer gemeinsamen Sprache und einem gemeinsamen Verständnis von SCRM Aktivitäten führen. Es wurde jedoch auch betont, dass das reine Wissen über SCRM Methoden nicht ausreicht, solange keine Erfahrung mit deren Implementierung vorhanden ist und Mitarbeiter keine direkten Vorteile sehen (Interview 21):

> *„We don't have the management team that would believe something that came out of that type of an analysis".*

Erschwerend zu einem fehlenden Verständnis für Probleme in einem bestimmten Bereich wirkt, dass Manager dazu tendieren, vor allem auf die Aktivitäten zu fokussieren, in die sie direkt involviert sind oder die sie beeinflussen können. Dies kann jedoch zur Folge haben, dass Supply Chain Risiken nur isoliert und nicht im Gesamtzusammenhang des Unternehmens oder sogar der gesamten Supply Chain identifiziert, bewertet und gesteuert werden. Das folgende Zitat zeigt, wie verschiedene Abteilungen aufgrund ihres Einflussbereichs ein anderes Verständnis von Risikomanagement entwickeln können (Interview 15):

> *„Risk Management in dem Sinne heißt für uns als Logistikbereich, zunächst mal die Analyse der Ausgangssituation und dann die Bewertung. Ich glaube, der Einkauf würde es genau anders herum sehen [und Risikomanagement als die Steuerung von Risiken definieren], weil die auch in der Lage sind, entsprechend über gewisse Maßnahmen aktiv zu werden."*

Neben den funktionalen Unterschieden wurde auch die Managementebene als Einflussfaktor genannt, der die Sichtweise der Entscheidungsträger nachhaltig determiniert. So berichtete beispielsweise ein Interviewpartner über Diskrepanzen zwischen den einzelnen Hierarchieebenen (Interview 9):

> *„On the high end, obviously our board, our CFO, our CEO, are very concentrated on risk. I would almost say that there is a management gap in be-*

tween on risk, even if these are the people in between there who have the risk training. [...] Then you get down to an operational unit and an operations manager or logistics manager, an individual line manager is very concerned. Because it's their day to day business, it's what they are working on."

Die Daten geben jedoch keine konkreten Hinweise darauf, ob die Verantwortung für das SCRM auf einer bestimmten Managementebene eine Auswirkung auf den Reifegrad des Risikomanagements oder die Kooperation mit Supply Chain Partnern hat.

5.5.5.2 Persönlichkeit der Entscheidungsträger

Die Beschreibung des folgenden Problems belegt die Bedeutung der Persönlichkeit der Entscheidungsträger im Hinblick auf das SCRM (Interview 12):

> *„And then you take it to the manager of the day and what it comes down to is that the decision making is really depending on the decision maker's view, whether they are risk tolerant or whether they are risk averse. Their own personality is going to drive a lot of decisions. [...] It would be interesting to see some ways to help companies avoid those cyclical types of risk management approaches."*

Das Zitat zeigt, dass ein rascher Wechsel von Entscheidungsträgern im Management zu unterschiedlichen und über die Zeit inkonsistenten Entscheidungen führen kann. Ein risikoaverser Manager wird tendenziell auf einen höheren Reifegrad des Risikomanagements Wert legen und möglicherweise mit Supply Chain Partnern kooperieren, um Risiken proaktiv gegenzusteuern. In den meisten Fällen werden mehrere Manager in Entscheidungen involviert sein, die Supply Chain Risiken betreffen, so dass hier zusätzlich Gruppeneinflüsse auf die Risikobereitschaft berücksichtigt werden müssen (March 1994). Für die Supply Chain Ebene kommen zudem Unterschiede in der Risikobereitschaft zwischen den Unternehmen hinzu.

Der Faktor Persönlichkeit der Entscheidungsträger wird in verschiedenen Disziplinen des Risikomanagements diskutiert, insbesondere die Risikobereitschaft (z. B. Arrow 1965; Kahneman & Tversky 1979; March & Shapira 1987). Auch im Bereich der Risikowahrnehmung von Individuen und Unternehmen liegen bereits zahlreiche Beiträge vor (Pablo 1999). Für das SCRM steht eine intensive Auseinandersetzung mit diesem Thema jedoch noch aus.

5.5.5.3 Risikoerfahrung der Entscheidungsträger

Das Risiko, dem ein Manager in seiner gegenwärtigen, aber auch früheren Positionen ausgesetzt war, hat ebenso einen großen Einfluss auf die Bereitschaft, in SCRM zu investieren. Bisher fehlen dazu Untersuchungen für den SCRM Bereich. Verschiedene Studien aus anderen, nicht Supply Chain orientierten Bereichen, kommen aber zu dem Fazit, dass das Ergebnis voriger Entscheidungen bezüglich Risiken die Risikobereitschaft und damit auch das Entscheidungsverhalten von Individuen beeinflusst (Sitkin & Weingart 1995; Thaler & Johnson 1990). Dies scheint vor allem für negative Erfahrungen intuitiv: Ein Entscheidungsträger wird nach einer negativen Erfahrung mit höherer Wahrscheinlichkeit investieren, um den Reifegrad und die Kooperationsintensität zu verbessern.

Dies führt dazu, dass das Eintreten von Risiken häufig Auslöser ist, sich mit dem Thema SCRM auseinanderzusetzen. Wie das folgende Zitat zeigt, gilt dies aber auch für „positive" Erfahrungen. In diesem Fall treten Ereignisse oder Entwicklungen ein, aber sie führen nicht zu negativen Auswirkungen für das Unternehmen und damit für den betroffenen Manager (Interview 11):

> *„What is funny is, the year after Katrina and Rita we went to several of our presidents of the businesses with these plans and they said: 'You know what, I'm fine, I don't want to do anything, I don't want to spend a dime doing it, we will deal with it, we did a great job reacting to it and finding other sources of supply and scrambling and working on the supply chain. And they said: 'If I have to spend any money, I'm not interested in doing it.' That was six months, eight months right after Katrina and Rita."*

Fehlende negative Erfahrungen können somit auch die Risikobereitschaft erhöhen oder zumindest dazu führen, dass diese nicht sinkt.

5.5.6 Zusammenfassende Würdigung der Ergebnisse zu den Einflussfaktoren des SCRM

Die Analyse des Datenmaterials hat **fünf Ebenen von Einflussfaktoren** ergeben, die auf den verfolgten SCRM Ansatz wirken. Außerdem wirken sie zum Teil als Auslöser von SCRM Aktivitäten oder beeinflussen diese. So können z. B. rechtliche Vorgaben allgemeine Rahmenbedingungen darstellen, aber auch ein konkreter Auslöser für ein Risikomanagement in Unternehmen sein.

Die fünf Ebenen sind das Umfeld, die Branche, die Supply Chain, das Unternehmen sowie die Entscheidungsträger in den Unternehmen. Die einzelnen Faktoren weisen untereinander zahlreiche Interdependenzen auf, insbesondere auf der Ebene des Unternehmens und der Entscheidungsträger. Beispielsweise wird die Unternehmenskultur vom Verhalten einzelner Mitarbeiter bestimmt, umgekehrt prägt die Kultur aber auch die Mitarbeiter. So wird z. B. mit hoher Wahrscheinlichkeit die Risikobereitschaft eines Entscheidungsträgers durch das soziale Umfeld im Unternehmen beeinflusst (Baird & Thomas 1985, S. 239). Aber auch zur Supply Chain und Branchenebene bestehen Abhängigkeiten. So wie das Niveau des SCRM in der Branche insgesamt auf ein einzelnes Unternehmen wirkt, kann das Unternehmen durch seine Aktivitäten auch das Niveau der Branche beeinflussen, z. B. indem es eine Vorreiterrolle in Bezug auf das SCRM übernimmt. Lediglich das Makroumfeld kann nicht unmittelbar von anderen Faktoren beeinflusst werden.

Wie im Literaturüberblick dargestellt wurde, steht die Forschung im Hinblick auf Determinanten des SCRM noch am Anfang. In den bisher vorliegenden Beiträgen wird eine Vielzahl von Einzelfaktoren genannt, es haben sich noch keine Kategorien oder Muster herausgebildet. Dies liegt in den sehr unterschiedlichen Problemstellungen und Schwerpunkten der Beiträge (z. B. Level des Enterprise Risk Management, Höhe der Investitionen in das Risikomanagement, strategische Risikobereitschaft etc.) begründet. Aus diesem Grund lassen sich die Faktoren nicht ohne Weiteres auf die Fragestellung dieser Arbeit übertragen.

Parallelen zwischen den Ergebnissen der vorliegenden Studie und der Literatur wurden zum Teil bereits in der Beschreibung der einzelnen Faktoren gezogen. Um einen besseren Vergleich mit der bestehenden Literatur ziehen zu können, die sich schwerpunktmäßig mit verschiedenen Einflussfaktoren auf das Risikomanagement beschäftigt, wurden die in Kapitel 3 genannten Beiträge strukturiert. Hierzu wurden sie mittels des gleichen Codebaums kodiert, der während der Datenanalyse entwickelt wurde; die Einflussfaktoren aus der Literatur wurden also ebenfalls den fünf Ebenen zugeordnet. Fast alle Einflussfaktoren ließen sich eindeutig zuordnen, die Ebenen finden sich also auch in der existierenden Literatur wieder. Eine Ausnahme bildete eine weitere in der Literatur genannte Ebene, die sich jeweils auf die spezifische Entscheidungssituation bezieht (z. B. Baird & Thomas 1985; Trippner 2006). Da sich die Fragestellung dieser Arbeit auf den ganzheitlichen SCRM Ansatz und nicht auf eine bestimmte Risiko- oder Entscheidungssituation bezieht, wurde diese Ebene nicht weiter betrachtet. Eine Übersicht der Faktoren aus der Literatur, sortiert nach Ebenen, befindet sich in Anhang B.

Auf der **Ebene des Makroumfelds** werden die Faktoren „wirtschaftliche Situation", „rechtliche Vorgaben" und „nationale Kultur" nur in einem Beitrag direkt genannt (Baird & Thomas 1985, S. 237). Dagegen stehen in der Literatur vor allem Umweltdynamik und -unsicherheit im Vordergrund, die in den Interviews jedoch nicht genannt wurden. Dies kann verschiedene Ursachen haben. Zum einen sind die Begriffe „Unsicherheit" bzw. „Dynamik" sehr abstrakt und auch in der Literatur häufig nicht operationalisiert. Unternehmensvertreter werden bei ihrer Beschreibung des Risikomanagements kaum an solche abstrakten Kategorien denken. Ausgewählte Aspekte der Unsicherheit sind jedoch implizit in anderen Faktoren enthalten, wie z. B. der wirtschaftlichen Situation. Zum anderen könnte es auch sein, dass die Unsicherheit in der Literatur überschätzt wird. So kommen z. B. Gordon u. a. (2009, S. 309) in ihrer großzahligen empirischen Erhebung zu dem Ergebnis, dass die Umweltunsicherheit keinen signifikanten Einfluss auf das Enterprise Risk Management eines Unternehmens hat.

Die **Ebene der Branche** spielt in der Literatur bisher ebenfalls eine eher untergeordnete Rolle. Unterschiede in der Branche betreffen z. B. das Risikoverständnis (Jüttner u. a. 2003, S. 205), das jedoch in den Interviews keine wesentliche Rolle spielt, und unterschiedliche gesetzliche Bestimmungen (Fiege 2006, S. 267). Das Niveau des Risikomanagements in der Branche wird nicht explizit als Einflussfaktor genannt. Da sich das Niveau des Risikomanagements aus dem Durchschnitt der in der Branche tätigen Unternehmen ergibt, folgt aber daraus, dass bei einem höheren Branchenniveau auch die einzelnen Unternehmen ein höheres Niveau erreichen.

Da es bisher nur wenige Beiträge gibt, die sich mit Einflussfaktoren auf das unternehmensübergreifende Risikomanagement beschäftigen, liegen zur **Supply Chain Ebene** erst wenige Erkenntnisse vor. In der Literatur werden einige einzelne Faktoren genannt, von denen sich viele auf die Beziehung mit Supply Chain Partnern zurückführen lassen oder daraus abgeleitet werden können. Diese haben sich in den Interviews als wichtige Faktoren für den Grad der Kooperation herausgebildet. Beispiele sind Netzwerkkoordination und Vertrauen (Kajüter 2007) oder die relative Bedeutung eines Zulieferers, die tendenziell zu einer engeren Supply Chain Beziehung führen (Giunipero & Eltantawy 2004). Auch die Machtverteilung konnte als Faktor bestätigt werden (Hallikas u. a. 2005). Die Kongruenz der Managementsysteme wird in der Literatur bisher nicht explizit erwähnt, spielt aber gemäß dem Datenmaterial auch eher eine untergeordnete Rolle. Manuj & Mentzer (2008b) identifizieren außerdem Faktoren wie die Flexibilität und Komplexität der Supply Chain als wichtige Einflussfaktoren auf die Wahl einer Strategie zur Steuerung von Supply Chain Risiken, die in den Interviews nicht als relevant identifiziert wurden. Dies muss jedoch keinen Widerspruch bedeuten, da Manuj & Mentzer auf die Risikosteuerung abzielen. Die dafür relevanten Faktoren spielen nicht notwendigerweise auch eine Rolle bei der Bestimmung des Reifegrads des Risikomanagements bzw. der Kooperationsintensität.

Ein klarer Schwerpunkt der in der Literatur genannten Einflussfaktoren liegt auf der **Ebene des Unternehmens.** Alle Beiträge identifizieren mindestens einen Faktor auf dieser Ebene, insgesamt wurden ca. 30 verschiedene Faktoren genannt. Der Faktor „Unternehmensgröße" ist dabei der mit Abstand am häufigsten genannte Faktor (z. B. Bergener 2006; Gordon u. a. 2009; Lichtenstein 1996; Liebenberg & Hoyt 2003). Dies bestätigt die Ergebnisse aus den Interviews, in denen die Unternehmensgröße ebenfalls als einer der wichtigsten Faktoren angesehen wurde. Die übrigen Faktoren auf der Unternehmensebene wurden jedoch nur von einem oder zwei der Beiträge als relevant angesehen.

In der untersuchten Literatur zu Einflussfaktoren wurde der Faktor „Internationale Ausrichtung", der in den Interviews als bedeutender Faktor eingestuft wurde, nicht genannt. Dies ist insofern überraschend, als in anderen Beiträgen betont wird, dass global orientierte Unternehmen einen höheren Bedarf an Risikomanagement haben (Manuj & Mentzer 2008a, S. 134) und die Internationalisierung ein wesentlicher Treiber des SCRM ist (Jüttner 2005, S. 134). Ein Grund hierfür könnte sein, dass ein wesentliches Merkmal globaler Unternehmen – eine höhere Umweltunsicherheit – nicht als Unternehmenscharakteristikum gesehen wird, sondern implizit auf der Ebene des Makroumfelds mit berücksichtigt wird. Bezüglich dieses Faktors wären daher weitere Untersuchungen in der Zukunft wünschenswert.

Gleiches gilt für den Faktor „Unternehmenskultur", der nur von Baird & Thomas (1985) als Faktor genannt wurde, der auf die Risikobereitschaft wirkt (von Baird & Thomas als „Werte des Unternehmens" bezeichnet). Auch der Einfluss der „Art des Produkts" auf das SCRM wird in der Literatur bisher kaum berücksichtigt. Eine Ausnahme bilden hier z. B. Giunipero & Eltantawy (2004), die sich jedoch auf die Produkttechnologie als wesentliche Produkteigenschaft konzentrieren.

Im Gegensatz dazu werden in der Literatur jedoch auch Faktoren diskutiert, die in den Interviews nicht angesprochen wurden. Eine große Gruppe bezieht sich auf finanzielle Kennzahlen, wie z. B. Fremdkapitalanteil und die Volatilität des Aktienkurses (Liebenberg & Hoyt 2003, S. 45). Dass diesen in der vorliegenden Studie keine Relevanz beigemessen wird, kann verschiedene Ursachen haben. Erstens sind dies Faktoren, die vor allem für die Gesamtunternehmung von Interesse sind und insbesondere aus der Perspektive der Geschäftsleitung und damit für das strategische Risikomanagement von Bedeutung sind. Die Gesprächspartner in dieser Arbeit stammen jedoch überwiegend aus operativen Supply Chain Management Funktionen und haben Kennzahlen wie diese bei konkreten SCRM Entscheidungen weniger im Blick. Zweitens stellen Liebenberg & Hoyt fest, dass nur der Fremdkapitalanteil tatsächlich einen statistisch signifikanten Einfluss auf das Risikomanagement hat, die anderen Finanzkennzahlen jedoch nicht. Drittens fokussiert der Beitrag auf das Enterprise Risk Management und hat keinen Supply Chain Bezug.

Die **Ebene der Entscheidungsträger** wird hingegen nur von einem Teil der Beiträge behandelt. Genannt werden in den Beiträgen u. a. die Risikobereitschaft sowie das Risikoverständnis. Während Letzterem in den Interviews keine größere Bedeutung beigemessen wurde, wird die Risikobereitschaft bzw. die Persönlichkeit der Entscheidungsträger ebenfalls als einer der wichtigsten Faktoren angesehen. Manuj & Mentzer (2008b, S. 202) kommen in ihrer Grounded Theory Studie zu Risikosteuerungs-Strategien im SCRM zu dem Ergebnis, dass die Zusammensetzung des SCRM Teams eine moderierende Variable darstellt und somit einen indirekten Einfluss auf die Wahl der Strategie hat. Das Datenmaterial der vorliegenden Arbeit weist jedoch eher darauf hin, dass die Entscheidungsträger einen direkten und wesentlichen Einfluss auf den SCRM Ansatz haben. Ein möglicher Grund für die unterschiedlichen Interpretationen der Rolle der Manager könnten die unterschiedlichen Schwerpunkte der Untersuchungen sein (SCRM Ansatz versus Risikosteuerungs-Strategien). Eine genauere Aussage ist jedoch nicht möglich, da Manuj & Mentzer nicht begründen, warum sie den Faktor Teamzusammensetzung als moderierende Variable einstufen.

Die im Umgang mit Risiken gemachten Erfahrungen sowie der berufliche und Ausbildungshintergrund der Manager werden in der Literatur bisher weitgehend vernachlässigt. Während Persönlichkeitsfaktoren dieser Art in anderen Disziplinen wie z. B. der Entscheidungstheorie bereits seit Längerem erforscht werden (Sitkin & Weingart 1995; Thaler & Johnson 1990), wurden die Erkenntnisse bisher mit wenigen Ausnahmen (z. B. Smith 2009) kaum auf den SCRM Kontext übertragen. Auch hier besteht weiterer Forschungsbedarf, um zu untersuchen, wie groß die Einflüsse tatsächlich sind.

Zusammenfassend ist damit festzuhalten, dass die Mehrheit der Einflussfaktoren, die sich aus der Analyse des Datenmaterials ergeben, durch Erkenntnisse in der Literatur unterstützt wird. Diese Erkenntnisse stammen aus den verschiedenen Disziplinen, die sich mit Risikomanagement auseinandersetzen. Viele Faktoren, insbesondere auf der Ebene der Entscheidungsträger, wurden in der Literatur zum unternehmensübergreifenden Risikomanagement bisher jedoch weitgehend vernachlässigt. Forschungsbedarf besteht daher in der Übertragung von Erkenntnissen aus anderen Wissenschaftsdisziplinen auf das SCRM und/oder vertieften Analysen einzelner Faktoren.

5.6 Dynamik des Modells

Die unternehmensspezifischen Ausprägungen des vorgestellten Modells sind keineswegs statisch. Vielmehr ist das Modell durch die Interdependenzen der einzelnen Modellelemente – SCRM Ansätze, Auslöser und Einflussfaktoren – sowie Änderungen der äußeren Rahmenbedingungen dynamisch zu interpretieren. Somit können sich die Ausprägungen für einzelne Unternehmen bzw. Supply Chains fortlaufend ändern. Damit wird der Forderung in der Grounded Theory Literatur Rechnung getragen, die Aktionen und Interaktionen der handelnden Personen und deren Konsequenzen als iterativen Prozess zu verstehen (Corbin & Strauss 2008, S. 247ff.; Corbin & Strauss 1990, S. 10).[51]

Strauss und Corbin gehen in ihrer Conditional/Consequential Matrix davon aus, dass nicht nur die Bedingungen die Handlungen von Personen beeinflussen, sondern die Handlungen auch die Bedingungen (Corbin & Strauss 2008, S. 93). Diese Handlungen werden in der vorliegenden Untersuchung durch den SCRM Ansatz und die einzelnen SCRM Aktivitäten der Entscheidungsträger im Unternehmen repräsentiert. Änderungen dieses SCRM Ansatzes können verschiedene Ursachen haben, wie aus Abbildung 23 hervorgeht.

Erstens können sich die Einflussfaktoren ändern, die auf den SCRM Ansatz und mögliche Auslöser für SCRM Aktivitäten wirken. So können Änderungen im Makroumfeld, z. B. in den politischen Rahmenbedingungen oder der wirtschaftlichen Situation eine Anpassung des existierenden Ansatzes erforderlich machen (Interview 16):

---

[51] Vgl. Kapitel 4.1.

„Natürlich würden wir verschiedene Sachen optimieren. Wir machen auch nicht alles, was man machen kann. Dann nimmt man manchmal Wege, die nicht so erfolgreich sind, das ist normal. […] Die Rahmenbedingungen ändern sich. So machen wir das auch, immer wieder anpassen."

Während das Makroumfeld von den Unternehmen nicht aktiv verändert werden kann, besteht die Möglichkeit, andere Einflussfaktoren selbst zu bestimmen. So kann die Unternehmensleitung entscheiden, welche Manager mit SCRM Aufgaben betraut werden und damit die Einflussfaktoren bestimmen, die sich auf die Charakteristika der Entscheidungsträger beziehen.

Zweitens können sich auch die Risiken des Unternehmens und der Supply Chain ändern und andere Verfahren der Risikoidentifikation, -bewertung und -steuerung sinnvoll erscheinen lassen.

Drittens können Ursachen für Änderungen in den Konsequenzen des SCRM Ansatzes liegen (vgl. Abbildung 23): dem Erfolg oder Misserfolg des SCRM. So versuchen einige Unternehmen, ihren SCRM Ansatz auf Basis der mit bestimmten Verfahren oder Tools gemachten Erfahrungen ständig weiterzuentwickeln (Interview 4):

„We don't sit back and determine that what we have in place is perfect. We try some new things to see what makes sense and do any of those, enhance our processes."

Dies kann z. B. im Rahmen eines kontinuierlichen Verbesserungsprozesses geschehen, oder es kommen Instrumente wie „Lessons learned"-Treffen zum Einsatz. Im Gegensatz zu der beschriebenen Weiterentwicklung von Ansätzen kann es in bestimmten Situationen auch sinnvoll sein, einen Schritt zurückzugehen und SCRM Aktivitäten zu vereinfachen. So berichtete ein Teilnehmer von einem von einer Beratung entwickelten SCRM Verfahren, das zwar einen hohen Reifegrad erreicht hatte, aber in der Praxis kaum eingesetzt wurde (Interview 15):

„Das ist wirklich ein beschriebenes Verfahren, was wir hatten, was aber als zu kompliziert empfunden wurde. Deswegen gibt es jetzt eine neue Version."

Der Erfolg oder Misserfolg beeinflusst den SCRM Ansatz auch über die Einflussfaktoren. Ein Beispiel hierfür ist der Einflussfaktor „Risikoerfahrung der Entscheidungsträger". Die positive oder negative Erfahrung, die ein Entscheidungsträger im

Umgang mit Risiken macht, hängt zu einem nicht unerheblichen Teil davon ab, ob die bisher eingesetzten SCRM Aktivitäten erfolgreich oder nicht erfolgreich waren.

Einige Unternehmen berichteten auch von aufgetretenen „Abnutzungserscheinungen“ im Laufe der Zeit. Dies führt dazu, dass SCRM Aktivitäten zwar definiert sind und auch durchgeführt wurden, die Kontinuität aber mit der Zeit abnimmt (Interview 20):

> *„Wir machen das Risikomanagement nicht so, wie es mal gedacht war. Das ist sicherlich auch so in Firmen nicht unüblich.“*

Dies scheint insbesondere in Unternehmen der Fall zu sein, die längere Zeit von keinen größeren Risiken signifikant getroffen wurden, unabhängig davon, ob dies dem Erfolg der SCRM Maßnahmen oder dem Zufall zugeschrieben werden muss.

5.7 Zusammenfassende Modelldarstellung

Ziel dieses Kapitels war es, auf Basis der Analyse der erhobenen Daten die beiden ersten Forschungsfragen zu beantworten. Dafür wurde aus dem Datenmaterial zunächst ein Gesamtmodell entwickelt und eingegrenzt. Das eingegrenzte Modell, das den Fokus der Untersuchung bildete, enthält drei Hauptelemente: SCRM Ansätze, Auslöser des SCRM sowie Einflussfaktoren des SCRM. Abbildung 58 zeigt das detaillierte Modell mit den drei Hauptelementen und ihren Unterkategorien.

Das erste Element beschreibt und klassifiziert die verschiedenen SCRM Ansätze von Unternehmen und Supply Chains. Zwei Kategorien konnten identifiziert werden, anhand derer die Ansätze klassifiziert werden können: Der Reifegrad des Risikomanagements, der sich überwiegend auf die Aktivitäten innerhalb eines Unternehmens bezieht, sowie die Kooperationsintensität, die sich auf die Zusammenarbeit zwischen zwei oder mehreren Unternehmen einer Supply Chain bezieht. Der Stand der Forschung konnte somit um eine detaillierte Beschreibung und Strukturierung von SCRM Ansätzen aus Unternehmenssicht erweitert werden.

Das zweite Element sind die Auslöser des SCRM, die sich in interne und externe Auslöser unterteilen lassen. Dieses Element war nicht explizit Teil einer Forschungsfrage, sondern kristallisierte sich während der Datenerhebung und -analyse heraus. Dies wurde durch den Grounded Theory Ansatz ermöglicht, in dem Kategorien direkt aus den Daten hervorgehen und keine vorgegebenen Kategorien zur Analyse der Daten verwendet werden. In der Literatur werden die Auslöser des SCRM bisher weitgehend vernachlässigt.

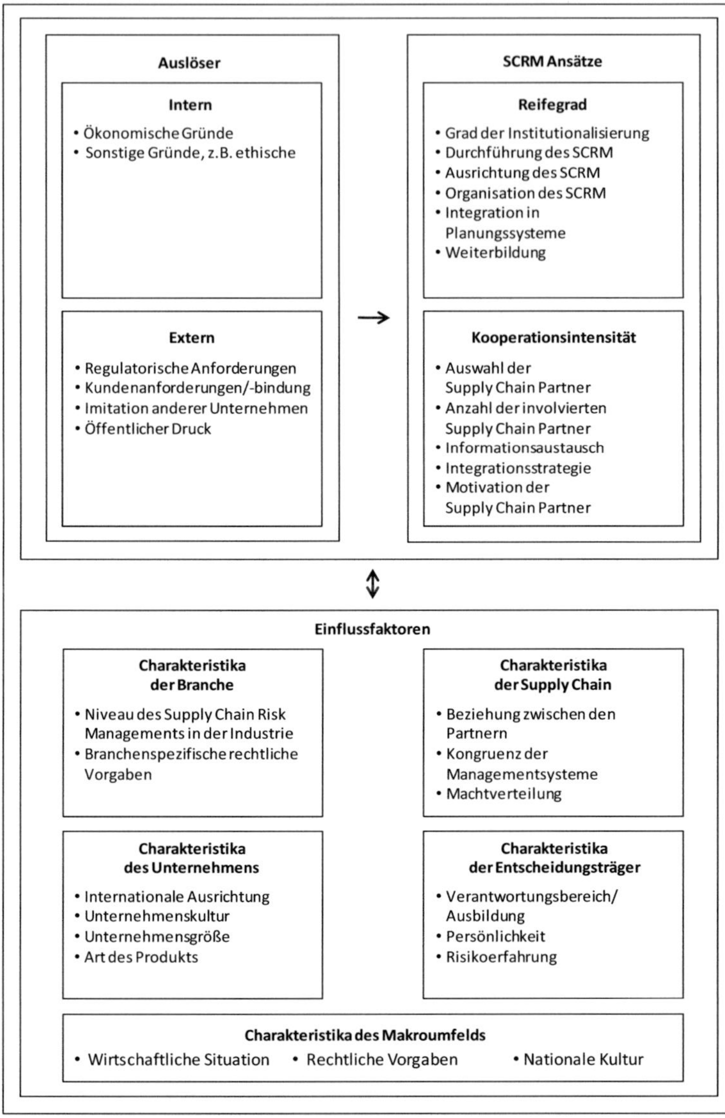

Abbildung 58: Detailliertes Modell des SCRM

Das dritte Element sind die Faktoren, welche den SCRM Ansatz in Unternehmen und Supply Chains beeinflussen. Einflussfaktoren auf fünf Ebenen konnten identifiziert werden, und zwar der Ebene des Makroumfelds, der Branche, der Supply Chain, des Unternehmens sowie der Entscheidungsträger in den Unternehmen. Obwohl in der Forschung erste Anstrengungen zur Bestimmung von Einflussfaktoren unternommen wurden, sind bisherige Beiträge eher präskriptiver Natur und weisen unterschiedliche Schwerpunkte auf. Während ein Teil der identifizierten Einflussfaktoren direkt durch die Literatur bestätigt werden konnte, wurden andere Faktoren bisher nicht bzw. nur in anderen Wissenschaftsdisziplinen diskutiert, so dass eine Anwendung der Erkenntnisse im Supply Chain Management noch aussteht. Hier konnte die Arbeit also ebenfalls zum Stand der Forschung beitragen und weitere Forschungsbedarfe aufzeigen. Damit wurden die ersten beiden Forschungsfragen der Arbeit beantwortet.

Ein interessantes Ergebnis der Untersuchung ist, dass keine Muster aus den Daten hervorgingen, die auf eindeutige Unterschiede zwischen den USA und Deutschland schließen lassen. Weder unterscheiden sich die genutzten SCRM Ansätze systematisch noch wurden andere Einflussfaktoren als wesentlich angesehen. Der einzige größere Unterschied betrifft die Art der Risiken, die von den Unternehmen als Begründung und Auslöser für das SCRM beschrieben wurden. Während in den USA vor allem Katastrophenrisiken wie Hurrikane genannt wurden, spielen in deutschen Unternehmen vor allem Risiken mit häufigerem Auftreten aber geringerem Schadenspotenzial eine Rolle, wie z. B. die Lieferung von Fehlteilen durch einen Zulieferer. Auch andere Studien stellen eine große Anzahl von Gemeinsamkeiten zwischen deutschen und US-Unternehmen fest (Zsidisin u. a. 2008, S. 416).

Die geringen Unterschiede scheinen auf den ersten Blick nicht intuitiv, da die bisherige Forschung gezeigt hat, dass Differenzen hinsichtlich der Bedeutung einzelner Risiken (Zsidisin u. a. 2008, S. 409ff.) sowie der Vermeidung von Unsicherheiten (Hofstede 2001, S. 145ff.) bestehen. Allerdings merkt Hofstede (2001, S. 148) selbst an, dass Unsicherheitsvermeidung nicht mit Risikovermeidung gleichzusetzen ist, da sich Risiko immer auf ein spezifisches Ereignis bezieht, Unsicherheit hingegen eher ein diffuses Gefühl beschreibt. So kann es vorkommen, dass Personen sogar Risiken eingehen, um unsichere Situationen zu vermeiden. Als Beispiel führt Hofstede Personen an, die lieber einen Streit mit einem Gegner beginnen, als abzuwarten.

Ein weiterer Grund für die wenigen Unterschiede in der durchgeführten Studie könnte in den Eigenschaften der Unternehmen bzw. der Interviewpartner des gewählten Samples liegen. Die Gespräche wurden zwar mit einer Ausnahme in Unternehmen in

Deutschland und den USA geführt. Jedoch lag bei internationalen Unternehmen die Zentrale der Unternehmen nicht immer in dem Land, in dem die Interviews geführt wurden. Auch die Gesprächspartner gehörten nicht immer der Nationalität des Landes an, in dem die Interviews geführt wurden. Aus den Daten geht nicht eindeutig hervor, in welchem Ausmaß SCRM Entscheidungen vom Heimatland des Gesprächspartners, dem Land der Zentrale des Unternehmens oder dem Arbeitsplatz des Gesprächspartners und tatsächlichen Ort des Interviews beeinflusst werden. Aufgrund des Grounded Theory Ansatzes als qualitativem Forschungsdesign ist zudem das verwendete Sample relativ klein, so dass eine weitere Untersuchung möglicher Unterschiede auf großzahliger Basis sinnvoll ist.

6 Managementimplikationen und Gestaltungsempfehlungen

Nachdem zuvor die beiden ersten Forschungsfragen beantwortet wurden, ist dieses Kapitel der Beantwortung der dritten Forschungsfrage und damit dem pragmatischen Wissenschaftsziel gewidmet: Wie können die bisher erzielten Ergebnisse für die Unternehmenspraxis nutzbar gemacht werden?

Eine der großen Herausforderungen für Unternehmen und Supply Chains ist es, das SCRM so zu gestalten, dass die Gewinne nicht zurückgehen. Abbildung 59 zeigt die Abwägung zwischen Gewinn und Risiko in Anlehnung an die Portfoliotheorie. Die Effizienzlinie ist die Kurve der Punkte, an denen der Gewinn bei gegebenem Risiko maximiert bzw. das Risiko bei gegebenem Gewinn minimiert wird. Es ist die Aufgabe der Entscheidungsträger, das SCRM möglichst effizient zu gestalten, so dass es die Effizienzlinie nach außen verschiebt (Option A). Alternativ wird mit Option B das Effizienzniveau beibehalten, und das Unternehmen bewegt sich auf der Effizienzlinie, so dass niedrigere Risiken gleichbedeutend mit reduzierten Gewinnen sind (Chopra & Sodhi 2004, S. 56).

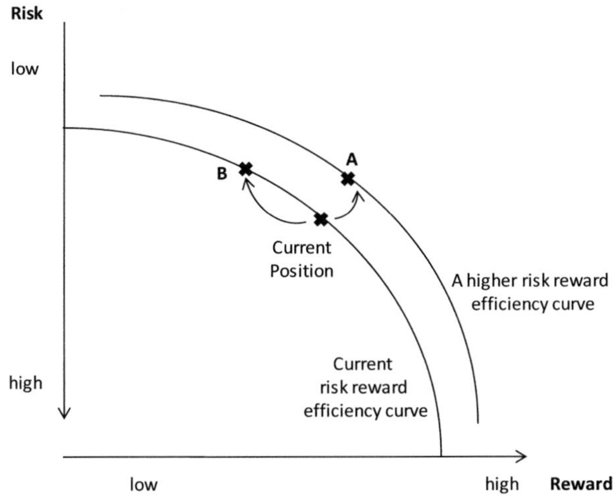

Abbildung 59: Effizienzkurve des SCRM
Quelle: Chopra & Sodhi (2004, S. 56)

Ziel dieses Kapitels ist es daher, Empfehlungen für ein effektives und effizientes SCRM zu geben. Auf welchem Punkt der Effizienzlinie das Unternehmen liegen sollte und ob SCRM Maßnahmen ergriffen werden, die einerseits das Risiko, andererseits aber auch den Gewinn reduzieren, ist hingegen vom Management bzw. den Eigentümern des Unternehmens individuell zu entscheiden. Diesbezüglich können und sollen daher keine allgemeingültigen Empfehlungen gegeben werden. Ein Beispiel ist die Entscheidung über die Vorhaltung eines zusätzlichen Lieferanten in einer Single Sourcing Situation. Der zusätzliche Lieferant könnte im Falle eines Problems bei dem ersten Lieferanten einspringen, der Aufbau eines zweiten Lieferanten erfordert aber zugleich den Einsatz monetärer Ressourcen und würde somit den Gewinn schmälern.

Zunächst werden einige allgemeine Empfehlungen auf Basis der in den Interviews gemachten Beobachtungen abgeleitet. Anschließend wird eine Vorgehensweise vorgestellt, anhand derer Unternehmen ihre SCRM Aktivitäten besser einschätzen und planen können. Um diese Vorgehensweise zu konkretisieren, werden Implikationen der SCRM Ansätze abgeleitet, die sich aus der vorgestellten Kategorisierung und Beschreibung der in der Praxis genutzten SCRM Ansätze ergeben. Abschließend werden Implikationen der identifizierten Einflussfaktoren näher beleuchtet.

6.1 Allgemeine Empfehlungen

Ein allgemeines Problem, das während der Interviews identifiziert wurde, ist der inkonsistente Gebrauch und die unterschiedliche Interpretation von Begriffen wie „Zusammenarbeit" oder „Supply Chain", was durch Ergebnisse früherer Untersuchungen bestätigt wird (Haywood & Peck 2003, S. 127). Ein Beispiel ist die in den Interviews gestellte Frage, inwiefern Zulieferer in die Risikomanagement-Aktivitäten des Unternehmens involviert sind. Während einige Interviewpartner Lieferantenaudits und -bewertungen in ihre Antwort einbezogen, sahen andere Gesprächspartner diese Instrumente nicht als gemeinsame Risikomanagement-Aktivität an und erwähnten sie nicht, obwohl sich im Verlauf der Gespräche herausstellte, dass sie diese Instrumente einsetzen. Die Aufgabe von Managern sollte es daher sein, ein **gemeinsames Verständnis und eine gemeinsame Terminologie sicherzustellen**, sowohl innerhalb des Unternehmens, als auch bei der Zusammenarbeit mit externen Partnern.

Insgesamt besteht eine große Unsicherheit bei Supply Chain Managern, wie sie mit Supply Chain Risiken umgehen sollten. In fast allen Interviews fragten die Gesprächspartner, wie andere Unternehmen in diesem Bereich arbeiten. Um diese **Unsicherheit zu reduzieren**, bietet es sich an, SCRM Verfahren und Instrumente zu benchmarken und Best Practices auszutauschen. Dafür können formelle oder informelle Industrieforen oder Arbeitskreise gegründet werden, die den Reifegrad des Risikomanagements innerhalb der Supply Chain und Branche, aber auch industrieübergreifend erhöhen würden. Ein Beispiel hierfür ist der Supply Chain Risk Leadership Council, ein 2006 in den USA gegründeter Zusammenschluss von Unternehmen. Das Ziel des Councils wird beschrieben als „to create best-practices supply chain risk management standards, processes, capabilities and metrics to be adopted within our respective organizations" (SCRLC 2010a; SCRLC 2010b). Mitglieder sind sowohl große Industrieunternehmen wie Boeing oder Cisco Systems als auch Dienstleister wie FedEx oder die Bank of America.

Die Ergebnisse der Interviews zeigen jedoch auch, dass es keine SCRM Lösung gibt, die von anderen ohne Prüfung und ggf. Anpassung übernommen werden kann. So wird nicht in jedem Fall der höchste Reifegrad des Risikomanagements als optimal angesehen. Vor allem für kleine Unternehmen ist es wichtig, Schwerpunkte zu setzen und Verfahren zu implementieren, die in die tägliche Arbeit integriert werden können.

6.2 Entwicklung einer Vorgehensweise zur Planung von SCRM Aktivitäten

Aufgrund der im vorigen Abschnitt erwähnten Unsicherheit von Managern in Bezug auf SCRM Aktivitäten fehlt es Unternehmen zum Teil an einer Strategie, ob und wie sie ein SCRM implementieren bzw. weiterentwickeln sollten. Wie die Analyse der SCRM Ansätze gezeigt hat, führen viele der befragten Unternehmen jedoch einzelne Risikomanagement-Aktivitäten durch. Auf diese Weise entstehen oftmals Insellösungen, die in keine Gesamtstrategie eingebettet sind. Ein Grund dafür könnte sein, dass Manager keine konkrete Vorstellung davon haben, welche Entscheidungen bei der Implementierung eines SCRM zu treffen sind.

Im Folgenden soll daher auf Basis der Ergebnisse der Grounded Theory Studie eine Vorgehensweise entwickelt werden, die Unternehmen helfen kann, ihr SCRM besser einzuschätzen und Verbesserungen systematisch zu planen. Dabei werden keine standardisierten Lösungsvorschläge gemacht, sondern es wird ein methodischer Rahmen bereitgestellt, der helfen soll, die Planung des künftigen SCRM zu strukturieren und eine langfristige Strategie zu entwickeln. Die Vorgehensweise besteht aus sieben Schritten (Abbildung 60). Die ersten vier Schritte werden jeweils intern in einem Unternehmen durchgeführt und dienen der Zieldefinition sowie der Analyse der Ist-Situation, der Soll-Situation und möglicher Diskrepanzen zwischen Soll und Ist, die zu Handlungsbedarf führen. Der fünfte Schritt umfasst eine Diskussion der Ergebnisse auf der Supply Chain Ebene, im sechsten und siebten Schritt werden die identifizierten Handlungsbedarfe auf der Supply Chain Ebene bzw. auf der Unternehmensebene in eine konkrete Maßnahmen- und Meilensteinplanung umgesetzt.

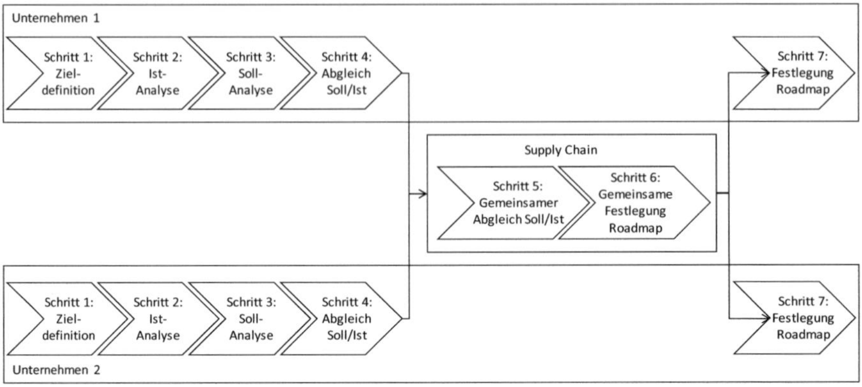

Abbildung 60: Vorgehensweise zur Planung und Verbesserung des SCRM

Schritt 1: Zieldefinition

Im ersten Schritt sind zunächst die Ziele festzulegen und zu konkretisieren, die das Unternehmen durch das SCRM erreichen möchte. Welche Vorteile sind aus Sicht der involvierten Mitarbeiter mit einem SCRM verbunden? So ist zu klären, ob z. B. der Eintritt bestimmter Risiken verhindert werden soll oder ob eher im Fokus stehen sollte, die Risikosituation besser einzuschätzen, um bei Eintreten eines Risikos schnell reagieren zu können und Notfallpläne vorbereitet zu haben.[52] An den Zielen sollte sich später die Soll-Analyse orientieren.

Schritt 2: Ist-Analyse

Die Ist-Analyse dient dazu, die derzeitige Situation im Unternehmen zu erfassen und zu dokumentieren und eigene Stärken und Schwächen zu erkennen. Als Hilfsmittel dazu kann eine Checkliste dienen, welche die Entscheidungsfelder in Form von Fragen enthält, die in den Interviews identifiziert wurden. Exemplarisch zeigt Abbildung 61 einige ausgewählte Fragen zur Kooperationsintensität, die eine solche Checkliste enthalten könnte.

Die Fragen wurden aus den Kategorien der SCRM Ansätze entwickelt. So wurde die Frage 1, „Inwiefern beeinflussen Risikoaspekte die Auswahl Ihrer Zulieferer?“, aus der

[52] Für eine ausführlichere Erläuterung der Ziele des SCRM vgl. Kapitel 2.3.2.2.

Kategorie „Kooperationsintensität/Auswahl der Supply Chain Partner“ abgeleitet. Die Fragen 2 und 3, „Welchen Anteil Ihrer direkten Zulieferer beziehen Sie in Ihr SCRM ein?“ bzw. „Wie viele Zulieferstufen beziehen Sie in Ihr SCRM ein?“ entstammen der Kategorie „Kooperationsintensität/Anzahl der involvierten Supply Chain Partner“, etc. Manager können – allein oder im Team – diese Fragen mittels einer Skala von 1 bis 5 beantworten und damit die Situation ihres Unternehmens einschätzen. Teamarbeit hat dabei den Vorteil, dass unterschiedliche Sichtweisen integriert werden können.

Checkliste zur Einschätzung der Kooperationsintensität des SCRM

Teil A: Allgemeine Fragen für Ihr Unternehmen

	1	2	3	4	5	k.A.
1. Inwiefern beeinflussen Risikoaspekte die Auswahl Ihrer Zulieferer?	☐	☐	☐	☐	☐	☐
	1 = überhaupt nicht 5 = sehr stark					
2. Welchen Anteil Ihrer direkten Zulieferer beziehen Sie in Ihr SCRM ein?	☐	☐	☐	☐	☐	☐
	1 = keine 5 = alle					
3. Wie viele Zulieferstufen beziehen Sie in Ihr SCRM ein?	☐	☐	☐	☐	☐	☐
	1 = nur die erste Stufe 5 = alle Stufen					
4. Wie motivieren Sie Ihre Zulieferer, im SCRM mit Ihnen zusammenzuarbeiten?	☐	☐	☐	☐	☐	☐
	1 = keine expliziten Anreize 5 = starke positive oder negative Anreize					

Teil B: Fragen, die Ihr Unternehmen und Ihre Supply Chain Partner beantworten sollten

5. Welche Art von Informationen tauschen Sie mit Ihren Zulieferern aus?	1	2	3	4	5	k.A.
• Ob beim Zulieferer ein SCRM durchgeführt wird	☐	☐	☐	☐	☐	☐
	1 = Information wird nie ausgetauscht 5 = Information wird häufig ausgetauscht					
• Allgemeine risikorelevante Informationen, z.B. Zulieferstruktur u. Finanzkennzahlen	☐	☐	☐	☐	☐	☐
	1 = Information wird nie ausgetauscht 5 = Information wird häufig ausgetauscht					
• Identifizierte Risiken und Gegenmaßnahmen	☐	☐	☐	☐	☐	☐
	1 = Information wird nie ausgetauscht 5 = Information wird häufig ausgetauscht					
• Best Practices zum SCRM	☐	☐	☐	☐	☐	☐
	1 = Information wird nie ausgetauscht 5 = Information wird häufig ausgetauscht					

Abbildung 61: Beispiel für eine Checkliste zur Einschätzung der SCRM Situation

Die Checkliste zur Kooperationsintensität enthält sowohl einige allgemeine Fragen für das betrachtete Unternehmen selbst als auch einige Fragen, die vom Unternehmen und von den Supply Chain Partnern beantwortet werden und in Schritt 5 gemeinsam besprochen werden sollten.

Daneben sollten einige offene Fragen beantwortet werden, welche die standardisierten Fragen und Antwortmöglichkeiten konkretisieren und als Entscheidungsunterstützung dienen:

- Welche Instrumente der Risikoidentifikation werden derzeit in den verschiedenen Abteilungen des Unternehmens genutzt?
- Welche Instrumente der Risikobewertung werden derzeit in den verschiedenen Abteilungen des Unternehmens genutzt?
- Welche technischen Hilfsmittel werden derzeit in den verschiedenen Abteilungen des Unternehmens genutzt?
- Wo liegen aus Sicht der Mitarbeiter Probleme? Wie könnten diese gelöst werden?

Schritt 3: Soll-Analyse

Der dritte Schritt umfasst die Durchführung einer Soll-Analyse, d. h., Unternehmen sollten auf Basis ihrer Ziele festlegen, was der jeweils gewünschte Zustand in Bezug auf eine bestimmte Frage ist. Dabei muss nicht immer die aufwändigste Möglichkeit auch die beste sein. So kann es beispielsweise sein, dass nur ein bestimmter Zeitrahmen zur Verfügung steht, den Mitarbeiter für das SCRM aufbringen können, was sich auch im Soll-Zustand niederschlägt. Ebenso kann die Strukturierung und Formalisierung für ein Unternehmen mit einem hohen Grad an Aufgabenspezialisierung eine große Bedeutung haben, in anderen Unternehmen ist dies jedoch weniger relevant. Die Soll-Analyse kann mit den gleichen Checklisten durchgeführt werden, die auch bei der Ist-Analyse verwendet wurden. Generische Empfehlungen zur Bestimmung der Soll-Strategie werden in Kapitel 6.3 gegeben.

Schritt 4: Abgleich der Analysen auf Unternehmensebene

Im vierten Schritt werden die Ergebnisse der Ist- und Soll-Analyse zusammengefasst und miteinander abgeglichen. Abbildung 62 zeigt exemplarisch, wie die Ergebnisse gegenübergestellt werden können. Daraus lassen sich Handlungsbedarfe für das Unternehmen ableiten, die in der Abbildung durch Ellipsen gekennzeichnet sind.

Unter Umständen ist es sinnvoll, dass die ersten drei Schritte zunächst in verschiedenen Abteilungen des Unternehmens getrennt voneinander durchgeführt werden und die Ergebnisse anschließend gemeinsam abgeglichen und diskutiert werden. Auf diese Weise lassen sich ggf. Inkonsistenzen in Zielen und im Verständnis des Risikomanagements feststellen. Möglicherweise werden aber auch Unterschiede im Know-how verschiedener Abteilungen und damit Potenziale aufgedeckt, wie Unternehmensbereiche voneinander lernen und profitieren können.

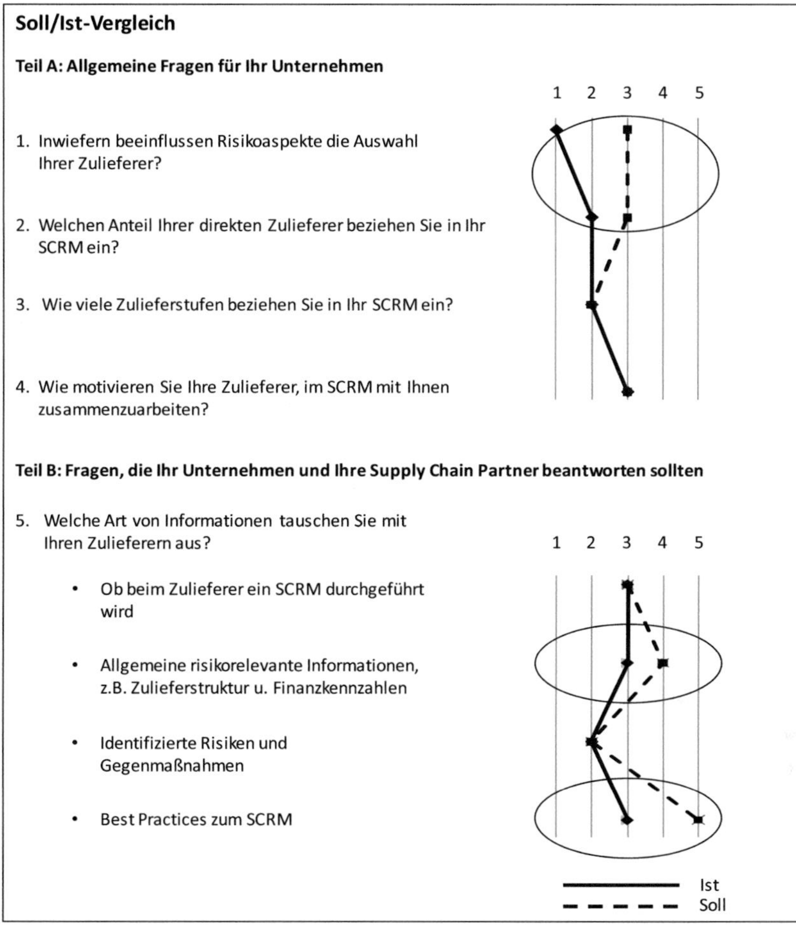

Abbildung 62: Abgleich von Ist- und Soll-Analyse

Schritt 5: Abgleich der Ergebnisse auf Supply Chain Ebene

Wünschenswert ist, dass die ersten vier Schritte auch von den Supply Chain Partnern durchgeführt werden. In diesem Fall erfolgt im fünften Schritt die Zusammenführung der Ergebnisse auf der Ebene der Supply Chain. Relevant ist dafür der zweite Teil der Beispiel-Checkliste.

Die Grundidee für diesen Schritt entstammt dem vom Global Supply Chain Forum der Ohio State University entwickelten Partnerschaftsmodell (Lambert & Knemeyer 2004). Dem Modell liegt die Annahme zu Grunde, dass Supply Chain Partnerschaften das Ergebnis systematischer Planung sind und oftmals an nicht angesprochenen Erwartungen scheitern. Die Autoren sehen gemeinsame Workshops als besonders geeignet an, die gemeinsamen Ziele und Erwartungen zu klären und darauf aufbauend Aktionspläne zu entwickeln, die eine Zusammenarbeit erfolgreich machen sollen.

Diese Erkenntnisse des allgemeinen Supply Chain Managements lassen sich auf das gemeinsame SCRM übertragen. In Form eines gemeinsamen Workshops sollten die intern erzielten Ergebnisse diskutiert werden: die Ziele und erwarteten Vorteile eines gemeinsamen SCRM, aber auch die erwarteten Aktionen, die dazu notwendig sind, z. B. der regelmäßige Informationsaustausch. Mehrere Interviewpartner erachteten es als sehr wichtig, dass insbesondere die Erwartungen kommuniziert werden, die mit dem SCRM verbunden sind. Dafür bietet ein solcher Workshop eine geeignete Möglichkeit. Auf Basis der Ziele und Erwartungen können anschließend Handlungsbedarfe definiert werden, die die Voraussetzung für den sechsten Schritt darstellen.

In den meisten Unternehmen dürfte es aufgrund einer großen Lieferanten- und Kundenbasis nicht zweckmäßig sein, die Vorgehensweise mit allen Supply Chain Partnern durchzuführen. Vielmehr ist eine Vorauswahl zu treffen, mit welchen Partnern eine solche ausführliche Diskussion Vorteile bringt. Das ist vor allem mit Partnern der Fall, mit denen eine hohe Kooperationsintensität bezüglich des SCRM angestrebt wird. Eine solche Vorauswahl kann z. B. mit Hilfe einer Produkt- bzw. Lieferantensegmentierung getroffen werden, wie sie in Kapitel 6.3 vorgestellt wird.

Schritt 6: Entwicklung einer gemeinsamen Roadmap auf der Supply Chain Ebene

Sind die Handlungsbedarfe festgelegt, sollten daraus konkrete Maßnahmen abgeleitet werden, um den Soll-Zustand zu erreichen. Es sollte daher eine Roadmap aufgestellt werden, in der Maßnahmen geplant und Meilensteine definiert werden. Dies sollte für die unternehmensübergreifenden Aspekte idealerweise zunächst gemeinsam mit Supply Chain Partnern geschehen. Dabei ist zu klären, welche Unternehmen welche Maßnahmen bis wann umsetzen, wie dies kontrolliert werden soll, wie die Maßnahmen koordiniert werden, etc.

Schritt 7: Entwicklung einer Roadmap auf der Unternehmensebene

Anschließend müssen Maßnahmen und Meilensteine auf der Unternehmensebene festgelegt werden. Hierbei sollten Abhängigkeiten zwischen bestimmten Entscheidungen berücksichtigt werden. Es kann sinnvoll sein, zunächst in kleinen Schritten vorzugehen und einzelne Maßnahmen umzusetzen, die eine große Wirkung erzielen.

Eine Maßnahme, die am Anfang einer solchen Roadmap stehen sollte, ist eine Formalisierung und Strukturierung des SCRM, vor allem die Verteilung von Aufgaben und Festlegung von Verantwortlichkeiten. Dafür bietet sich die Nutzung einer Verantwortlichkeitsmatrix an, z. B. die RACI-Methode[53] (Cronenbroeck 2004, S. 359). Bei der RACI-Methode als spezieller Form der Verantwortlichkeitsmatrix werden für einzelne Aktivitäten nicht nur die verantwortlichen Personen bzw. Abteilungen festgelegt, sondern auch, wer bei Entscheidungen informiert und befragt werden muss, so dass ein kontinuierlicher Informationsaustausch sichergestellt werden kann. Die Formalisierung von Abläufen und Verfahren, z. B. in einem zentralen Wissenspool, hat außerdem den Vorteil, dass alle direkt oder indirekt beteiligten Mitarbeiter bei Bedarf Zugriff auf das im Unternehmen vorhandene Know-how haben. Somit können andere Maßnahmen schneller umgesetzt werden, weil dokumentiert ist, wie etwa Formblätter und Datenbanken verwendet werden müssen.

Eine wesentliche Schwachstelle, die in den Interviews identifiziert werden konnte, war auch die funktionsübergreifende Zusammenarbeit innerhalb der Unternehmen. Die Durchführung einzelner Workshops von funktionsübergreifenden Teams ist mit relativ wenig Aufwand verbunden, kann aber eine Reihe von unmittelbaren Vorteilen bieten, z. B. indem Know-how über SCRM Instrumente ausgetauscht wird. In einigen der befragten Unternehmen würde eine solche Vorgehensweise viel Zeit sparen, da nicht jede Abteilung ein eigenes, vollständig neues SCRM aufbauen müsste.

6.3 Implikationen auf Basis der identifizierten SCRM Ansätze

In diesem Kapitel sollen auf Basis der identifizierten SCRM Ansätze einige Empfehlungen zur Bestimmung der Soll-Situation abgeleitet werden. Damit wird die vorgestellte Vorgehensweise zur Einschätzung und Verbesserung des SCRM konkretisiert.

Der Reifegrad sowie die Kooperationsintensität des Risikomanagements lassen sich in einem Portfolio visualisieren, anhand dessen generische Strategien definiert werden

[53] RACI: R = Responsible, A = Accountable, C = Consulted, I = Informed

können. Zunächst ist es wichtig zu verstehen, in welchem Feld des Portfolios sich das Unternehmen befindet. Die derzeitige Situation kann mit Hilfe einer qualitativen Abschätzung auf Basis der Ist-Analyse bestimmt werden (Abbildung 63). Dabei ist zu beachten, dass die Position auch je nach Supply Chain Partner variieren kann.

Befindet sich das Unternehmen in den Feldern 2 oder 3, besteht eine weitgehende Übereinstimmung zwischen dem Reifegrad und der Kooperationsintensität des Risikomanagements, d. h., beide sind stark oder nur sehr gering ausgeprägt. Im Feld 1 entsteht eine Situation, in denen das eigene, interne SCRM einen hohen Reifegrad aufweist, die Kooperation mit Supply Chain Partnern aber gering ist. Im Feld 4 verhält es sich umgekehrt: Der eigene Reifegrad des SCRM ist niedrig, während die Kooperation mit Supply Chain Partnern relativ intensiv ist. Ein Grund könnte z. B. sein, dass ein Kunde regelmäßig Risiken oder andere risikorelevante Informationen abfragt, die aber von dem betrachteten Unternehmen ohne systematischen Prozess generiert werden.

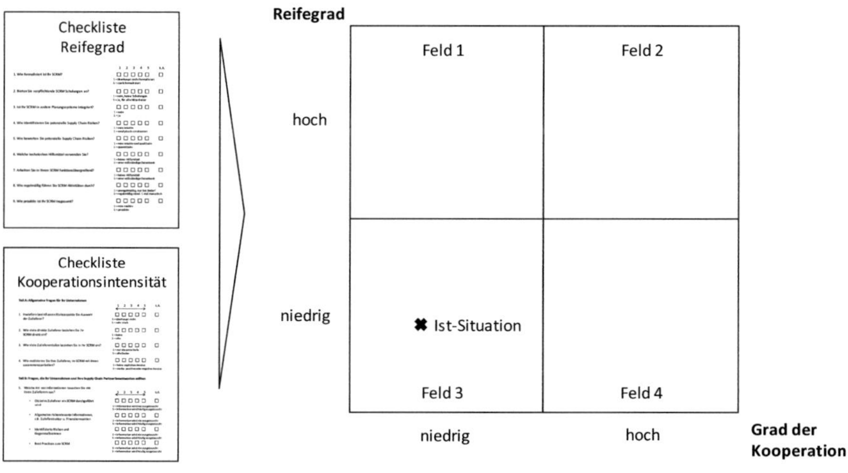

Abbildung 63: Portfolio der SCRM Ansätze

Anschließend ist festzulegen, welche Zielrichtung das Unternehmen einschlägt. Eine Änderung der Ist-Situation kann aus verschiedenen Gründen sinnvoll sein.

Erhöhung des Reifegrads

Eine Erhöhung des Reifegrads, d. h. eine Bewegung aus den Feldern 3 und 4 in die Felder 1 und 2, kann z. B. sinnvoll sein, wenn sich die Risikosituation eines Unternehmens verschlechtert. Ein höherer Reifegrad ist auch zu empfehlen, wenn die hergestellten Produkte einen hohen Sicherheitsbedarf aufweisen, hochkomplex sind und die Bedeutung des Zulieferers hoch ist (Giunipero & Eltantawy 2004). Aber auch eine allgemeine kontinuierliche Verbesserung des SCRM aufgrund der wachsenden Erfahrung eines Unternehmens mit SCRM kann zu einem höheren Reifegrad führen.

Während ein Unternehmen im Feld 3 sich das notwendige Know-how weitgehend selbstständig aneignen muss, besteht im Feld 4 zusätzlich die Chance, von dem möglicherweise im SCRM erfahreneren Kunden und Zulieferern zu profitieren. Daher ist eine Empfehlung, in erster Linie den Austausch von Best Practices zu intensivieren, um die interne Nutzung der im eigenen Unternehmen vorhandenen sowie der ausgetauschten Informationen zu verbessern. Damit erfolgt eine Übertragung von Know-how von Supply Chain Partnern auf das betrachtete Unternehmen.

Reduzierung des Reifegrads

In einigen Fällen kann eine Reduzierung des Reifegrads sinnvoll sein, beispielsweise wenn das derzeitige SCRM als zu teuer oder zu komplex eingestuft wird, so dass die Akzeptanz bei den Mitarbeitern gering ist. Zudem könnte es möglich sein, dass nach einer Anfangsphase die Risikosituation verbessert werden konnte und der eigene Aufwand für das SCRM verringert werden kann. Dies bedeutet eine Bewegung aus den Feldern 1 und 2 in die Felder 3 und 4. Dass eine Reduzierung des Reifegrads angestrebt wird, kommt in der Praxis der befragten Unternehmen allerdings eher selten vor.

Erhöhung der Kooperationsintensität

Die Erhöhung der Kooperationsintensität, d. h. das Verschieben der Position aus den Feldern 1 und 3 hin zu den Feldern 2 und 4, kann aus ähnlichen Gründen erfolgen wie eine Erhöhung des Reifegrads. Die Kooperationsintensität sollte sich aber stärker an der Bedeutung einzelner Lieferanten/Kunden orientieren, da eine sehr intensive Zusammenarbeit bei einer großen Lieferanten- und Kundenbasis nicht mit jedem Supply Chain Partner möglich ist. Daher bietet es sich an, die Supply Chain Partner nach Risikogesichtspunkten zu segmentieren, etwa in einem Portfolio. Vor allem im Beschaffungsbereich wurden dazu bereits zahlreiche Ansätze entwickelt (für eine ausführliche Übersicht und Diskussion vgl. beispielsweise Eberle 2005, S. 143ff.; Thiemt 2003, S. 178ff.). Meist wird als Achsenbezeichnung eine Größe genutzt, die sich am Risiko orientiert, sowie eine Größe, die den Ergebniseinfluss beschreibt. Exemplarisch sei hier das Versorgungsrisiko-ABC-Portfolio dargestellt (Heege 1987, S. 82ff.; vgl. auch Kraljic 1983, S. 112).

Heege verbindet eine ABC-Klassifizierung von Produkten (als Maß für den Ergebniseinfluss) mit dem Versorgungsrisiko des Unternehmens (Abbildung 64). Das Versorgungsrisiko kann auf Basis einer Checkliste mit verschiedenen Kriterien wie z. B. Spezifität, Komplexität und Unsicherheit bestimmt werden (vgl. dazu ausführlicher Wildemann 1999, S. 15-32). Auf diese Weise entstehen vier Produktkategorien, die jeweils ein anderes Management erfordern (Heege 1987, S. 85ff.). Vor allem bei den Schlüsselprodukten erscheint daher eine intensive SCRM Zusammenarbeit mit Lieferanten sinnvoll, nachrangig aber auch bei Engpass- und Hebelprodukten.

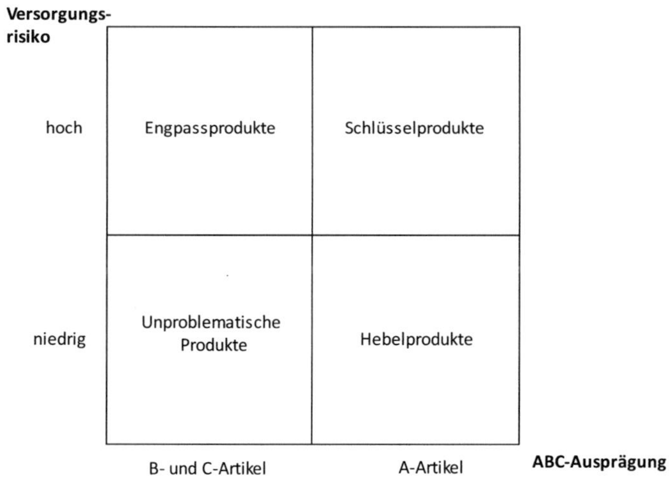

Abbildung 64: Risikoportfolio nach Heege

Quelle: in Anlehnung an Heege (1987, S. 83) und Thiemt (2003, S. 193)

Befindet sich das Unternehmen im Feld 1, ist zusätzlich zu prüfen, ob sich Verantwortung für das SCRM auf Supply Chain Partner übertragen lässt, um das eigene Unternehmen zu entlasten und mit dem SCRM dort anzusetzen, wo die meisten Informationen vorliegen. Grundlage ist die Überlegung, dass jeder Zulieferer die Sublieferanten der nächsten Stufe besser kennt und nähere Informationen über deren Risikosituation vorliegen hat. Ein eigenes ausgereiftes SCRM kann noch leistungsfähiger werden, wenn genaue und zeitnahe Informationen zur Verfügung stehen. Zudem kann ein Zulieferer bei Erkennen von Problemen bei den Sublieferanten bereits gegensteuern, bevor eine weitere Stufe der Supply Chain betroffen ist.

Dazu ist es sinnvoll, in einem ersten Schritt den Informationsaustausch über risikorelevante Informationen – z. B. einzelne Risiken – zu verbessern und von Lieferanten diese Informationen kontinuierlich abzufordern. Fehlt dem Lieferant entsprechendes Know-how, sollten auch Best Practices ausgetauscht werden, um so den Kooperationspartnern notwendiges Know-how zur Verfügung zu stellen, wodurch auch das eigene Unternehmen profitiert. In weiteren Schritten kann auch eine weitergehende Kooperation wie z. B. die Abstimmung der gemeinsamen Strategie erfolgen.

Reduzierung der Kooperationsintensität

In einigen Fällen kann auch eine Reduzierung der Kooperationsintensität sinnvoll sein (Änderung der Position in den Feldern 2 und 4 zu den Feldern 1 und 3), beispielsweise wenn die Ziele des SCRM auch mit einer geringeren, weniger aufwändigen Zusammenarbeit erreicht werden können. Zudem ist zu beachten, dass eine hohe Kooperationsintensität auch die Offenlegung eigener Daten erfordern kann, was das Unternehmen möglicherweise in eine schwächere Verhandlungsposition bringt.

Kombination von Reifegrad und Kooperationsintensität

Aus der Kombination der Soll-Strategie bzgl. des Reifegrads und der Kooperationsintensität ergibt sich die Gesamtstrategie. Dies soll anhand zweier Beispiele aus dem Interview Sample verdeutlicht werden (Abbildung 65). Beide Beispiele zeigen, dass es aus unterschiedlichen Gründen nicht unbedingt das Ziel der Unternehmen sein muss, den höchsten Reifegrad und die höchste Kooperationsintensität zu erreichen. Die Einschätzungen wurden jeweils qualitativ auf Basis der Interviews vorgenommen.

Das Unternehmen N befand sich zum Zeitpunkt des Interviews im Feld 1. Von einer Unternehmensberatung war ein Konzept für ein Risikomanagement im Supply Chain Bereich entwickelt worden, das einen relativ hohen Reifegrad aufwies. Da die Mitarbeiter das Konzept aber als zu kompliziert empfanden, wendeten sie es kaum an, so dass der Reifegrad vor allem auf dem Papier bestand. Die Kooperationsintensität war hingegen eher niedrig einzuschätzen. Es wurden zwar Lieferantenaudits und -bewertungen durchgeführt, die gewonnenen Daten wurden jedoch nur intern analysiert. Eine weitere Zusammenarbeit mit Kunden oder Zulieferern bzgl. des SCRM fand nicht statt.

Das Ziel des Unternehmens war es zum einen, das Risikomanagement effektiver zu gestalten. Daher wurde entschieden, das bestehende Risikomanagement-Konzept neu aufzusetzen und zu verschlanken. Dadurch sinkt zwar der Reifegrad, das Konzept sollte aber von den Mitarbeitern besser angenommen werden. Zum anderen war es das Ziel, die Zusammenarbeit mit den Zulieferern zu verbessern, diese z. B. bereits im Entwicklungsprozess mit einzubeziehen und auch gemeinsame Prozessverbesserungen durchzuführen. Auf diese Weise ist es möglich, auch Risikoaspekte frühzeitig zu berücksichtigen. Die Strategie des Unternehmens kann somit als eine Bewegung vom Feld 1 in das Feld 4 beschrieben werden.

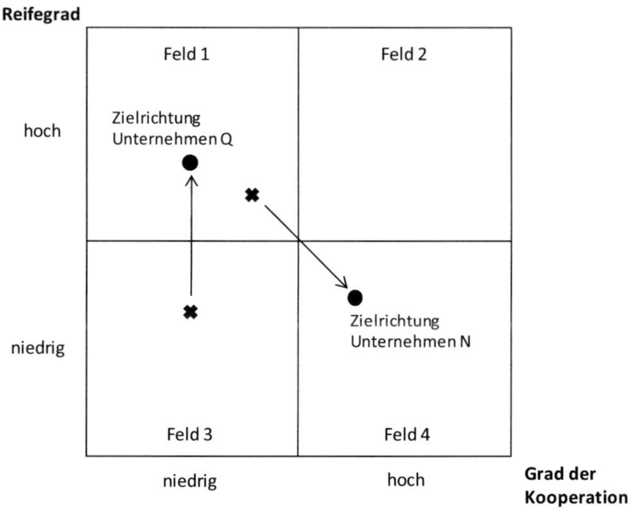

Abbildung 65: Beispielhafte Einordnung von Ist- und Soll-Situation des SCRM

Das SCRM des Unternehmens Q war zum Zeitpunkt des Interviews hingegen im Feld 3 einzuordnen. Es handelt sich um ein mittelständisches Unternehmen, in dem zwar in einigen Bereichen ein Risikomanagement durchgeführt wurde, der Supply Chain Bereich war darin jedoch nicht involviert. Kunden fragten in diesem Unternehmen Risikomanagement-Prozesse und zum Teil auch Risiken ab, mit Zulieferern fand eine solche Zusammenarbeit nicht statt.

Da das Unternehmen viele größere Zulieferer hat, für die der Mittelständler nur einen sehr kleinen Teil des Umsatzvolumens ausmacht, wurde es als schwierig angesehen, diese Zulieferer in ein SCRM einzubeziehen. Das Augenmerk des Unternehmens lag daher vor allem darauf, das interne SCRM zu verbessern, um risikorelevante Daten systematisch zu erfassen, strukturiert auswerten und vergleichen zu können und Risiken proaktiv zu steuern. Diese Zielsetzung kann als Bewegung vom Feld 3 in das Feld 1 beschrieben werden.

6.4 Implikationen auf Basis der identifizierten Einflussfaktoren

Auch aus den identifizierten Einflussfaktoren, die auf das SCRM wirken, lassen sich Empfehlungen für Unternehmen und Supply Chains ableiten. Ein erster Schritt sollte sein, dass Entscheidungsträger die Faktoren kennen und sich bewusst machen, wie diese die Entscheidungen des eigenen Unternehmens, aber auch die der Supply Chain beeinflussen. Dies erlaubt ein besseres Verständnis des Verhaltens der Personen, die direkt oder indirekt in SCRM Aktivitäten involviert sind.

In einem zweiten Schritt kann anschließend das Wissen genutzt werden, um gezielt Entscheidungen zu verbessern. Hierbei bieten sich Entscheidungsträgern zwei Möglichkeiten:

1. Es ist möglich, das SCRM bei bestehenden Einflussfaktoren zu verbessern und damit das **SCRM an die gegebenen situativen Bedingungen anzupassen**.
2. Es besteht die Option, im Rahmen der Möglichkeiten die **Einflussfaktoren aktiv so zu gestalten**, dass ein gewünschtes Niveau des Risikomanagements, d. h. ein bestimmter Reifegrad und eine bestimmte Kooperationsintensität erreicht werden kann.

Theoretisch begründet werden können die beiden Optionen mit der Strategic Choice Theory, einer Weiterentwicklung der ursprünglichen Ideen der Kontingenztheorie. Demnach haben Entscheidungsträger nicht nur die Alternative, sich an eine gegebene Situation anzupassen, sondern können die Situation auch aktiv verändern (Kieser 2006, S. 234; Child 1972).

Ad 1. Anpassung des SCRM an die gegebenen Rahmenbedingungen

Innerhalb der gegebenen Rahmenbedingungen bestehen verschiedene Möglichkeiten, SCRM zu verbessern, z. B. auf der Ebene der Entscheidungsträger. Die Persönlichkeit eines Managers und seine Risikobereitschaft lassen sich nur sehr begrenzt beeinflussen. Möglich ist es jedoch, bestimmte **Entscheidungsgrundlagen und Kennzahlen zu objektivieren**, um subjektive, rein durch die Persönlichkeit geprägte Einschätzungen und damit inkonsistente Entscheidungen zu verhindern. Ein Beispiel ist die Verwendung von Risikoskalen, die häufig einer qualitativen Einstufung wie z. B.

„niedriges Risiko – mittleres Risiko – hohes Risiko" folgt. Möglich ist es, die subjektiven Begriffe mittels konkreter Kennzahlen gegeneinander abzugrenzen, an denen sich Manager bei ihrer Risikoeinschätzung orientieren können. Die Kennzahlen sollten anhand der Supply Chain Ziele festgelegt werden. Ein niedriges Risiko könnte z. B. so definiert sein, dass ein Ereignis zu Umsatzeinbußen von maximal 10.000 € führt oder die Lieferverzögerung maximal drei Tage beträgt. Das Schaffen von Vergleichbarkeit und Konsistenz wurde von den Interviewpartnern als einer der Hauptvorteile eines strukturierten SCRM angesehen.

Die Interviews haben auch gezeigt, dass der Verantwortungsbereich und die Ausbildung der Manager eine große Rolle spielen und dass diese dazu tendieren, **Verfahren und Tools einzusetzen, die sie bereits kennen** und die in der Vergangenheit funktioniert haben. So ist z. B. ein Manager, der im Qualitätsmanagement arbeitet, mit Instrumenten des Qualitätsmanagements vertraut und könnte diese auch mit entsprechenden Anpassungen im SCRM einsetzen. Ein Unternehmen, das die Nutzung dieser Instrumente erlaubt und fördert, wird also bei diesem Mitarbeiter die Akzeptanz für das SCRM deutlich erhöhen. Diese Eigenschaft sollte auch berücksichtigt werden, wenn SCRM Aktivitäten gemeinsam mit Supply Chain Partnern durchgeführt werden. So kann es für ein Unternehmen sinnvoll sein, je nach Lieferant und den Personen, die beim Lieferanten in das SCRM involviert sind, angepasste SCRM Instrumente anzuwenden, anstatt auf den eigenen Verfahren zu bestehen. Dies führt jedoch auch zur Gefahr von Inkonsistenzen, so dass hier individuell ein Mittelweg zwischen Konsistenz und Flexibilität gefunden werden muss.

Auch die Unternehmensgröße müssen Supply Chain Manager als gegeben hinnehmen. Obwohl kleinen und mittleren Unternehmen weniger Ressourcen für ein SCRM zur Verfügung stehen als großen Unternehmen, wurde gezeigt, dass bereits ein einziges Supply Chain Risiko existenzbedrohend sein kann. **KMU sollten daher eine einfache, aber systematische Vorgehensweise zum SCRM implementieren und Schwerpunkte** setzen. Die Stärken von KMU, eine einfachere interne Kommunikation und häufig persönlichere Beziehungen sowohl intern, als auch mit Supply Chain Partnern, ermöglichen häufig ein informelles SCRM und schnelle Reaktionen. Außerdem sollten KMU die Möglichkeit nutzen, von größeren Partnern zu profitieren, und gezielt Know-how und Best Practices austauschen.

Auch die gesamtwirtschaftliche Situation lässt sich durch einzelne Unternehmen nicht verändern. Es ergeben sich jedoch Implikationen aus der Beobachtung der Interviewteilnehmer, dass die Zusammenarbeit in der Supply Chain in der derzeitigen Krise oft einfacher geworden ist, da sich die Bereitschaft der Lieferanten zur Kommunikation und Kooperation erhöht hat.

Unternehmen können also **die Krise nutzen, um die Kooperation im SCRM langfristig zu verbessern**, indem sie etwa feste Regeln für Zeitpunkt und Inhalt für die Weitergabe von risikorelevanten Informationen definieren, die auch nach der Krise ihre Gültigkeit behalten.

Ad 2. Veränderung der Rahmenbedingungen

Eine zweite Möglichkeit besteht für Unternehmen darin, die Rahmenbedingungen aktiv zu verändern, um einen bestimmten Reifegrad und eine bestimmte Kooperationsintensität zu erreichen. Im Kapitel über die Dynamik des Modells wurde bereits erläutert, dass die Einflussfaktoren nicht statisch sind.[54]

Mit Ausnahme des Makroumfelds bestehen auf allen Ebenen Möglichkeiten, die Einflussfaktoren zu verändern. Die größten Potenziale dazu bestehen auf der Ebene des Unternehmens und der Entscheidungsträger. Auf der **Ebene der Entscheidungsträger** wurde gezeigt, dass SCRM Entscheidungen zu einem großen Teil vom Ausbildungs- und Berufshintergrund der Manager abhängen und der Blickwinkel einzelner Personen auf Supply Chain Probleme meist relativ eng ist. Hier können zum einen Kompetenzen durch Aus- bzw. Weiterbildung im SCRM Bereich vermittelt werden. Zum anderen impliziert dies aber die Notwendigkeit, die richtigen Mitarbeiter in funktionsübergreifenden Teams zusammenarbeiten zu lassen, um eine große Bandbreite an Sichtweisen ausnutzen zu können und das unternehmensweite Verständnis von SCRM Problemen zu verbessern. Alle Gesprächspartner, die mit solchen funktionsübergreifenden Teams arbeiten und diese in den Interviews erwähnten, sahen darin eine große Stärke ihres Unternehmens. Diese Arbeitsweise ist grundsätzlich für alle Unternehmen zu empfehlen, ihre Bedeutung variiert jedoch je nach Umgebung. In Unternehmen mit komplexen Produkten und komplexen Organisationsstrukturen ist eine funktionsübergreifende Abstimmung wichtiger als in Unternehmen mit Massenfertigung und einer stabilen Organisation und Supply Chain.

Ebenso kann es im Hinblick auf die Teamzusammensetzung vorteilhaft sein, risikofreudige und risikoaverse Mitarbeiter in einem SCRM Team arbeiten zu lassen, um Entscheidungen weniger abhängig von persönlichen Risikoeinstellungen und besser vergleichbar zu machen. Ist es jedoch das Ziel, möglichst viele Risiken zu identifi-

---

[54] Vgl. Kapitel 5.6.

zieren, eignet sich unter Umständen ein Team aus risikoaversen Mitarbeitern besser, die möglicherweise Risiken berücksichtigen würden, die ein risikofreudiger Manager nicht als Risiken sehen würde.

Auf der **Ebene der Unternehmenscharakteristika** ist es zumindest in einem begrenzten Rahmen möglich, die Unternehmenskultur so zu verändern, dass die Akzeptanz von SCRM erhöht wird und Risikomanagement Teil der täglichen Arbeit wird. So merkte einer der Interviewpartner an, dass es das Ziel sein müsse, dass jeder Mitarbeiter bei jeder Tätigkeit und Entscheidung aufmerksam ist und automatisch ein „Risikoradar" mitlaufen lässt. Dies ist jedoch nur mittel- bis langfristig umzusetzen. Mittel hierzu sind die Vorbildfunktion des oberen Managements, aber auch Anreize finanzieller Art, z. B. indem SCRM Teil der Jahreszielvereinbarungen wird. Auch hat sich gezeigt, dass die Akzeptanz eines SCRM geringer ist, wenn keine Erfahrungen mit größeren Risikoauswirkungen vorliegen. In diesem Fall wird keine Notwendigkeit gesehen, Ressourcen zu investieren, ohne dass diesen ein direkter messbarer Nutzen gegenübersteht. Als mögliche Strategie in diesem Fall wurde von den Unternehmen der durchgeführten Fokusgruppen vorgeschlagen, anhand von Fällen aus der Unternehmenspraxis mögliche Risiken und den Nutzen eines SCRM aufzuzeigen. Einige Beispiele wie z. B. die Supply Chain Risiken und das SCRM von Boeing, Nokia und Sony Ericsson sind in der Literatur gut dokumentiert (Norrman & Jansson 2004; Tang u. a. 2009).

Die internationale Ausrichtung eines Unternehmens kann ebenfalls verändert werden. Dies muss nicht die Einstellung internationaler Aktivitäten bedeuten, aber eine gezieltere Auswahl von Standorten unter Risikogesichtspunkten.

Auf der **Ebene der Supply Chain** hängt der Grad der Kooperation entscheidend von der Art der Beziehung zu dem jeweiligen Supply Chain Partner ab. Wird bei einem bestimmten Partner also ein höherer Kooperationsgrad in Bezug auf das SCRM angestrebt, ist es möglicherweise sinnvoll, die gesamte Beziehung dementsprechend zu gestalten. Ebenso ist es zweckmäßig, die Auswahl der Partner, mit denen eine engere Kooperation gewünscht wird, nicht nur auf Basis des Umsatzes oder der strategischen Bedeutung des Produkts, sondern auch anhand von Risikoüberlegungen zu treffen.

Auf der **Ebene der Branche** wurde u. a. das Niveau des Risikomanagements in der Industrie insgesamt als ein Einflussfaktor identifiziert. Auch dies kann aktiv beeinflusst werden, z. B. indem Industrieforen oder Kongresse veranstaltet werden und formelle wie informelle Netzwerke gebildet werden. Dies ermöglicht es, den Austausch über Supply Chain Risiken und SCRM Verfahren und Strategien zu intensivieren und Benchmarks durchzuführen. So wurde von Seiten der Interviewpartner berichtet, dass solche Foren zwar z. T. angestoßen würden, aber keine Kontinuität besteht, wie es eigentlich wünschenswert wäre.

7 Schlussbetrachtung

7.1 Zusammenfassung

Unternehmen sehen sich zunehmend Risiken ausgesetzt, die ihren Ursprung in der Supply Chain haben und durch eine verstärkte und enge Zusammenarbeit zwischen Supply Chain Partnern bedingt sind. Daher hat in den letzten Jahren sowohl in der Forschung als auch in der Unternehmenspraxis das Thema Supply Chain Risk Management an Bedeutung gewonnen. Bisher haben sich jedoch keine Standards herausgebildet, wie Unternehmen mit Supply Chain Risiken umgehen können. Vor diesem Hintergrund war es das Ziel der Arbeit, zu verstehen, wie Supply Chain Risk Management in Unternehmen und Supply Chains mit unterschiedlichem situativen Kontext ausgestaltet ist und welche situativen Faktoren das Supply Chain Risk Management beeinflussen.

Um das Ziel zu erreichen, wurden zunächst die theoretischen und begrifflichen Grundlagen vorgestellt, die für das Verständnis der Arbeit notwendig sind. Dazu wurden die Themenfelder Risikomanagement und Supply Chain Management beschrieben und anschließend zum Themenfeld Supply Chain Risk Management zusammengeführt. Die theoretische Basis der Arbeit bildet die Kontingenztheorie. Grundidee der Kontingenztheorie ist, dass es keinen Weg des Managements und der Organisationsstruktur gibt, der für alle Unternehmen gleichermaßen optimal ist. Dieser hängt vielmehr von situativen Faktoren ab.

Anschließend wurde der Stand der Forschung diskutiert. Hier wurden zwei Themenkomplexe vertieft untersucht: erstens der Supply Chain Risk Management Prozess sowie die organisatorische Einbettung des Prozesses als Teil der Ausgestaltung des Supply Chain Risk Managements, zweitens die Einflussfaktoren auf das Supply Chain Risk Management. Auf Basis der Literaturanalyse konnte gezeigt werden, dass Forschungsbedarf vor allem im Hinblick auf explorative Forschung zu kooperativen Aspekten des Risikomanagements besteht.

Aufgrund des Forschungsziels und der Tatsache, dass auf dem Gebiet des SCRM bisher wenig theoretisches Wissen generiert wurde, wurde ein Grounded Theory Ansatz als qualitative Forschungsmethodik gewählt. Ein solcher Ansatz ist vor allem geeignet, um Elemente zu identifizieren und zu kategorisieren sowie Beziehungen zwischen diesen aufzudecken. Als primäre Datenquelle wurden 25 Experteninterviews in Unternehmen in Deutschland und den USA geführt, transkribiert und mit Hilfe des Softwarepakets MAXQDA qualitativ ausgewertet. Zudem wurden weitere Materialien in die Datenanalyse einbezogen, die von den Gesprächspartnern zur Verfügung gestellt wurden, wie z. B. Präsentationen. Die Auswertung des Datenmaterials erfolgte auf Basis der in der Literatur dargestellten Regeln des offenen, axialen und selektiven Kodierens.

Aus dem Datenmaterial wurde ein Modell entwickelt, das aus drei Hauptelementen besteht: 1. SCRM Ansätze und deren Klassifikation, 2. Auslöser des SCRM und 3. Einflussfaktoren des SCRM. Die wichtigsten Erkenntnisse aus dem Modell sollen anhand der in Kapitel 1 aufgeworfenen Forschungsfragen noch einmal zusammengefasst werden.

Forschungsfrage 1: Welche Ansätze und Vorgehensweisen nutzen Entscheidungsträger zum Management von Supply Chain Risiken und wie können diese Ansätze beschrieben werden?

Während der Datenanalyse konnten zwei wesentliche Merkmale identifiziert werden, welche einen SCRM Ansatz beschreiben: der Reifegrad des Risikomanagements sowie die Kooperationsintensität, die sich auf die Zusammenarbeit mit Supply Chain Partnern bezieht. Beide Merkmale können jeweils weiter untergliedert werden. Bei dem Reifegrad sind dies: der Grad der Institutionalisierung, die Durchführung des SCRM, die Ausrichtung des SCRM, die Organisation des SCRM, die Integration des SCRM in andere Planungssysteme sowie die Weiterbildung der Mitarbeiter. Bezüglich der Kooperationsintensität können die Auswahl der Supply Chain Partner, die Anzahl der involvierten Supply Chain Partner, der Grad des Informationsaustauschs, die Integrationsstrategie sowie die Motivation der Supply Chain Partner unterschieden werden.

Die Analyse hat gezeigt, dass die Unternehmen sehr unterschiedliche Ansätze verfolgen. Häufige Schwachstellen sind eine mangelnde Abstimmung zwischen Funktionen innerhalb eines Unternehmens sowie eine fehlende Formalisierung und Strukturierung, was zu geringer Vergleichbarkeit und Verlust von implizitem Wissen führen kann. Zudem tendieren Unternehmen dazu, ihre Supply Chain Partner und deren Risikosituation zu bewerten, anstatt mit diesen zusammenzuarbeiten.

Forschungsfrage 2: Welche Faktoren beeinflussen die Art und Weise des Supply Chain Risk Managements?

Diese Frage zielt darauf ab, die Faktoren zu identifizieren, welche die unterschiedlichen SCRM Ansätze erklären können. Zwei Gruppen von Faktoren wurden anhand des Datenmaterials entwickelt. Die erste Gruppe wird „Auslöser" genannt und bezieht sich auf Faktoren, die Manager dazu veranlassen, SCRM Aktivitäten zu starten. Eine zweite Gruppe wird „Einflussfaktoren" genannt, welche die Rahmenbedingungen des SCRM darstellen.

Auslöser können sowohl intern als auch extern sein. Externe Auslöser befinden sich außerhalb des Unternehmens und sind z. B. Anforderungen seitens des Gesetzgebers oder der Kunden. Interne Auslöser sind ökonomische oder sonstige Gründe innerhalb des Unternehmens. Häufig werden solche ökonomischen Überlegungen durch das Eintreten eines Risikos mit großer negativer Auswirkung auf das Unternehmen ausgelöst. Während diese Risiken in den US-Unternehmen oft Katastrophen-Risiken wie Hurrikane waren, spielen in Deutschland vor allem Risiken der täglichen Arbeit eine Rolle, die häufiger auftreten, aber eine relativ geringe Auswirkung zur Folge haben. Ein Beispiel hierfür ist die Lieferung von Fehlteilen durch einen Zulieferer.

Allgemeine Einflussfaktoren können fünf verschiedenen Ebenen zugeordnet werden. Die erste Ebene betrifft das Makroumfeld. Hier sind die wirtschaftliche Situation, die rechtlichen Vorgaben sowie die Kultur des Landes von Bedeutung, in dem das Unternehmen agiert. Die zweite Ebene bezieht sich auf die Branche, in der zwei Faktoren identifiziert wurden: das Niveau des SCRM in der Branche insgesamt sowie branchenspezifische rechtliche Vorgaben. Auf der dritten Ebene, der Supply Chain, kristallisierten sich drei Faktoren als wesentlich heraus: die Beziehung zwischen den Supply Chain Partnern, die Kongruenz der Managementsysteme sowie die Verteilung der Macht zwischen den Partnern. Diese Ebene hat den größten Einfluss auf die Kooperationsintensität des SCRM. Die vierte Ebene beinhaltet Faktoren des Unternehmens selbst: Die Unternehmensgröße wurde von den Interviewpartnern als einer der wichtigsten Faktoren genannt, aber auch die internationale Ausrichtung, Unternehmenskultur und die Art des Produkts spielen eine Rolle. Die fünfte und letzte Ebene umfasst Faktoren, welche den Entscheidungsträgern in den Unternehmen zuzuordnen sind: Der Verantwortlichkeitsbereich/die Ausbildung, die Persönlichkeit, insbesondere die Risikobereitschaft sowie die Risikoerfahrung. Vor allem die letzte Ebene wurde in der SCRM Literatur bisher weitgehend vernachlässigt und bedarf weiterer Forschung.

Die SCRM Ansätze, Auslöser und Einflussfaktoren weisen verschiedene Interdependenzen auf und variieren im Zeitablauf. So können sich z. B. durch SCRM Aktivitäten die Rahmenbedingungen und damit die Einflussfaktoren verändern, so dass das Modell dynamisch zu interpretieren ist.

Forschungsfrage 3: Welche Gestaltungsempfehlungen lassen sich daraus für die Unternehmenspraxis ableiten?

Aus den beschriebenen Ergebnissen lässt sich eine Reihe von Implikationen für die Unternehmenspraxis folgern. Es wurde eine Vorgehensweise entwickelt, die es Unternehmen in sieben Schritten ermöglichen soll, ihre derzeitige SCRM Situation zu bewerten, Handlungsbedarfe zu identifizieren und Maßnahmen zu planen, um ihr SCRM zu verbessern. Auf Basis der unterschiedlichen SCRM Ansätze wurde ein Portfolio vorgestellt, aus dem Handlungsstrategien abgeleitet werden können. Die Erkenntnisse zu Einflussfaktoren des SCRM lassen sich in zweifacher Hinsicht nutzen. Zum einen können Unternehmen innerhalb der bestehenden Rahmenbedingungen ihr SCRM an die Bedingungen anpassen, zum anderen können Unternehmen die Einflussfaktoren aber auch aktiv gestalten. So lässt sich z. B. die Risikobereitschaft der einzelnen Mitarbeiter nicht ändern; durch die Zusammensetzung der Teams, die für SCRM Aktivitäten verantwortlich sind, besteht jedoch die Möglichkeit, die unterschiedlichen Persönlichkeiten optimal zu nutzen.

Als Fazit ist festzuhalten, dass alle drei Forschungsfragen beantwortet wurden. Das Ziel der Arbeit, SCRM Ansätze in Unternehmen und Supply Chains mit unterschiedlichen situativen Bedingungen besser zu verstehen, wurde somit erreicht.

7.2 Limitationen der Untersuchung und weiterer Forschungsbedarf

Der gewählte Grounded Theory Ansatz hat sich zur Erreichung des Forschungsziels als sehr geeignet erwiesen. Wie jede Forschungsmethodik weist jedoch auch dieser Ansatz **Limitationen** auf. Die größte Stärke einer Grounded Theory Studie bedingt zugleich auch ihre größte Schwäche (Flint 1998, S. 326). Die qualitative, induktive Forschungsmethodik ermöglicht eine detaillierte, tief gehende Analyse von Daten, deren Hauptquelle 25 Experteninterviews darstellen. Ziel der Grounded Theory ist dabei das Aufdecken von Beziehungen zwischen theoretischen Konzepten aus den Daten, nicht das Testen bestehender Zusammenhänge und Hypothesen. Eine Validierung der aus den Interviews hervorgegangenen Modellelemente sowie ihrer Beziehungen untereinander erfolgt zwar über die konstanten Vergleiche mit neu ausgewertetem Datenmaterial sowie zum Teil mit der Literatur. Es besteht jedoch stets die **Möglichkeit, dass weitere Daten die vermuteten Zusammenhänge widerlegen** (Flint 1998, S. 327).

Das Interview Sample war dementsprechend darauf ausgerichtet, zur Entdeckung und Detaillierung von Konzepten und Kategorien beizutragen. Die befragten Unternehmen und Interviewpartner wurden daher nach verschiedenen, nicht-statistischen Kriterien ausgewählt, so dass das Sample nicht auf Repräsentativität ausgerichtet war. Zudem lag der Fokus der Arbeit auf Supply Chains des produzierenden Gewerbes. Daher kann das entwickelte Modell **nicht ohne Weiteres auf alle Unternehmen und Supply Chains verallgemeinert** werden.

Aufgrund der qualitativen Forschungsmethodik sind die Ergebnisse zu einem gewissen Grad von Interpretationen des Forschers bestimmt. Es besteht jedoch die Möglichkeit, dass die **Daten auch abweichende Interpretationen zulassen** (Charmaz 2006, S. 127; Corbin 1998, S. 123). Um die Wahrscheinlichkeit hierfür zu verringern und die Güte des Ergebnisses zu verbessern, wurden verschiedene Maßnahmen getroffen. So wurden die in den ersten Interviews gewonnenen Erkenntnisse beispielsweise mit anderen Interviewpartnern diskutiert. Zudem wurden Daten-, Methoden- und Forschertriangulation verwendet, um Verzerrungen in den Interpretationen zu minimieren.

Eine Gruppe von Limitationen betrifft die **Interviews als wichtigste Datenquelle**. Erstens besteht die Möglichkeit, dass die Gesprächspartner Informationen zurückhalten. So konnten in zwei Unternehmen aus Vertraulichkeitsgründen nicht alle Details des Risikomanagement-Systems offengelegt werden. Alle anderen Interviewpartner schienen jedoch sehr offen und waren bereit, über ihre Aktivitäten und Erfahrungen im SCRM zu sprechen. Zweitens geben Interviewpartner nicht notwendigerweise nur Fakten, sondern ihre Wahrnehmung und Interpretation von Fakten und Ereignissen wieder, die von ihrem Umfeld, ihrem Begriffsverständnis etc. geprägt sind. Drittens besteht die Gefahr, dass die Gesprächspartner von den Interviewern geleitet werden und die Daten dadurch verzerrt werden (Flint 1998, S. 327ff.). Um das Risiko von Verzerrungen zu minimieren, wurde die Mehrheit der Interviews von zwei Forschern geführt. Vor allem zu Beginn der Interviews wurden Fragen gestellt, die ein breites Spektrum an Antwortmöglichkeiten zulassen. Zudem wurde zusätzlich zu den Interviews weiteres Datenmaterial analysiert, um die Güte der Forschungsergebnisse zu verbessern (Datentriangulation).

Eine weitere Limitation ergibt sich aus der Eingrenzung der Arbeit. So wurden schwerpunktmäßig die beiden Fragen untersucht, welche SCRM Ansätze existieren und wie verschiedene Einflussfaktoren auf den SCRM Ansatz wirken. Es war hingegen nicht das Ziel, **Zusammenhänge zwischen Einflussfaktoren und der Optimalität von**

SCRM Ansätzen zu analysieren. In Kapitel 6 wurden zwar auf Basis der Ergebnisse der Studie generische Empfehlungen für die Ausgestaltung eines SCRM abgeleitet, weitere detailliertere Untersuchungen sind in diesem Bereich jedoch wünschenswert.

Anknüpfungspunkte für **weiterführende Forschungsmöglichkeiten** ergeben sich aus dem Forschungsziel, der Forschungsmethodik und den Limitationen der Arbeit, aber auch aus den Aussagen der Interviewpartner. Empfehlungen für die weitere Forschung können wie folgt klassifiziert werden: Validierung, Erweiterung der Fragestellung, Detaillierung der Studie sowie die Beobachtung der Entwicklung der Ergebnisse im Zeitablauf.

Aufgrund der fehlenden Generalisierbarkeit der Ergebnisse ist es ein logischer nächster Forschungsschritt, die Ergebnisse statistisch zu **validieren.** Die identifizierten Zusammenhänge zwischen SCRM Ansätzen, Auslösern und Einflussfaktoren bieten eine gute Grundlage für die Konkretisierung und das Testen von Hypothesen. Auch für die Operationalisierung der Größen, beispielsweise der SCRM Ansätze, enthält die Arbeit Ansatzpunkte.

Aus dem Kontingenzansatz leitet sich zudem eine **Erweiterung der Fragestellung** ab: Welcher Zusammenhang besteht zwischen Einflussfaktoren und dem gewählten SCRM Ansatz einerseits und der Performance eines Unternehmens bzw. der Supply Chain andererseits? Ziel ist es, herauszufinden, welcher SCRM Ansatz bei gegebenen Einflussfaktoren optimal ist. Auch diese Frage könnte mittels der quantitativen Untersuchung beantwortet werden. Hier besteht eine enge Verbindung zu dem Gebiet des Supply Chain Performance Measurements.

Zudem bietet sich eine **Erweiterung des Samples** der durchgeführten Studie an. Auch wenn bereits eine Reihe unterschiedlicher Industrien abgedeckt wurde, könnte eine Erweiterung um zusätzliche Branchen interessante Ergebnisse liefern. Da der Fokus der Untersuchung auf produzierenden Unternehmen lag, ist hier an die vermehrte Einbeziehung von Dienstleistungsunternehmen zu denken, insbesondere Logistikdienstleistern. Zwar wurde das Risikomanagement für den Transport, den Umschlag und die Lagerung von Gefahrgütern in der Literatur bereits behandelt, im Hinblick auf das SCRM und auf die Rolle der Logistikdienstleister als Teil der Supply Chain besteht jedoch noch erheblicher Forschungsbedarf.

Auch eine Erweiterung auf Unternehmen in anderen Ländern ist vielversprechend. In der Studie konnten keine wesentlichen Unterschiede im SCRM zwischen Unternehmen aus Deutschland und den USA festgestellt werden. Da aber die Kultur als ein wichtiger Einflussfaktor auf das SCRM identifiziert wurde, wäre vor allem ein Vergleich mit Unternehmen aus Kulturräumen interessant, die sich deutlich von Deutschland und den USA unterscheiden, beispielsweise aus asiatischen Ländern.

Des Weiteren ist eine **Detaillierung der Ergebnisse** denkbar. Dabei ist es wünschenswert, einzelne der identifizierten Auslöser und Einflussfaktoren im Detail zu untersuchen, vor allem die Ebenen der Supply Chain, des Unternehmens und der Entscheidungsträger. Dies sind die Faktoren, die von den Entscheidungsträgern am einfachsten aktiv beeinflusst werden können, sich aber auch durch den Erfolg oder Misserfolg des SCRM verändern können und daher sehr dynamisch sind. Die Ebene der Entscheidungsträger ist auch insofern ein vielversprechendes Forschungsfeld, als die Rolle von Individuen in Bezug auf das SCRM bisher wenig untersucht wurde.

Auch eine detaillierte Analyse der SCRM Ansätze, die in den Unternehmen und Supply Chains zum Einsatz kommen, ist denkbar. Neben einer Beschreibung der bereits vorhandenen Ansätze könnten hier von Seiten der Forschung vor allem Lösungen und Empfehlungen für die Unternehmenspraxis erarbeitet werden. Die Ergebnisse haben z. B. gezeigt, dass die Kooperationsintensität im Risikomanagement noch immer relativ gering ist. Forschungsbemühungen sollten sich daher darauf konzentrieren, wie ein stärker kooperatives Risikomanagement gefördert werden kann. Auch eine stärkere Verzahnung mit anderen Managementsystemen ist wünschenswert. So wurde in den Interviews darauf hingewiesen, dass explizites, aber vor allem implizites Wissen für das SCRM eine große Rolle spielt. Dieses Wissen im Unternehmen verfügbar zu machen, ist eine Aufgabe des Wissensmanagements, so dass eine Verknüpfung von SCRM mit Wissensmanagement-Methoden zweckmäßig erscheint. Eine weitere häufig angesprochene Herausforderung ist die Risikosteuerung, vor allem das Business Continuity Management. Bei Eintritt eines Risikos schnell reagieren und gegensteuern zu können, erfordert in Unternehmen und Supply Chains ein gewisses Maß an Flexibilität in den Prozessen. Auch eine Verzahnung von Flexibilitäts- und Risikomanagement erscheint daher sinnvoll.

Schließlich wäre es wünschenswert, **Entwicklungen des SCRM im Zeitablauf** zu untersuchen. SCRM ist sowohl in der Forschung als auch in der Unternehmenspraxis noch immer ein relativ neues Feld, in dem sich noch keine Standards herausgebildet haben. Zudem fiel die Zeit der Experteninterviews in die Zeit der Wirtschaftskrise, die sicherlich die Ergebnisse der Studie geprägt hat. Ein vielversprechender Ansatz wäre es daher, die Studie in einigen Jahren zu wiederholen und mögliche Veränderungen im Zeitablauf zu analysieren. Gerade erneute Interviews in den bereits befragten Unternehmen könnten sehr aufschlussreich sein.

Anhang

A: Interviewleitfaden

Der folgende Fragenkatalog versteht sich als Leitfaden für die Interviews. Auf Basis der Interviews wurde der Leitfaden ständig weiterentwickelt. Auch in den einzelnen Interviews wurden die Fragen je nach Unternehmen, Interviewpartner und Gesprächsverlauf ggf. angepasst, erweitert oder gekürzt.

1. Interviewleitfaden Deutsch

Teil A: Einführung

1. Bitte geben Sie uns einen kurzen Überblick über Ihr Unternehmen und Ihren Tätigkeitsbereich im Unternehmen.

Teil B: Organisation des Risikomanagements

1. Was verstehen Sie unter „Risiko"?
2. Was verstehen Sie unter „Risikomanagement"?
3. (Wie) ist Risikomanagement in Ihrem Unternehmen institutionalisiert/organisiert?

Teil C: Instrumente der Risikoidentifikation und -bewertung

1. Welche Aktivitäten umfasst die Risikoidentifikation und -bewertung in Ihrem Unternehmen? Werden dazu spezielle Instrumente und Methoden eingesetzt?
2. Was sind Ihre Erfahrungen mit diesen Methoden? Welche haben sich bewährt, welche nicht? Warum?
3. Gibt es weitere Instrumente, die Ihnen bekannt sind, aber nicht eingesetzt werden? Warum nicht?
4. Nutzen Sie Instrumente zur Entscheidungsunterstützung in anderen Unternehmensbereichen (z. B. Supply Chain Management), die auch zur Risikoanalyse verwendet werden könnten?

Teil D: Risikomanagement und Supply Chain Management

1. Arbeiten Sie in ihrem Risikomanagement mit Kunden und/oder Lieferanten zusammen? Wenn ja, wer hat die „Federführung"?
2. Arbeiten Sie mit verschiedenen Kunden und/oder Lieferanten auf unterschiedliche Art und Weise zusammen?
3. Ist Risikomanagement Teil Ihres Lieferanten-Auswahl-Prozesses? Inwiefern fragen Kunden nach Informationen über Ihr Risikomanagement?
4. Welche Besonderheiten/Schwierigkeiten bei der Durchführung eines gemeinsamen Risikomanagements existieren Ihrer Meinung nach?
5. Beeinflussen diese Besonderheiten die Risikomanagement-Instrumente? Kommen neue oder angepasste Instrumente zum Einsatz?
6. Wie viel Vertrauen haben Sie in die Offenheit und Fähigkeit ihrer Kunden/Lieferanten in Bezug auf Aspekte des Risikomanagements, die außerhalb Ihrer Kontrolle liegen?
7. Wie gehen Sie mit konfliktären Zielsetzungen in der Supply Chain um?
8. Wie schätzen Sie die Rolle von Third Party Logistics-Unternehmen in Bezug auf Ihre Risikomanagement-Aktivitäten ein?

Teil E: Erfolgsfaktoren des Supply Chain Risk Managements

1. Was macht Ihrer Meinung nach Supply Chain Risk Management erfolgreich/nicht erfolgreich?
2. Gibt es Ihrer Meinung nach unternehmens-/branchenspezifische Einflüsse/Faktoren, die sich auf die Auswahl von Instrumenten auswirken?
3. Wenn Sie ein Supply Chain Risk Management von Grund auf neu designen würden:
4. Wie würde das Supply Chain Risk Management aussehen?
5. Wie würden Sie interne und externe Parteien einbeziehen?

Teil F: Weitere Aspekte

1. Möchten Sie Punkte ergänzen, die wir mit unserem bisherigen Gespräch nicht abgedeckt haben?
2. Möchten Sie Wünsche/Anregungen äußern, die unser Projekt betreffen?

2. Interviewleitfaden Englisch

Part A: Introduction

1. Please provide a brief overview of your company and your responsibilities within the company.

Part B: Organization of risk management

1. How would you define “risk” in your company?
2. How would you define “risk management“ in your company?
3. Who is involved in the risk management activities in your company (formal or informal)?

Part C: Risk analysis techniques and processes

1. Which activities does the risk identification and prioritization process comprise in your company? Are there any specific techniques that support this process?
2. What are your experiences with these techniques? Which techniques would you recommend? Which techniques would you <u>not</u> recommend? Why?
3. Of the analysis techniques you are familiar with, are there any techniques that are <u>not</u> currently used in your company? Why?
4. What kind of techniques to you use for decision-making in supply chain management or operations that might be used for risk identification?

Part D: Risk management and supply chain management

1. In your risk management activities, in what ways do you work together with customers and/or suppliers?
2. Do you co-operate with different suppliers/customers in distinct ways?
3. Is risk management part of your supplier selection process? Do your customers ask you about your risk management activities?
4. Are there any specific differences/challenges when engaging in joint risk management activities with customers and suppliers?
5. How do these differences and challenges influence the risk management techniques/methods used? Are new or adapted techniques used?

6. How much confidence do you have in your customers'/suppliers' openness and capabilities about issues that are beyond your control?
7. How do you deal with conflicting objectives within your supply chain?
8. How do you see the role of 3PLs in your risk management activities?

Part E: Risk management success factors

1. What do you think makes supply chain risk management successful/not successful?
2. Are there any unique factors in your company or industry that affect the usefulness of techniques?
3. How would you design a supply chain risk management if you could start from scratch?
    a. What would it look like?
    b. How would you get internal/external parties involved?

Part F: Further aspects

1. Are there any additional issues regarding risk management you would like to make us aware of?
2. Do you have any remarks/suggestions regarding this research project?

B: Literaturüberblick zu den Determinanten des Risikomanagements

Tabelle 13 zeigt eine Übersicht der Literatur zu Einflussfaktoren, die auf das Risikomanagement bzw. das Supply Chain Risk Management wirken. Die Faktoren wurden anhand der in Kapitel 5 identifizierten Ebenen gegliedert. Zudem wurde jeweils der Schwerpunkt des Beitrags angegeben.

Quelle/ Fokus des Beitrags	**Ebene**	**Untersuchte Faktoren**
Baird & Thomas 1985 Fokus: Risikobereitschaft bei strategischen Entscheidungen	Makroumfeld	• Wirtschaft • Gesetzliche Regularien • Technologischer Wandel • Kulturelle Werte
	Branche	• Anteil öffentlicher/privater Unternehmen • Kapitalintensität • Phase im Lebenszyklus (Branche) • Wettbewerb
	Unternehmen	• Organisationale Werte • Phase im Lebenszyklus (Organisation) • Struktur • Anreize • Finanzielle Stärke • Marktanteil • Informationssystem • Einbeziehung von Gruppen bei der Strategieformulierung
	Entscheidungsträger	• Selbstbewusstsein • Wissen • Verzerrungen und Präferenzen
	Strategisches Problem/ Entscheidungssituation	• Kontrollierbarkeit der Folgen/Ergebnisse • Folgen/Ergebnisse • Wahrscheinlichkeiten • Streuung der Ergebnisse • Formulierung und Rahmenbedingungen des Entscheidungsproblems
Bergener 2006 Fokus: Leistungswirtschaftliches Risikomanagement	Unternehmen	• Unternehmensgröße • Technologieeinsatz • Unsicherheiten/Risiken

Quelle/ Fokus des Beitrags	Ebene	Untersuchte Faktoren
Fiege 2006 Fokus: Ausprägung/Umfang des Risikomanagement-Systems	Makroumfeld	• Umweltdynamik und -komplexität
	Branche	• Branche
	Unternehmen	• Organisationsstruktur • Unternehmensgröße • Unternehmensalter • Fertigungstechnologie • Entwicklungsstand der Controlling-, Berichts- und internen Überwachungssysteme
	Entscheidungsträger	• Machtverhältnisse im Unternehmen, Barrieren durch persönliche Widerstände
Gordon u. a. 2009 Fokus: Zusammenhang ERM/Kontingenz-variablen/Unter-nehmensperformance	Makroumfeld	• Umweltunsicherheit
	Branche	• Wettbewerb innerhalb der Branche
	Unternehmen	• Unternehmensgröße • Unternehmenskomplexität • Kontrolle durch den Vorstand
Guinipero & Eltantawy 2004 Fokus: Höhe der Investitionen in das SCRM	Unternehmen	• Produkttechnologie • Sicherheitsbedürfnis
	Supply Chain	• Relative Bedeutung des Lieferanten
	Entscheidungsträger	• Erfahrung des Einkäufers mit der Situation
Hallikas u. a. 2005 Fokus: Zuliefer-Abnehmer-Beziehungen	Supply Chain	• Symmetrische/unsymmetrische Abhängigkeiten
Horváth & Gleich 2000 Fokus: Ausprägung des Risiko-managements und die Rolle des Controllings	Makroumfeld	• Umweltdynamik und -komplexität
	Branche	• Branche
	Unternehmen	• Unternehmensdiversifikation • Organisationsstruktur • Unternehmensgröße • Unternehmensalter • Fertigungstechnologie

Quelle/ Fokus des Beitrags	Ebene	Untersuchte Faktoren
Jüttner u. a. 2003 Fokus: Einfluss des Risikoverständnisses auf das SCRM	Branche	• Risikoverständnis hängt von der Branche ab
	Supply Chain	• Risikoverständnis hängt von der Supply Chain ab
Kajüter 2003a Fokus: Stufen des SCRM	Supply Chain	• Supply Chain Beziehung bzw. Phase der Netzwerkbildung
Kajüter 2007 Fokus: Stufen des SCRM	Makroumfeld	• Umweltdynamik
	Supply Chain	• Netzwerkkoordination • Vertrauen
	Unternehmen	• Unternehmensgröße
Lichtenstein 2006 Fokus: Bewertung von IT-Risiken	Makroumfeld	• Externe Einflüsse
	Unternehmen	• Organisationsstruktur • Risikoniveau • Größe der Organisation • Sicherheitsphilosophie
Liebenberg & Hoyt 2003 Fokus: Einrichtung eines ERM	Unternehmen	• Fremdkapitalanteil • Unternehmensgröße (Kontrollvariable) • Volatilität der Gewinne/des Umsatzes • Volatilität des Aktienkurses • Wachstumschancen • Anteil institutioneller Anleger • Tochtergesellschaften in UK/Kanada
Manuj & Mentzer 2008b Fokus: Strategien der Risikosteuerung im SCRM	Supply Chain	• Supply Chain Flexibilität • Supply Chain Umwelt • Supply Chain Komplexität • Interorganisationales Lernen
	Unternehmen	• zeitlicher Fokus
	Entscheidungsträger	• Zusammensetzung des Teams
Micheli u. a. 2008 Fokus: Höhe der Investitionen in Lieferantenauswahl/ Lieferantenrisikomanagement	Supply Chain	• Projektorientierung im Supply Chain Management • Eingehen langfristiger Beziehungen • Notwendigkeit einer gemeinsamen Produktentwicklung
	Unternehmen	• Standardisierung im Unternehmen

Quelle/ Fokus des Beitrags	**Ebene**	**Untersuchte Faktoren**
Ritchie & Brindley 2004 Fokus: Supply Chain Risiken	Makroumfeld	• Rahmenbedingungen
	Supply Chain	• Supply Chain/Struktur- und Prozesseigenschaften
	Unternehmen	• Entscheidungsunterstützung
	Entscheidungsträger	• Persönliche Eigenschaften • Risikowahrnehmung
Trippner 2006 Fokus: Instrumente der Risikobewertung in der Versorgungslogistik	Unternehmen	• Informations- und organisationsbezogene Prozessqualität • Gewichtigkeit der Entscheidung

Tabelle 13: Einflussfaktoren des SCRM aus der Literatur

Literaturverzeichnis

Aberdeen Group, 2006. *Global Supply Chain Benchmark Report*, Boston, MA. http://www-935.ibm.com/services/us/igs/pdf/aberdeen-benchmark-report.pdf [Zugriff: 01.05.2009].

Arrow, K.J., 1965. *Aspects of the Theory of Risk-Bearing,* Helsinki: Yrjö Jahnssonin Säätiö.

Backhaus, K. & Braun, C., 2006. Länderrisikoanalyse bei Direktinvestitionen. In M. Göcke & G. Dieckheuer, Hrsg. *Entscheidungsorientierte Volkswirtschaftslehre*. Frankfurt a.M. u. a.: Lang, S. 15-34.

Baird, I.S. & Thomas, H., 1985. Toward a Contingency Model of Strategic Risk Taking. *Academy of Management Review*, 10(2), S. 230-243.

Baird, I.S. & Thomas, H., 1990. What is Risk Anyway – Using and Measuring Risk in Strategic Management. In R. A. Bettis & H. Thomas, Hrsg. *Risk, Strategy, and Management*. Greenwich, CT: JAI Press, S. 21-38.

Ballou, R.H., Gilbert, S.M. & Mukherjee, A., 2000. New Managerial Challenges from Supply Chain Opportunities. *Industrial Marketing Management*, 29(1), S. 7-18.

Bamberg, G., Coenenberg, A. & Krapp, M., 2008. *Betriebswirtschaftliche Entscheidungslehre*, 14. Aufl., München: Vahlen.

Bandyopadhyay, K., Mykytyn, P.P. & Mykytyn, K., 1999. A Framework for Integrated Risk Management in Information Technology. *Management Decision*, 37(5), S. 437-444.

Bargeron, L.L., Lehn, K.M. & Zutter, C.J., 2010. Sarbanes-Oxley and Corporate Risk-Taking. *Journal of Accounting and Economics*, 49(1-2), S. 34-52.

Baumann, R., Döhler, C., Hallek, J. & Wintergerste, T., 2006. Implementierung des Enterprise-Risk-Managements. In O. Gassmann & C. Kobe, Hrsg. *Management von Innovation und Risiko*. Berlin u. a.: Springer, S. 45-69.

Bechtel, C. & Jayaram, J., 1997. Supply Chain Management: A Strategic Perspective. *The International Journal of Logistics Management*, 8(1), S. 15-34.

Bergener, R.F., 2006. *Gestaltung des leistungswirtschaftlichen Risikocontrollings: Eine theoretische und empirische Untersuchung*, München: TCW.

Bettis, R.A. & Thomas, H., 1990. *Risk, Strategy, and Management*, Greenwich, CT: JAI Press.

Blackhurst, J.V., Scheibe, K.P. & Johnson, D.J., 2008. Supplier Risk Assessment and Monitoring for the Automotive Industry. *International Journal of Physical Distribution & Logistics Management*, 38(2), S. 143-165.

Böhm, A., 1994. Grounded Theory – Wie aus Texten Modelle und Theorien gemacht werden. In A. Böhm, A. Mengel, & T. Muhr, Hrsg. *Texte verstehen: Konzepte, Methoden, Werkzeuge*. Schriften zur Informationswissenschaft. Konstanz: Universitätsverlag Konstanz, S. 121-140.

Bonazzi, G., 2007. *Geschichte des organisatorischen Denkens*, Wiesbaden: Verlag für Sozialwissenschaften.

Borchardt, A. & Göthlich, S.E., 2007. Erkenntnisgewinnung durch Fallstudien. In S. Albers, Hrsg. *Methodik der empirischen Forschung*. Wiesbaden: Gabler, S. 33-48.

Bowersox, D.J., Closs, D. & Cooper, M.B., 2007. *Supply Chain Logistics Management*, Boston, MA u. a.: McGraw-Hill/Irwin.

Brühwiler, B., 2008. Der neue Risikomanagement-Standard ISO 31000: Risk Management - Principles and Guidelines on Implementation. *Zeitschrift für Risk, Fraud & Governance*, 3(1), S. 14-17.

Burger, A. & Buchhart, A., 2002. *Risiko-Controlling*, München u. a.: Oldenbourg.

Cardozo, R.N. & Cagley, J.W., 1971. Experimental Study of Industrial Buyer Behavior. *Journal of Marketing Research*, 8(3), S. 329-334.

Cavinato, J.L., 2004. Supply Chain Logistics Risks: From the Back Room to the Board Room. *International Journal of Physical Distribution & Logistics Management*, 34(5), S. 383-387.

Charmaz, K., 2006. *Constructing Grounded Theory: A Practical Guide through Qualitative Analysis*, London u. a.: Sage.

Child, J., 1972. Organizational Structure, Environment and Performance: The Role of Strate-gic Choice. *Sociology*, 6, S. 1-22.

Childerhouse, P. & Towill, D.R., 2004. Reducing Uncertainty in European Supply Chains. *Journal of Manufacturing Technology Management*, 15(4), S. 585-598.

Chmielewicz, K., 1994. *Forschungskonzeptionen der Wirtschaftswissenschaft*, Stuttgart: Schäffer-Pöschel.

Chopra, S. & Meindl, P., 2003. *Supply Chain Management: Strategy, Planning, and Operation,* 3. Aufl., Upper Saddle River, N.J.: Pearson/Prentice Hall.

Chopra, S. & Sodhi, M.S., 2004. Managing Risk to Avoid Supply-Chain Breakdown. *MIT Sloan Management Review*, 46(1), S. 53-61.

Christopher, M., 2000. The Agile Supply Chain Competing in Volatile Markets. *Industrial Marketing Management*, 29(1), S. 37-44.

Christopher, M., 2005. *Logistics and Supply Chain Management: Creating Value-Adding Networks*, Harlow: Pearson Education.

Christopher, M. & Lee, H., 2004. Mitigating Supply Chain Risk Through Improved Confidence. *International Journal of Physical Distribution & Logistics Management*, 34(5), S. 388-396.

Christopher, M. & Peck, H., 2004. Building the Resilient Supply Chain. *International Journal of Logistics Management*, 15(2), S. 1-13.

Cleemann, L. & Kreutzer, R., 1998. Managementstrategien zur Bewältigung von Risiken: Prospektives Risiko-Management. In H. H. Hinterhuber, E. Sauerwein, & C. Fohler-Norek, Hrsg. *Betriebliches Risikomanagement*. Wien u. a.: Verlag Österreich.

Cooper, M.C., Lambert, D.M. & Pagh, J.D., 1997. Supply Chain Management: More than a New Name for Logistics. *The International Journal of Logistics Management*, 8(1), S. 1-14.

Corbin, J.M., 1998. Alternative Interpretations: Valid or Not? *Theory & Psychology*, 8(1), S. 121-128.

Corbin, J.M. & Strauss, A.L., 1990. Grounded Theory Research: Procedures, Canons, and Evaluative Criteria. *Qualitative Sociology*, 13(1), S. 3-21.

Corbin, J.M. & Strauss, A.L., 2008. *Basics of Qualitative Research: Techniques and Procedures for Developing Grounded Theory,* 3. Aufl., Los Angeles u. a.: Sage.

COSO, 2004. *Unternehmensweites Risikomanagement - Übergreifendes Rahmenwerk*, in der Fassung von September 2004, Committee of Sponsoring Organizations, Jersey City, NJ.

Cranfield University, 2002. *Supply Chain Vulnerability*, Cranfield: Cranfield University, School of Management.

Cranfield University, 2003. *Creating Resilient Supply Chains: A Practical Guide*, Cranfield u. a.: Cranfield University, School of Management. http://www.som.cran field.ac.uk/som/dinamic-content/research/lscm/down-loads/57081_Report_A W. pdf [Zugriff: 28.02.2010].

Creswell, J.W., 1997. *Qualitative Inquiry and Research Design: Choosing among Five Traditions,* 2. Aufl., Thousand Oaks, CA u. a.: Sage.

Cronenbroeck, W., 2004. *Handbuch internationales Projektmanagement*, Berlin: Cornelsen.

CSCMP, 2009. *CSCMP Supply Chain Management Definitions.* http://cscmp.org/ aboutcscmp/ definitions.asp [Zugriff: 17.10.2009].

Cucchiella, F. & Gastaldi, M., 2006. Risk Management in Supply Chain: A Real Option Approach. *Journal of Manufacturing Technology Management*, 17(6), S. 700-720.

Czaja, L., John, S. & Voigt, K., 2009. The Innovation Performance Potential of Suppliers – Criteria and Concept. In W. Kersten, T. Blecker, & M. Meyer, Hrsg. *Supply Chain Performance Management*. Berlin: Erich Schmidt, S. 115-131.

Dahmen, J., 2002. *Prozeßorientiertes Risikomanagement zur Handhabung von Produktrisiken*, Aachen: Shaker.

Dani, S., 2008. Predicting and Managing Supply Chain Risks. In G. A. Zsidisin & B. Ritchie, Hrsg. *Supply Chain Risk: A Handbook of Assessment, Management & Performance*. Berlin: Springer, S. 53-66.

Das, T.K. & Teng, B., 1996. Risk Types and Inter-Firm Alliance Structures. *Journal of Management Studies*, 33(6), S. 827-843.

Deleris, L.A. & Erhun, F., 2005. Risk Management in Supply Networks Using Monte-Carlo Simulation. In M. Kuhl u. a., Hrsg. *Proceedings of the 2005 Winter Simulation Conference*. 4.-7. Dezember 2005, Orlando, FL, S. 1643-1649.

Delfmann, W. & Albers, S., 2000. *Supply Chain Management in the Global Context.* Köln: Arbeitsberichte des Seminars für Allgemeine Betriebswirtschaftslehre, Betriebswirtschaftliche Planung und Logistik der Universität Köln, Nr. 102.

Denzin, N.K., 1970. *The Research Act: A Theoretical Introduction to Sociological Methods*, Chicago: Aldine.

Deutsche Gesellschaft für Risikomanagement e.V., 2008. *Risikoaggregation in der Praxis*, Berlin u. a.: Springer.

Deutscher Bundestag, 1998. *Begründung zum Entwurf eines Gesetzes zur Kontrolle und Transparenz im Unternehmensbereich*, Bundestag-Drucksache 13/9712, 28.1.1998.

Deutsches Institut für Normung, 2006. *DIN EN 60812: Analysetechniken für die Funktionsfähigkeit von Systemen – Verfahren für die Fehlzustandsart- und -auswirkungsanalyse (FMEA)*, in der Fassung von November 2006, Berlin: Beuth.

Diederichs, M., 2004. *Risikomanagement und Risikocontrolling*, München: Vahlen.

Dobler, M., 2005. National and International Developments in Risk Reporting: May the German Accounting Standard 5 Lead the Way Internationally? *German Law Journal*, 6(8), S. 1191-1200.

DRSC, 2010. *Deutscher Rechnungslegungsstandard Nr. 5 – Risikoberichterstattung,* in der Fassung vom 5. Januar 2010.

Dubois, A. & Gadde, L., 2002. Systematic Combining: An Abductive Approach to Case Research. *Journal of Business Research*, 55(7), S. 553-560.

Duden, 2006. Risiko. In *Duden - Das Herkunftswörterbuch: Etymologie der deutschen Sprache.* Mannheim u. a.: Duden Verlag.

Eberle, A.O., 2005. *Risikomanagement in der Beschaffungslogistik: Gestaltungsempfehlungen für ein System*, Bamberg: Difo Druck.

Eisenhardt, K.M., 1989. Building Theory From Case Study Research. *Academy of Management Review*, 14(4), S. 532-550.

Elkins, D., Handfield, R.B., Blackhurst, J. & Craighead, C.W., 2005. 18 Ways to Guard against Disruption. *Supply Chain Management Review*, 9(1), S. 46-53.

Ellram, L.M., 1996. The Use of the Case Study Method in Logistics Research. *Journal of Business Logistics*, 17(2), S. 93-138.

Elnathan, D. & Kim, O., 1995. Partner Selection and Group Formation in Cooperative Benchmarking. *Journal of Accounting and Economics*, 19(2-3), S. 345-364.

Faisal, M.N., Banwet, D.K. & Shankar, R., 2006. Supply Chain Risk Mitigation: Modeling the Enablers. *Business Process Management Journal*, 12(4), S. 535-552.

Fasse, F., 1995. *Risk-Management im strategischen internationalen Marketing*, Hamburg: Steuer- und Wirtschaftsverlag.

Fayol, H., 1917. *Administration industrielle et générale: prévoyance, organisation, commandement, coordination, contrôle*, Paris: Dunod.

Fendt, J. & Sachs, W., 2008. Grounded Theory Method in Management Research: Users' Perspectives. *Organizational Research Methods*, 11(3), S. 430-455.

FERMA, 2009. *Der Risikomanagement-Standard*, adaptierte und übersetzte Version des Risikomanagementstandards von AIRMIC, ALARM, IRM in der Fassung von 2003. Federation of European Risk Management Associations, Brüssel.

Fiege, S., 2006. *Risikomanagement- und Überwachungssystem nach KonTraG: Prozess, Instrumente, Träger*, Wiesbaden: DUV.

Finch, H. & Lewis, J., 2003. Focus Groups. In J. Ritchie & J. Lewis, Hrsg. *Qualitative Research Practice: A Guide for Social Science Students and Researchers.* London u. a.: Sage, S. 170-198.

Flick, U., 2008. *Triangulation: Eine Einführung,* 2. Aufl., Wiesbaden: Verlag für Sozialwissenschaften.

Flint, D.J., 1998. *Change in Customers' Desired Value: A Grounded Theory Study of its Nature and Processes Based on Business Customers' Lived Experiences in the U.S. Automobile Industry*, Ann Arbor, MI: UMI.

Frankel, R., Naslund, D. & Bolumole, Y., 2005. The "White Space" of Logistics Research: A Look at the Role of Methods Usage. *Journal of Business Logistics*, 26(2), S. 185-208.

Freiwald, S., 2005. *Supply chain design: Robuste Planung mit differenzierter Auswahl der Zulieferer*, Frankfurt a. M. u. a.: Lang

Gabriel, S., 2007. *Prozessorientiertes Supply Chain Risikomanagement*, Frankfurt a. M. u. a.: Lang.

Gaudenzi, B. & Borghesi, A., 2006. Managing Risks in the Supply Chain Using the AHP Method. *The International Journal of Logistics Management*, 17(1), S. 114-136.

Germis, C., 2010. Im Innersten erschüttert. *FAZ Online*, 27.02.2010. http://www.faz.net/s/RubD16E1F55D21144C4AE3F9DDF52B6E1D9/Doc~EEA7693574F7F4DC080A0C55C121992DC~ATpl~Ecommon~Scontent.html [Zugriff 01.03.2010].

Giannakis, M., Croom, S. & Slack, N., 2004. Supply Chain Paradigms. In S. New & R. Westbrook, Hrsg. *Understanding Supply Chains Concepts, Critiques, and Futures*. Oxford u. a.: Oxford University Press, S. 1-21.

Giunipero, L.C. & Eltantawy, R.A., 2004. Securing the Upstream Supply Chain: A Risk Management Approach. *International Journal of Physical Distribution & Logistics Management*, 34(9), S. 698-713.

Glaser, B.G., 1978. *Theoretical Sensitivity: Advances in the Methodology of Grounded Theory*, Mill Valley, CA: Sociology Press.

Glaser, B.G., 1992. *Basics of Grounded Theory Analysis: Emergence versus Forcing*, Mill Valley, CA: Sociology Press.

Glaser, B.G. & Strauss, A.L., 1967. *The Discovery of Grounded Theory: Strategies for Qualitative Research*, New York: Aldine.

Gleißner, W., Lienhard, H. & Stroeder, D.H., 2004. *Risikomanagement im Mittelstand: Planungssicherheit erhöhen, Rating verbessern, Unternehmen sichern*, Eschborn: RKW.

Göpfert, I., 2000. *Logistik Führungskonzeption: Gegenstand, Aufgaben und Instrumente des Logistikmanagements und -controllings*, München: Vahlen.

Gordon, L.A., Loeb, M.P. & Tseng, C., 2009. Enterprise Risk Management and Firm Performance: A Contingency Perspective. *Journal of Accounting and Public Policy*, 28(4), S. 301-327.

Götze, U. & Mikus, B., 2007. Der Prozess des Risikomanagements in Supply Chains. In R. Vahrenkamp & C. Siepermann, Hrsg. *Risikomanagement in Supply Chains*. Berlin: Erich Schmidt, S. 29-58.

Goulding, C., 2002. *Grounded Theory: A Practical Guide for Management, Business and Market Researchers*, London u. a.: Sage.

Haaren, B. von, 2008. *Konzeption, Modellierung und Simulation eines Supply-Chain-Risikomanagements*, Dortmund: Technische Universität Dortmund.

Haaren, B. von & Humpolcová, I., 2007. *Ansätze zur Systematisierung des Instrumentariums zum Supply-Chain-Risikomanagement*, Dortmund: Technische Universität Dortmund.

Hahn, D., 1987. Risiko-Management: Stand und Entwicklungstendenzen. *Zeitschrift für Führung + Organisation*, 56(3), S. 137-148.

Haindl, A., 1996. *Risk Management von Lieferrisiken*, Karlsruhe: Verlag Versicherungswirtschaft.

Hale, T. & Moberg, C.R., 2005. Improving Supply Chain Disaster Preparedness: A Decision Process for Secure Site Location. *International Journal of Physical Distribution & Logistics Management*, 35(3), S. 195-207.

Haller, M., 1986a. Künftige Entwicklung im Risiko-Management. In H. Jacob, Hrsg. *Risiko-Management*. Schriften zur Unternehmensführung. Wiesbaden: Gabler, S. 117-127.

Haller, M., 1986b. Risiko-Management: Eckpukte eines integrierten Konzepts. In H. Jacob, Hrsg. *Risiko-Management*. Schriften zur Unternehmensführung. Wiesbaden: Gabler, S. 7-43.

Hallier, J. & Forbes, T., 2004. In Search of Theory Development in Grounded Investigations: Doctors' Experiences of Managing as an Example of Fitted and Prospective Theo-rizing. *Journal of Management Studies*, 41(8), S. 1379-1410.

Hallikas, J., Karvonen, I., Pulkkinen, U., Virolainen, V. & Tuominen, M., 2004. Risk Management Processes in Supplier Networks. *International Journal of Production Economics*, 90(1), S. 47-58.

Hallikas, J., Puumalainen, K., Vesterinen, T. & Virolainen, V., 2005. Risk-Based Classification of Supplier Relationships. *Journal of Purchasing and Supply Management*, 11(2-3), S. 72-82.

Hallikas, J., Virolainen, V. & Tuominen, M., 2002. Understanding Risk and Uncertainty in Supplier Networks - a Transaction Cost Approach. *International Journal of Production Research*, 40(15), S. 3519-3531.

Handfield, R.B., 1999. *Introduction to Supply Chain Management*, Upper Saddle River, N.J.: Prentice-Hall.

Harland, C., Brenchley, R. & Walker, H., 2003. Risk in Supply Networks. *Journal of Purchasing and Supply Management*, 9(2), S. 51-62.

Haywood, M. & Peck, H., 2003. Improving the Management of Supply Chain Vulnerability in UK Aerospace Manufacturing. *Proceedings of the First EUROMA/POMS Conference*, 16.-18. Juni 2003, Lake Como, Band II, S. 121-130.

Haywood, M. & Peck, H., 2004. Supply Chain Vulnerability within UK Aerospace Manufacturing: Development of a Vulnerability Management Toolkit. *Supply Chain Practice*, 6(1), S. 72-83.

Heege, F., 1987. *Lieferantenportfolio: Ganzheitliches Beurteilungsmodell für Lieferanten und Beschaffungssegmente*, Nürnberg: Verlag Wissen und Praxis.

Hendricks, K.B. & Singhal, V.R., 2003. The Effect of Supply Chain Glitches on Shareholder Wealth. *Journal of Operations Management*, 21(5), S. 501-522.

Hendricks, K.B. & Singhal, V.R., 2005. Association Between Supply Chain Glitches and Operating Performance. *Management Science*, 51(5), S. 695-711.

Henselmann, K., 2001. Das KonTraG und seine Anforderungen an das Risikomanagement. In U. Götze, K. Henselmann, & B. Mikus, Hrsg. *Risikomanagement*. Heidelberg: Physica, S. 29-46.

Hines, P., Rich, N. & Esain, A., 1999. Value Stream Mapping. *Benchmarking: An International Journal*, 6(1), S. 60-77.

Ho, W., Xu, X. & Dey, P.K., 2010. Multi-Criteria Decision Making Approaches for Supplier Evaluation and Selection: A Literature Review. *European Journal of Operational Research*, 202(1), S. 16-24.

Hofstede, G., 2001. *Culture's Consequences: Comparing Values, Behavious, Institutions and Organizations across Nations,* 2. Aufl., Thousand Oaks, CA u. a.: Sage.

Hölscher, R., Giebel, S. & Karrenbauer, U., 2006. Stand und Entwicklungstendenzen des industriellen Risikomanagements – Teil 1. *Risk, Fraud & Governance*, 1(4), S. 149-154.

Horváth, P. & Gleich, R., 2000. Controlling als Teil des Risikomanagements. In D. Dörner, Hrsg. *Praxis des Risikomanagements: Grundlagen, Kategorien, branchenspezifische und strukturelle Aspekte*. Stuttgart: Schäffer-Poeschel, S. 99-126.

Houlihan, J.B., 1988. International Supply Chains: A New Approach. *Management Decision*, 26(3), S. 13-19.

IBM, 2008. *Supply Chain Risk Management: A Delicate Balancing Act - A Multi-Faceted View on Managing Risk in a Globally Integrated Enterprise,* Somers, NY.

IBM, 2009: *Die smarte Supply Chain der Zukunft: Globale Chief Supply Chain Officer Studie,* Somers, NY.

International Organization for Standardization, 2009. *ISO 31000 - Risk Management: Principles and Guidelines,* in der Fassung von November 2009, Genf.

Johannson, L., 1994. How Can a TQEM Approach Add Value to Your Supply Chain? *Total Quality Environmental Management*, 3(4), S. 521-530.

Johnson, M.E., 2001. Learning from Toys: Lessons in Managing Supply Chain Risk from the Toy Industry. *California Management Review*, 43(3), S. 106-124.

Jonen, A., 2007. *Semantische Analyse des Risikobegriffs: Strukturierung der betriebswirtschaftlichen Risikodefinitionen und literaturempirische Auswertung*, Beiträge zur Controlling-Forschung, Lehrstuhl für Unternehmensrechnung und Controlling, Technische Universität Kaiserslautern, Nr. 11.

Jonen, A., Lingnau, V. & Schmidt, T., 2005. *Lynkeus - Kritischer Vergleich softwarebasierter Informationssysteme zur Unterstützung des Risikowirtschaftsprozesses*, Beiträge zur Controlling-Forschung, Lehrstuhl für Unternehmensrechnung und Controlling, Technische Universität Kaiserslautern, Nr. 9.

Jones, R. & Noble, G., 2007. Grounded Theory and Management Research: A Lack of Integrity? *Qualitative Research in Organizations and Management: An International Journal*, 2(2), S. 84-103.

Jüttner, U., 2003. Risiko- und Krisenmanagement in Supply Chains. In R. Boutellier, S. M. Wagner, & H. P. Wehrli, Hrsg. *Handbuch Beschaffung: Strategien, Methoden, Umsetzung*. München u. a.: Hanser, S. 775-795.

Jüttner, U., 2005. Supply Chain Risk Management: Understanding the Business Requirements from a Practicioner Perspective. *International Journal of Logistics Management*, 16(1), S. 120-141.

Jüttner, U., Peck, H. & Christopher, M., 2003. Supply Chain Risk Management: Outlining an Agenda for Future Research. *International Journal of Logistics Research and Applications*, 6(4), S. 197-210.

Kaen, F.R., 2005. Risk Management, Corporate Governance and the Modern Corporation. In M. Frenkel u. a., Hrsg. *Risk Management: Challenge and Opportunity*. Berlin u. a.: Springer, S. 423-436.

Kahneman, D. & Tversky, A., 1979. Prospect Theory: An Analysis of Decision under Risk. *Econometrica* , 47(2), S. 263-291.

Kajüter, P., 2003a. Instrumente zum Risikomanagement in der Supply Chain. In W. Stölzle & A. Otto, Hrsg. *Supply Chain Controlling in Theorie und Praxis: Aktuelle Konzepte und Unternehmensbeispiele*. Wiesbaden: Gabler, S. 107-135.

Kajüter, P., 2003b. Risk Management in Supply Chains. In S. Seuring u. a., Hrsg. *Strategy and Organization in Supply Chains*. Heidelberg: Physica, S. 321-336.

Kajüter, P., 2004. Die Regulierung des Risikomanagements im internationalen Vergleich. *Zeitschrift für Controlling und Management*, 48(Sonderheft 3), S. 12-25.

Kajüter, P., 2007. Risikomanagement in der Supply Chain: Ökonomische, regulatorische und konzeptionelle Grundlagen. In R. Vahrenkamp & C. Siepermann, Hrsg. *Risikomanagement in Supply Chains*. Berlin: Erich Schmidt, S. 13-28.

Kaluza, B., Dullnig, H. & Malle, F., 2003. *Principal-Agent-Probleme in der Supply Chain: Problemanalyse und Diskussion von Lösungsvorschlägen*, Diskussionsbeiträge des Instituts für Wirtschaftswissenschaften, Universität Klagenfurt, Nr. 2003/03.

Kannan, V.R. & Tan, K.C., 2003. Attitudes of US and European Managers to Supplier Selection and Assessment and Implications for Business Performance. *Benchmarking: An International Journal*, 10(5), S. 472-489.

Kaufmann, L. & Germer, T., 2001. Controlling internationaler Supply Chains: Positionierung – Instrumente – Perspektiven. In U. Arnold, R. Mayer, & G. Urban, Hrsg. *Supply Chain Management – Unternehmensübergreifende Prozesse, Kollaboration, IT-Standards*. Bonn: Lemmens, S. 177-192.

Kelle, U., 2007. Theoretisches Vorwissen und Kategorienbildung in der „Grounded Theory". In U. Kuckartz, H. Grunenberg, & T. Dresing, Hrsg. *Qualitative Datenanalyse: computergestützt*. Wiesbaden: Verlag für Sozialwissenschaften, S. 32-49.

Kelle, U., Kardoff, E.V. & Steinke, I., 2008. Computergestützte Analyse qualitativer Daten. In U. Flick, Hrsg. *Qualitative Forschung: Ein Handbuch*. Reinbek: Rowohlt, S. 485-501.

Kersten, W., Böger, M., Hohrath, P. & Späth, H., 2006. Supply Chain Risk Management: Development of a Theoretical and Empirical Framework. In W. Kersten & T. Blecker, Hrsg. *Managing Risks in Supply Chains. How to Build Reliable Collaboration in Logistics.* Hamburg: Erich Schmidt, S. 3-18.

Kersten, W., Böger, M., Hohrath, P. & Schröder, K., 2007. An Empirical Analysis of Supply Chain Risk Management - a Theoretical and Application-Oriented Approach. In *Proceedings of the 2nd International Conference on Operations and Supply Chain Management,* 18.-20. Mai 2007, Bangkok, S. 103-113.

Kersten, W., Hohrath, P. & Winter, M., 2008. Risikomanagement in Wertschöpfungsnetzwerken – Status Quo und aktuelle Herausforderungen. *Wirtschaft und Management*, 8(Mai), S. 7-21.

Kersten, W., Böger, M., Hohrath, P. & Singer, C., 2009a. Supply Chain Risk Management – Gestaltungsempfehlungen für kleine und mittelständische Unternehmen. In H. Wolf-Kluthausen, Hrsg. *Jahrbuch Logistik 2009*. Korschenbroich, S. 146-150.

Kersten, W., Böger, M., Hohrath, P., Singer, C., Wagner, S.M. & Kemmerling, R., 2009b. *Schlussbericht zum Projekt „Supply Chain Risk Management Navigator"*, Hamburg: Technische Universität Hamburg-Harburg.

Keynes, J.M., 1921. *A Treatise on Probability*, London: Macmillan.

Kieser, A., 2006. Der situative Ansatz. In A. Kieser & M. Ebers, Hrsg. *Organisationstheorien*. Stuttgart: Kohlhammer, S. 215-245.

Kieser, A. & Ebers, M. Hrsg., 2006. *Organisationstheorien,* 6. Aufl., Stuttgart: Kohlhammer.

Kieser, A. & Kubicek, H., 1992. *Organisation,* 3. Aufl., Berlin u. a.: Walter de Gruyter.

Kimmig, J.M., 2001. *Risiko-Controlling in der Unternehmung: Unsicherheit im Warentermingeschäft*, Wiesbaden: DUV.

Kleindorfer, P.R. & Saad, G.H., 2005. Managing Disruption Risks in Supply Chains. *Production and Operations Management*, 14(1), S. 53-68.

Kleindorfer, P. & Wu, D., 2003. Integrating Long- and Short-Term Contracting via Business-to-Business Exchanges for Capital-Intensive Industries. *Management Science*, 49(11), S. 1597-1615.

Knemeyer, A.M., Corsi, T.M. & Murphy, P.R., 2003. Logistics Outsourcing Relationships: Customer Perspectives. *Journal of Business Logistics*, 24(1), S. 77-109.

Knight, F.H., 1921. *Risk, Uncertainty and Profit*, Boston, New York: Houghton Mifflin.

Koontz, H., 1961. The Management Theory Jungle. *The Journal of the Academy of Management*, 4(3), S. 174-188.

Kosiol, E., 1964. Betriebswirtschaftslehre und Unternehmensforschung. *Zeitschrift für Betriebswirtschaft*, 34(12), S. 743-762.

Kraljic, P., 1983. Purchasing must become supply management. *Harvard Business Review*, 61(5), S. 109-117.

Kratzheller, J.B., 1997. *Risiko und Risk Management aus organisationswissenschaftlicher Perspektive*, Wiesbaden: DUV.

Kruschwitz, L., 1980. Bemerkungen zur Risikoanalyse aus theoretischer Sicht. *Zeitschrift für Betriebswirtschaft*, 50(7), S. 800-808.

Krystek, U., 2007. Frühaufklärung im Rahmen des RM von Supply Chains. In *Risikomanagement in Supply Chains*. Berlin: Erich Schmidt, S. 355-364.

Kuckartz, U., 2007. QDA-Software im Methodendiskurs: Geschichte, Potenziale, Effekte. In U. Kuckartz, H. Grunenberg, & T. Dresing, Hrsg. *Qualitative Datenanalyse: computergestützt*. Wiesbaden: Verlag für Sozialwissenschaften, S. 15-31.

Kühlmann, T.M., 2009. *Internationales Risikomanagement: Auslandserfolg durch grenzüberschreitende Netzwerke*, München: Oldenbourg.

Kühn, R., 1978. *Entscheidungsmethodik und Unternehmungspolitik: Methodische Überlegungen zum Aufbau einer betriebswirtschaftlichen Spezialdisziplin, erarbeitet am Gegenstandsbereich der Unternehmungspolitik*, Bern: Haupt.

Lambert, D.M. & Cooper, M.C., 2000. Issues in Supply Chain Management. *Industrial Marketing Management*, 29(1), S. 65-83.

Lambert, D.M., Cooper, M.C. & Pagh, J.D., 1998. Supply Chain Management: Implementation Issues and Research Opportunities. *International Journal of Logistics Management*, 9(2), S. 1-19.

Lambert, D.M., Garcia-Dastugue, S.J. & Croxton, K.L., 2005. An Evaluation of Process-Oriented Supply Chain Management Frameworks. *Journal of Business Logistics*, 26(1), S. 25-51.

Lambert, D.M. & Knemeyer, A.M., 2004. We're in this Together. *Harvard Business Review*, 82(12), S. 114-122.

Lamnek, S., 2005. *Qualitative Sozialforschung,* 4. Aufl., Weihnheim, Basel: Beltz.

Larson, P.D. & Halldorsson, A., 2004. Logistics versus Supply Chain Management: An International Survey. *International Journal of Logistics: Research & Applications*, 7(1), S. 17-31.

Larson, P.D., Poist, R.F. & Halldórsson, A., 2007. Perspectives on Logistics vs. SCM: A Survey of SCM Professionals. *Journal of Business Logistics*, 28(1), S. 1-24.

Latour, A., 2001. Trial by Fire – A Blaze in Albuquerque Sets off Major Crisis for Cell-Phone Giants. *Wall Street Journal,* 29.01.2001, S. A1.

Lawrence, P.R. & Lorsch, J., 1967. *Organization and Environment: Managing Differentiation and Integration*, Cambridge, MA: Harvard University Press.

Legewie, H. & Schwervier-Legewie, B., 2004. "Forschung ist harte Arbeit, es ist immer ein Stück Leiden damit verbunden. Deshalb muss es auf der anderen Seite

Spass machen." Anselm Strauss im Interview mit Heiner Legewie und Barbara Schervier-Legewie. *Forum Qualitative Sozialforschung*, 5(3), Art. 22.

Li, Y. & Liao, X., 2007. Decision Support for Risk Analysis on Dynamic Alliance. *Decision Support Systems*, 42(4), S. 2043-2059.

Lichtenstein, S., 1996. Factors in the Selection of a Risk Assessment Method. *Information Management & Computer Security*, 4(4), S. 20-25.

Liebenberg, A.P. & Hoyt, R.E., 2003. The Determinants of Enterprise Risk Management: Evidence from the Appointment of Chief Risk Officers. *Risk Management & Insurance Review*, 6(1), S. 37-52.

Lingnau, V. & Jonen, L., 2007. Kognitionsorientiertes Risikocontrolling in der Supply Chain: Balanced Supply Chain Risk Map. In R. Vahrenkamp & C. Siepermann, Hrsg. *Risikomanagement in Supply Chains*. Berlin: Erich Schmidt , S. 337-353.

Locher, C., Mehlau, J.I., Hackenberg, R.G. & Wild, O., 2004. *Risikomanagement in Finanzwirtschaft und Industrie: Eine Analyse des Managements operationeller Risiken in deutschen Industrie- und Dienstleistungsunternehmen*, Regensburg: ibi research an der Universität Regensburg.

Luczak, H., Wiendahl, H. & Weber, J., 2003. *Logistik-Benchmarking: Praxisleitfaden mit LogiBEST,* 2. Aufl., Berlin: Springer.

Luhmann, N., 2003. *Soziologie des Risikos*, Berlin: Walter de Gruyter.

Magnus, K., 2007. *Erfolgreiche Supply-Chain-Kooperation zwischen Einzelhandel und Konsumgüterherstellern*, Wiesbaden: DUV.

Manuj, I. & Mentzer, J.T., 2008a. Global Supply Chain Risk Management. *Journal of Business Logistics*, 29(1), 133-155.

Manuj, I. & Mentzer, J.T., 2008b. Global Supply Chain Risk Management Strategies. *International Journal of Physical Distribution & Logistics Management*, 38(3), S. 192-223.

March, J.G., 1994. *A Primer on Decision Making*, New York: Free Press.

March, J.G. & Shapira, Z., 1987. Managerial Perspectives on Risk and Risk Taking. *Management Science*, 33(11), S. 1404-1418.

Markowitz, H., 1952. Portfolio Selection. *Journal of Finance*, 7(1), S. 77-91.

Mayring, P., 2002. *Einführung in die qualitative Sozialforschung: Eine Anleitung zu qualitativem Denken,* 5. Aufl., Weinheim: Beltz.

Mello, J. & Flint, D.J., 2009. A Refined View of Grounded Theory and its Application to Logistics Research. *Journal of Business Logistics*, 30(1), S. 107-125.

Melnyk, S.A., Lummus, R.R., Vokurka, R.J., Burns, L.J. & Sandor, J., 2008. Mapping the Future of Supply Chain Management: A Delphi Study. *International Journal of Production Research*, 47(16), S. 4629-4653.

Mentzer, J.T., DeWitt, W., Keebler, J.S., Min, S., Nix, N.W., Smith, C.D. & Zacharia, Z.G., 2001. Defining Supply Chain Management. *Journal of Business Logistics*, 22(2), S. 1-25.

Merschmann, U., 2007. *Die Beziehung zwischen Unsicherheit, Supply-Chain-Flexibilität und Erfolg: eine empirische Untersuchung für das deutsche produzierende Gewerbe*, Lohmar u. a.: EUL.

Meseck, G., 2004. Risky Business. *Logistics Today*, August 2004, S. 34-41.

Meuser, M. & Nagel, U., 1991. ExpertInneninterviews – vielfach erprobt, wenig bedacht: Ein Beitrag zur qualitativen Methodendiskussion. In D. Garz & K. Kraimer, Hrsg. *Qualitativ-empirische Sozialforschung: Konzepte, Methoden, Analysen*. Opladen: Westdeutscher Verlag, S. 441-471.

Michaels, D. & Lunsford, J.L., 2008. Lack of Seats, Galleys Delays Boeing, Airbus. *Wall Street Journal Online,* 08.08.2008. http://online.wsj.com/article/SB121814231590821815.html?mod=hps_us_whats_news# [Zugriff 03.03.2010].

Micheli, G.J.L., 2008. A Decision-Maker-Centred Supplier Selection Approach for Critical Supplies. *Management Decision*, 46(6), S. 918-932.

Micheli, G.J.L., Cagno, E. & Zorzini, M., 2008. Supply Risk Management vs Supplier Selection to Manage the Supply Risk in the EPC Supply Chain. *Management Research News*, 31(11), S. 846-866.

Mikus, B., 2001. Zur Integration des Risikomanagements in den Führungsprozess. In U. Götze, K. Henselmann, & B. Mikus, Hrsg. *Risikomanagement*. Heidelberg: Physica, S. 67-94.

Miles, M.B. & Huberman, A.M., 1994. *Qualitative Data Analysis: An Expanded Sourcebook,* 2. Aufl., Thousand Oaks, CA u. a.: Sage.

Miller, K.D., 1992. A Framework for Integrated Risk Management in International Business. *Journal of International Business Studies*, 23(2), S. 311-331.

Mintzberg, H., 1979. An Emerging Strategy of "Direct" Research. *Administrative Science Quarterly*, 24(4), S. 582-589.

Moder, M., 2008. *Supply Frühwarnsysteme: Die Identifikation und Analyse von Risiken in Einkauf und Supply Management*, Wiesbaden: Gabler.

Monahan, S., Laudicina, P. & Attis, D., 2003. Supply Chains in a Vulnerable, Volatile World. In A.T. Kearney Inc., Hrsg. *Executive Agenda: Ideas and Insights for Business Leaders*, VI(3), S. 5-15.

Morgan, D.L., 1997. *Focus Groups as Qualitative Research,* 2. Aufl., Thousand Oaks, CA u. a.: Sage.

Mosler, K. & Schmid, F., 2005. *Wahrscheinlichkeitsrechnung und schließende Statistik,* Berlin u. a.: Springer.

Muthukrishnan, R. & Shulman, J.A., 2006. Understanding Supply Chain Risk: a McKinsey Global Survey. *The McKinsey Quarterly,* Oktober 2006. http://www.mckinseyquarterly.com/Understanding_supply_chain_risk_A_McKinsey_Global_Survey_1847 [Zugriff 01.07.2008].

Nedeß, C., Friedewald, A. & Neumann, L., 2006. Management von Kooperationsrisiken in der Investitionsgüterindustrie – Analyse und Konzept am Beispiel des deutschen Schiffbaus. In F. Wojda, Hrsg. *Innovative Kooperationsnetzwerke*. Wiesbaden: DUV, S. 205-231.

Neiger, D., Rotaru, K. & Churilov, C., 2009. Supply Chain Risk Identification with Value-Focused Process Engineering. *Journal of Operations Management*, 27(2), S. 154-168.

Neumann, L., 2009. *Risikomanagement bei der Gestaltung von Unternehmenskooperationen – untersucht am Beispiel der Investitionsgüterindustrie,* Hamburg: Schriftenreihe „Wissenschaft schafft Innovation" des Instituts für Produktionsmanagement und-technik der Technischen Universität Hamburg-Harburg, Nr. 9.

Newman, W.R., Hanna, M. & Maffei, M.J., 1993. Dealing with the Uncertainties of Manufacturing: Flexibility, Buffers and Integration. *International Journal of Operations and Production Management*, 13(1), S. 19-34.

Norrman, A., 2003. Supply Chain Risk Management. *Journal of Packaging Science & Technology*, 12(5), S. 257-270.

Norrman, A. & Jansson, U., 2004. Ericsson's Proactive Supply Chain Risk Management Approach after a Serious Sub-supplier Accident. *International Journal of Physical Distribution & Logistics Management*, 34(5), S. 434-456.

Oehler, A. & Unser, M., 2002. *Finanzwirtschaftliches Risikomanagement*, Berlin u. a.: Springer.

Oliver, R. & Webber, M., 1982. Supply Chain Management: Logistics Catches up with Strategy. In M. G. Christopher, Hrsg. *Logistics: The Strategic Issues*. London: Chapman & Hall, S. 63-75.

Otto, A., 2002. *Management und Controlling von Supply Chains*, Wiesbaden: DUV.

Pablo, A.L., 1999. Managerial Risk Interpretations: Does Industry Make a Difference? *Journal of Managerial Psychology*, 14(2), S. 92-107.

Pai, R.R., Kallepalli, V.R., Caudill, R.J. & Zhou, M., 2003. Methods Toward Supply Chain Risk Analysis. In *IEEE International Conference on Systems, Man and Cybernetics, 2003*. S. 4560-4565.

Paulsson, U., 2004. Supply Chain Risk Management. In C. Brindley, Hrsg. *Supply Chain Risk*. Aldershot u. a.: Ashgate, S. 79-96.

Paulsson, U., 2007. *On Managing Disruption Risks in the Supply Chain: The DRISC Model*, Lund: Lund University.

Peck, H., 2005. Drivers of Supply Chain Vulnerability: An Integrated Framework. *International Journal of Physical Distribution & Logistics Management*, 35(4), S. 210-232.

Peck, H., 2006a. *Opening the Way to Successful Risk Management in Purchasing and Supply*, Cranfield: Report for the Chartered Institute of Purchasing & Supply. http://www.unpcdc.org/media/5364/successful%20risk%20management.pdf [Zugriff 31.01.2010].

Peck, H., 2006b. Reconciling Supply Chain Vulnerability, Risk and Supply Chain Management. *International Journal of Logistics Research and Applications*, 9(2), S. 127-142.

Peter, C.F., 2001. *Unternehmerisches Risikomanagement: Konsequenzen einer integrierten Risikobewältigung für die Versicherung*, St. Gallen: Institut für Versicherungswirtschaft.

Petrovic, D., 2001. Simulation of Supply Chain Behaviour and Performance in an Uncertain Environment. *International Journal of Production Economics*, 71(1-3), S. 429-438.

Pettit, T.M., 2008. *Supply Chain Resilience: Development of a Conceptual Framework, an Assessment Tool and an Implementation Process*, Columbus, OH: Ohio State University.

Pfadenhauer, M., 2005. Auf gleicher Augenhöhe reden: Das Experteninterview – ein Gespräch zwischen Experte und Quasi-Experte. In A. Bogner, B. Littig, & W. Mentz, Hrsg. *Das Experteninterview: Theorie, Methode, Anwendung*. Wiesbaden: Verlag für Sozialwissenschaften, S. 113-130.

Pfohl, H., 1977. Messung subjektiver Wahrscheinlichkeiten. In H. Pfohl & B. Rürup, Hrsg. *Wirtschaftliche Meßprobleme*. Köln: Hanstein, S. 23-36.

Pfohl, H., Gallus, P. & Köhler, H., 2008a. Konzeption des Supply Chain Risikomanagements. In H. Pfohl, Hrsg. *Sicherheit und Risikomanagement in der Supply Chain*. Hamburg: Deutscher Verkehrs-Verlag, S. 7-94.

Pfohl, H., Gallus, P. & Köhler, H., 2008b. Risikomanagement in der Supply Chain – Status Quo und Herausforderungen aus Industrie-, Handels- und Dienstleisterperspektive. In H. Pfohl, Hrsg. *Sicherheit und Risikomanagement in der Supply Chain*. Hamburg: Deutscher Verkehrs-Verlag, S. 95-148.

Pfohl, H., Gallus, P. & Köhler, H., 2008c. Supply Chain Continuity Management in globalen Supply Chains. In T. Wimmer & H. Wöhner, Hrsg. *Werte schaffen – Kulturen verbinden: Kongressbrand zum 25. Deutschen Logistikkongress*. Hamburg: Deutscher Verkehrs-Verlag, S. 164-194.

Pfohl, H., Gallus, P. & Köhler, H., 2008d. Supply Chain Risikomanagement – Vision oder pragmatisches Konzept. In H. Pfohl & T. Wimmer, Hrsg. *Wissenschaft und Praxis im Dialog Robute und sichere Logistiksysteme*. Hamburg: Deutscher Verkehrs-Verlag, S. 446-470.

Porter, M.E., 1985. *Competitive Advantage: Creating and Sustaining Superior Performance*, New York: Free Press.

Porter, M.E., 2004. *Competitive Strategy: Techniques for Analyzing Industries and Competitors*, New York: Free Press.

Porter, M.E., 2008. *On Competition*, Boston, MA: Harvard Business Press.

Pritsch, G. & Hommel, U., 1997. Hedging im Sinne des Aktionärs. *Die Betriebswirtschaft*, 57(6), S. 672-693.

Prokein, O., 2008. *IT-Risikomanagement*, Wiesbaden: Gabler.

Rao, S. & Goldsby, T.J., 2009. Supply Chain Risks: A Review and Typology. *The International Journal of Logistics Management*, 20(1), S. 97-123.

Rautenstrauch, T. & Wurm, C., 2008. Stand des Risikomanagements in deutschen KMU: Ergebnisse empirischer Untersuchungen im Mittelstand. *Krisen-, Sanierungs- und Involvenzberatung*, 4(3), S. 106-111.

Reed, J., 2010. Damage Control Exercise Misfires. *Financial Times Online,* 03.02.2010. http://www.ft.com/cms/s/0/649f6bee-10ec-11df-9a9e-00144feab49a,dwp_uuid=55349430-0cce-11df-b8eb-00144feabdc0.html [Zugriff: 05.02.2010].

Reichwald, R. & Erben, R.F., 2005. Chancen- und Risikomanagement in der grenzenlosen Unternehmung. In F. Keuper, D. Roesing, & M. Schomann, Hrsg. *Integriertes Risiko- und Ertragsmanagement: Kunden- und Unternehmenswert zwischen Risiko und Ertrag*. Wiesbaden: Gabler, S. 71-95.

Reiner, G., 2004. Supply Chain Performance Measurement with Customer Satisfaction and Uncertainties. In T. Spengler, Hrsg. *Logistik Management: Prozesse – Systeme –Ausbildung*. Heidelberg: Physica, S. 217-234.

Rice, J.B. & Caniato, F., 2003a. Building a Secure and Resilient Supply Network. *Supply Chain Management Review*, 7(5), S. 22-30.

Rice, J.B. & Caniato, F., 2003b. *Supply Chain Response to Terrorism: Creating Resilient and Secure Supply Chains.* Interim Report, Center for Transportation and Logistics, Massachusetts Institute of Technology.

Ripperger, T., 2003. *Ökonomik des Vertrauens*, Tübingen: Mohr Siebeck.

Ritchie, B. & Brindley, C., 2000. Disintermediation, Disintegration and Risk in the SME Global Supply Chain. *Management Decision*, 38(8), S. 575-583.

Ritchie, B. & Brindley, C., 2004. Risk Characteristics of the Supply Chain — A Contingency Framework. In *Supply Chain Risk Management*. Aldershot u. a.: Ashgate, S. 28-42.

Ritchie, B. & Brindley, C., 2007. Supply Chain Risk Management and Performance: A Guiding Framework for Future Fevelopment. *International Journal of Operations & Production Management*, 27(3), S. 303-322.

Ritchie, J., 2003. The Application of Qualitative Methods to Social Research. In J. Ritchie & J. Lewis, Hrsg. *Qualitative Research Practice: A Guide for Social Science Students and Researchers*. London u. a.: Sage , S. 24-46.

Rogler, S., 2002. *Risikomanagement im Industriebetrieb. Analyse von Beschaffungs-, Produktions- und Absatzrisiken*, Wiesbaden: DUV.

Romeike, F., 2003a. Der Prozess des strategischen und operativen Risiko Managements. In F. Romeike & R. Finke, Hrsg. *Erfolgsfaktor Risiko-Management: Chance für Industrie und Handel. Methoden, Beispiele, Checklisten*. Wiesbaden: Gabler, S. 147-164.

Romeike, F., 2003b. Die Prozessstufen der Risikoanalyse - Risikoidentifikation und Risikokategorien. In F. Romeike & R. Finke, Hrsg. *Erfolgsfaktor Risiko-Management: Chance für Industrie und Handel. Methoden, Beispiele, Checklisten*. Wiesbaden: Gabler, S. 165-182.

Romeike, F., 2003c. Gesetzliche Grundlagen, Einordnung und Trends. In F. Romeike & R. Finke, Hrsg. *Erfolgsfaktor Risiko-Management: Chance für Industrie und Handel. Methoden, Beispiele, Checklisten*. Wiesbaden: Gabler, S. 65-80.

Rossi, T., Noé, C. & Dallari, F., 2005. A Formal Method for Analyzing and Assessing Operational Risk in Supply Chains. In *Proceedings of the 23rd International Conference of the System Dynamics Society,* 17.-21. Juli 2005, Boston.

Sadgrove, K., 2005. *The Complete Guide to Business Risk Management*, Aldershot u. a.: Go-wer Publishing.

Sanders, P. & Michaels, D., 2009. Boeing Looks Beyond Dreamliner's First Flight. *Wallstreet Journal Online,* 15.12.2009. http://online.wsj.com/article/SB10001424052748704398304574598132677618314. html [Zugriff 23.03.2010].

SAP, 2010. *Supply Chain Risk Management.* http://www50.sap.com/businessmaps/FB6E029149E2416FBDC79DF81B35BD6D.htm [Zugriff 06.03.2010].

Schorcht, H., 2004. *Risikomanagement und Risikocontrolling junger Unternehmen in Wachstumsbranchen: Konzeption eines theoriegeleiteten Handlungsrahmens für die praxisinduzierte Unternehmenssteuerung*, Berlin: Logos.

Schubert, M., 2004. *Risikomanagement im Beschaffungsmarketing*, Köln: Förderges. Produkt-Marketing.

SCRLC, 2009. *Supply Chain Risk Leadership Council.* http://www.scrlc.com/about_Learn_More.pdf [Zugriff 02.03.2009].

SCRLC, 2010. *Supply Chain Risk Leadership Council: About Us.* http://www.scrlc.com/about.php [Zugriff 02.03.2009].

Seiter, M., 2006. *Management von kooperationsspezifischen Risiken in Unternehmensnetzwerken*, München: Vahlen.

Sheffi, Y., 2001. Supply Chain Management under the Threat of International Terrorism. *The International Journal of Logistics Management*, 12(2), S. 1-11.

Sheffi, Y., 2005. *The Resilient Enterprise*, Cambridge, MA u. a.: MIT Press.

Sheffi, Y. & Rice, J.B., 2005. A Supply Chain View of the Resilient Enterprise. *MIT Sloan Management Review*, 47(1), S. 41-48.

Sheu, C., Lee, L. & Niehoff, B., 2006. A Voluntary Logistics Security Program and International Supply Chain Partnership. *Supply Chain Management: An International Journal*, 11(4), S. 363-374.

Shi, D., 2004. A Review of Enterprise Supply Chain Risk Management. *Journal of Systems Science and Systems Engineering*, 13(2), S. 219-244.

Simchi-Levi, D., Kaminsky, P. & Simchi-Levi, E., 2003. *Designing and Managing the Supply Chain*, New York: McGraw-Hill.

Sitkin, S.B. & Weingart, L.R., 1995. Determinants of Risky Decision-Making Behavior: A Test of the Mediating Role of Risk Perceptions and Propensity. *The Academy of Management Journal*, 38(6), S. 1573-1592.

Slobodow, B., Abdullah, O. & Babuschak, W.C., 2008. When Supplier Partnerships Aren't. *MIT Sloan Management Review*, 49(2), S. 77-84.

Smith, C.W., Smithson, C.W. & Wilford, D.S., 1990. *Managing Financial Risk*, Grand Rapids u. a.: Harper & Row.

Smith, M.E., 2009. Psychological Foundations of Supply Chain Risk: A Handbook of Assessment, Management, and Performance. In G. A. Zsidisin & B. Ritchie, Hrsg. *Supply Chain Risk*. Springer, S. 219-233.

Sørensen, L.B., 2005. How Risk and Uncertainty is Used in Supply Chain Management: A Literature Study. *International Journal of Integrated Supply Management*, 1(4), S. 387-409.

Sørensen, L.B., 2007. *Risk Management in the Supply Chain*, Copenhagen: Copenhagen Business School.

Spekman, R.E. & Davis, E.W., 2004. Risky Business: Expanding the Discussion on Risk and the Extended Enterprise. *International Journal of Physical Distribution & Logistics Management*, 34(5), S. 414-433.

Staehle, W.H., 1973. *Organisation und Führung sozio-technischer Systeme: Grundlagen einer Situationstheorie*, Stuttgart: Enke.

Staehle, W.H., 1999. *Management: Eine verhaltenswissenschaftliche Perspektive*, München: Vahlen.

Statistisches Bundesamt, 2010. *Insolvenzstatistik Deutschland*, Wiesbaden. https://www.genesis.destatis.de/genesis/online;jsessionid=26457772E20CA9D 8BCF6361B110AA5 F8. tcggen2?Menu=Willkommen; Code: 52411-0001 [Zugriff: 01.02.2010].

Steiner, G.A., 1979. Contingency Theories of Strategy and Strategic Management. In D. Schendel & C. W. Hofer, Hrsg. *Strategic Management: A New View of Business policy and planning*. Boston, MA: Little, Brown and Co., S. 405-416.

Stonebraker, P.W. & Jianwen Liao, 2004. Environmental Turbulence, Strategic Orientation: Modeling Supply Chain Integration. *International Journal of Operations & Production Management*, 24(10), S. 1037-1054.

Strauss, A.L., 1987. *Qualitative Analysis for Social Scientists*, Cambridge, MA. u. a.: Cambridge University Press.

Strauss, A.L. & Corbin, J.M., 1990. *Basics of Qualitative Research: Grounded Theory Procedures and Techniques*, Thousand Oaks, CA u. a.: Sage.

Strauss, A.L. & Corbin, J.M., 1998. *Basics of Qualitative Research: Grounded Theory Procedures and Techniques,* 2. Aufl., Thousand Oaks, CA u. a.: Sage.

Suddaby, R., 2006. From the Editors: What Grounded Theory is Not. *Academy of Management Journal*, 49(4), S. 633-642.

Supply Chain Council, 2008. *Supply Chain Operations Reference Model,* Version 9.0.

Svensson, G., 2002a. A Typology of Vulnerability Scenarios towards Suppliers and Customers in Supply Chains Based upon Perceived Time and Relationship Dependencies. *International Journal of Physical Distribution & Logistics Management*, 32(3), S. 168-187.

Svensson, G., 2002b. Dyadic Vulnerability in Companies' Inbound and Outbound Logistics Flows. *International Journal of Logistics Research and Applications*, 5(1), S. 13-43.

Svensson, G., 2004. Key Areas, Causes and Contingency Planning of Corporate Vulnerability in Supply Chains. *International Journal of Physical Distribution & Logistics Management*, 34(9), S. 728-748.

Tang, C.S., 2006a. Perspectives in Supply Chain Risk Management: A Review. *International Journal of Production Economics*, 103(2), S. 451-488.

Tang, C.S., 2006b. Robust Strategies for Mitigating Supply Chain Disruptions. *International Journal of Logistics Research and Applications*, 9(1), S. 33-45.

Tang, C.S., Zimmerman, J.D. & Nelson, J.I., 2009. Managing New Product Development and Supply Chain Risks: The Boeing 787 Case. *Supply Chain Forum: An International Journal,* 10(2), S. 74-86.

Tesch, R., 1990. *Qualitative Research: Analysis Types and Software Tools*, New York u. a.: Falmer Press.

Thaler, R.H. & Johnson, E.J., 1990. Gambling with the House Money and Trying to Break Even: The Effects of Prior Outcomes on Risky Choice. *Management Science*, 36(6), S. 643-660.

Thiemt, F., 2003. *Risikomanagement im Beschaffungsbereich*, Göttingen: Cuvillier.

Thom, A., 2008. *Entwicklung eines Gestaltungsmodells zum Management von Risiken in Produktionsnetzwerken*, Berlin: Universitäts-Verlag der TU Berlin.

Tomlin, B., 2006. On the Value of Mitigation and Contingency Strategies for Managing Supply Chain Disruption Risks. *Management Science*, 52(5), S. 639-657.

Trippner, K., 2006. *Systematische Risikobewertung in versorgungslogistischen Systemen in der Automobilindustrie: Analyse internationaler Hersteller in China*, Cottbus: Technische Universität Cottbus.

Trkman, P. & McCormack, K., 2009. Supply Chain Risk in Turbulent Environments - A Conceptual Model for Managing Supply Chain Network Risk. *International Journal of Production Economics*, 119(2), S. 247-258.

Tsoukas, H., 1994. What is Management? An Outline of a Metatheory. *British Journal of Management*, 5(4), S. 289-301.

Tullous, R. & Munson, J.M., 1991. Trade-offs Under Uncertainty: Implications for Industrial Purchasers. *International Journal of Purchasing & Materials Management*, 27(3), S. 24-31.

Tummala, V.M.R. & Leung, Y.H., 1996. A Risk Management Model to Assess Safety and Reliability Risks. *International Journal of Quality & Reliability Management*, 13(8), S. 53-62.

Tuncel, G. & Alpan, G., 2010. Risk Assessment and Management for Supply Chain Networks: A Case Study. *Computers in Industry*, 61(3), S. 250-259.

Turner, J.R., 1993. Integrated Supply Chain Management: What's Wrong with this Picture? *Industrial Engineering*, 25(12), S. 52-55.

Ulrich, H., 1984. *Management.* G. J. B. Probst & T. Dyllick, Hrsg., Bern u. a.: Haupt.

United Nations Development Program, 2004. *Reducing Disaster Risk: A Challenge for Development*, New York. http://www.undp.org/cpr/whats_new/rdr_english.pdf [Zugriff: 01.12.2009].

Vanany, I., Zailani, S. & Pujawan, N., 2007. SCRM - Literature Review and Future Research. In *Proceedings of the 2nd International Conference on Operations and Supply Chain Management,* 18.-20. Mai 2007, Bangkok, S. 953-963.

Vanany, I., Zailani, S. & Pujawan, N., 2009. Supply Chain Risk Management: Literature Review and Future Research. *International Journal of Information Systems and Supply Chain Management*, 2(1), S. 16-33.

Vogler, M. & Gundert, M., 1998. Einführung von Risikomanagementsystemen: Hinweise zur praktischen Ausgestaltung. *Der Betrieb*, 51(48), S. 2377-2383.

Wagner, S.M. & Bode, C., 2007. Empirische Untersuchung von SC-Risiken und SC-Risikomanagement in Deutschland. In R. Vahrenkamp & C. Siepermann, Hrsg. *Risikomanagement in Supply Chains*. Berlin: Erich Schmidt, S. 59-79.

Wagner, S.M., Lukassen, P. & Mahlendorf, M., 2010. Misused and Missed Use - Grounded Theory and Objective Hermeneutics as Methods for Research in Industrial Marketing. *Industrial Marketing Management*, 39(1), S. 5-15.

Walton, L.W., 1997. Telephone Survey: Answering the Seven Rs to Logistics Research. *Journal of Business Logistics*, 18(1), S. 217-231.

Welge, M.K., 1988. *Controlling*, Stuttgart: Poeschel.

Wiedemann, P., 1995. Gegenstandsnahe Theoriebildung. In U. Flick, Hrsg. *Handbuch Qualitative Sozialforschung: Grundlagen, Konzepte, Methoden und Anwendungen*. München: Psychologie-Verlag Union, S. 440-445.

Wildemann, H., 1999. Logistikstrategien. In W. Eversheim & G. Schuh, Hrsg. *Betrieb von Produktionssystemen*. Berlin u. a.: Springer, S. 15-1 - 15-109.

Wildemann, H., 2005. *Produktivitätsverbesserung: Leitfaden zur kurzfristigen und permanenten Produktivitätssteigerung in kleinen und mittleren Unternehmen*, 6. Aufl., München: TCW.

Wildemann, H., 2006. *Risikomanagement und Rating*, München: TCW.

Wilson, D., 1995. An Integrated Model of Buyer-Seller Relationships. *Journal of the Academy of Marketing Science*, 23(4), S. 335-345.

Winter, P., 2007. *Risikocontrolling in Nicht-Finanzunternehmen: Entwicklung einer tragfähigen Risikocontrolling-Konzeption und Vorschlag zur Gestaltung einer Risikorechnung*, Lohmar u. a.: EUL.

Wittmann, W., 1959. *Unternehmung und unvollkommene Information*, Köln, Opladen: Westdeutscher Verlag.

Wolff, C., 2005. *Stabilität und Flexibilität von Kooperationen: Entwicklung einer wettbewerbsorientierten Flexibilitätstheorie am Beispiel der Automobilbranche*, Wiesbaden: DUV.

Woodward, J., 1958. *Management and Technology*, London: H.M. Stationary Off.

Woodward, J., 1965. *Industrial Organization: Theory and Practice*, London, New York: Oxford University Press.

World Economic Forum, 2009. *Global Risks 2009 - A Global Risks Network Report*, World Economic Forum: Genf.

Wu, T., Blackhurst, J. & Chidambaram, V., 2006. A Model for Inbound Supply Risk Analysis. *Computers in Industry*, 57(4), S. 350-365.

Zeng, A.Z., Berger, P.D. & Gerstenfeld, A., 2005. Managing the Supply-Side Risks in Supply Chains. In J. Geunes u. a., Hrsg. *Applications of Supply Chain Management and E-Commerce Research*. New York u. a.: Springer, S. 141-160.

Zhang, I.X., 2007. Economic Consequences of the Sarbanes-Oxley Act of 2002. *Journal of Accounting and Economics*, 44(1-2), S. 74-115.

Ziegenbein, A., 2007. *Supply Chain Risiken: Identifikation, Bewertung und Steuerung*, Zürich: Vdf Hochschulverlag.

Zsidisin, G.A., 2003. A Grounded Definition of Supply Risk. *Journal of Purchasing and Supply Management*, 9(5-6), S. 217-224.

Zsidisin, G.A. & Ellram, L.M., 2003. An Agency Theory Investigation of Supply Risk Management. *Journal of Supply Chain Management*, 39(3), S. 15-27.

Zsidisin, G.A., Ellram, L.A., Carter, J.R. & Cavinato, J.L., 2004. An Analysis of Supply Risk Assessment Techniques. *International Journal of Physical Distribution & Logistics Management*, 34(5), S. 397-413.

Zsidisin, G.A., Ragatz, G.L. & Melnyk, S., 2005. The Dark Side of Supply Chain Management. *Supply Chain Management Review*, 9(2), S. 46-52.

Zsidisin, G.A., Wagner, S.M., Melnyk, S.A., Ragatz, G.L. & Burns, L.A., 2008. Supply Risk Perceptions and Practices: An Exploratory Comparison of German and US Supply Management Professionals. *International Journal of Technology, Policy and Management*, 8(4), S. 401-419.

Curriculum Vitae Mareike Böger

Persönliche Daten

Name	Mareike Böger
Geburtsdatum	28. Mai 1982
Geburtsort	Stadthagen

Beruflicher Werdegang

2006 – 2010	**Wissenschaftliche Mitarbeiterin** Institut für Logistik und Unternehmensführung, Technische Universität Hamburg-Harburg
2003 – 2005	**Praktika in verschiedenen Unternehmen, u. a.** Airbus S.A.S., Toulouse, Frankreich Hannover Rückversicherungs AG, Hannover TUI AG, Hannover

Akademischer Werdegang

2006 – 2010	**Doktorandin** Institut für Logistik und Unternehmensführung, Technische Universität Hamburg-Harburg
2009	**Forschungsaufenthalt** Fisher College of Business, The Ohio State University, Columbus, OH, USA
2001 – 2006	**Studium der Betriebswirtschaftslehre (Abschluss: Diplom-Kauffrau)** Westfälische Wilhelms-Universität Münster und Queensland University of Technology, Brisbane, Australien
2001	**Allgemeine Hochschulreife** Gymnasium Adolfinum Bückeburg

SUPPLY CHAIN, LOGISTICS AND OPERATIONS MANAGEMENT

Herausgegeben von Prof. Dr. Dr. h. c. Wolfgang Kersten, Hamburg

Band 1

Mareike Böger

Gestaltungsansätze und Determinanten des Supply Chain Risk Managements – Eine explorative Analyse am Beispiel von Deutschland und den USA

Lohmar – Köln 2010 • 272 S. • € 58,- (D) • ISBN 978-3-89936-969-4

JOSEF EUL VERLAG